主　编
肖光强

副主编
但　琦
付诗禄
王丽萍

参　编
李　玻
李　明
杨辉跃
张　钊

应用数值分析

清华大学出版社
北　京

内容简介

本书系统地介绍了科学与工程计算中常用的数值计算方法及有关理论分析和应用，力求内容完整和算法实用。内容包括数值线性代数，非线性方程（组）数值解法，矩阵特征值问题，数值逼近，数值微分和数值积分，微分方程数值求解。对于每种常用的数值解法，不仅给出具体步骤，而且还给出了 MATLAB 程序，便于读者调用。

本书注重数值计算基本思想的阐述以及计算方法的应用。书中每章都配有适当的习题、上机实验题，并附有与本章内容有关的应用案例。

本书可作为工科类硕士研究生"数值分析"课程以及力学、信息与计算机等专业本科生"计算方法"课程的教材或参考书。

图书在版编目(CIP)数据

应用数值分析/肖光强主编. —北京：清华大学出版社，2022.5
ISBN 978-7-302-60458-7

Ⅰ. ①应…　Ⅱ. ①肖…　Ⅲ. ①数值分析　Ⅳ. ①O241

中国版本图书馆 CIP 数据核字(2022)第 051317 号

责任编辑：刘　颖
封面设计：傅瑞学
责任校对：赵丽敏
责任印制：杨　艳

出版发行：清华大学出版社
　网　　址：http://www.tup.com.cn，http://www.wqbook.com
　地　　址：北京清华大学学研大厦 A 座　　**邮　　编**：100084
　社 总 机：010-83470000　　**邮　　购**：010-62786544
　投稿与读者服务：010-62776969，c-service@tup.tsinghua.edu.cn
　质量反馈：010-62772015，zhiliang@tup.tsinghua.edu.cn
印 装 者：北京国马印刷厂
经　　销：全国新华书店
开　　本：185mm×260mm　　**印　张**：15.75　　**字　　数**：382 千字
版　　次：2022 年 7 月第 1 版　　**印　　次**：2022 年 7 月第1 次印刷
定　　价：49.00 元

产品编号：095844-01

前　言

随着计算机发展而日益兴起的计算科学已经深入渗透到自然科学与工程技术等各个领域，并成为继牛顿与伽利略创立理论研究与科学实验两大科学方法后的第三种科学方法。许多工程应用问题的数学模型是无法求得解析解的，需要用数值计算方法在计算机上进行近似计算。因此数值分析的教材就应更多地面向应用，培养算法意识和计算能力，研究数学问题的数值解法，特别是常用工具软件的使用。

本书是结合编者多年来的教学实践，并汲取国内外同类教材的优点，通过多次试用、修改整理而成的。与同类其他教材不同，本书增加了应用性较强的内容，力求做到内容完整和算法实用，以适应工科硕士研究生少学时数值分析课程的学习特点。

本书编写时特别注重课程体系的完整性、应用性和内容的可读性。为此在系统介绍基础理论的同时，省略了一些烦琐艰深的证明过程，主要侧重于算法的叙述和算例分析。行文时注重通俗易懂，对专业术语尽量作通俗的解释，以增强可读性。学习本书所需的数学基础是微积分、线性代数和常微分方程，一般理工科大学生都已具备。为便于自学，各章后附有习题。并在本书的第 2 章介绍了功能强大的工具软件 MATLAB，对书中涉及的大部分算法都编写了 MATLAB 程序或提供了相关命令。本书可作为工科类硕士研究生“数值分析”课程以及力学、信息与计算机等专业本科生“计算方法”课程的教材或参考书。

本书的总体策划及全书总撰由肖光强负责，吴松林负责主审全书。具体参与编写人员有：肖光强、但琦、付诗禄、王丽萍、李玻、李明、杨辉跃、张钊。书末列出了参考书目，编者在此谨向这些书目的编者致以衷心的感谢。同时，编写本书得了陆军勤务学院研究生部门的大力支持，以及数学教研室的关心和帮助，并得到了学院教材立项建设经费的资助，对此我们表示由衷的感谢。

由于编者学识水平和编撰时间所限，书中定有疏漏或不足之处，恳望同行及使用本书的读者批评指正，以期修订时得以改进和提高。

编　者

2020 年 9 月

目　录

第1章 绪论

数值分析课程研究常见的基本数学问题的数值解法。包含了数值代数(线性方程组的解法、非线性方程的解法、矩阵求逆、矩阵特征值计算等)、数值逼近、数值微分与数值积分、常微分方程的数值解法等。它的基本理论和研究方法是建立在数学理论基础之上,研究对象是数学问题,是数学的分支之一。

在科学研究、工程应用和经济管理等工作中,存在大量的数值计算、数据处理等问题。数值分析与计算机科学有密切的关系。我们在考虑算法时,往往要同时考虑计算机的特性,如计算速度、存贮量、误差精度等技术指标,考虑程序设计的可行性和复杂性。如果具备了一定的计算机知识和程序设计能力,学习数值分析的理论和方法就会有更加深刻的理解与认识,选择或设计的算法也会更合理和实用。

1.1 算法

解决某类数学问题的数值方法称为算法。为使算法能在计算机上实现,它必须将一个数学问题分解为有限次的+、−、×、÷运算和一些简单的基本函数运算。

1.1.1 算法的表述形式

算法的表述形式是多种多样的。

(1) 用数学公式和文字说明描述,这种方式符合人们的理解习惯,与算法的推证相衔接,易于学习接受,但离计算机应用的距离还远。

(2) 用框图描述,这种方式描述计算过程流向较清楚,特别易于编制程序,但对初学者来说有一个习惯的过程。此外框图描述格式不统一,详略难以掌握。

(3) 算法描述语言,它是表述算法的一种通用语言。有特定的表述程序和语句。可以很容易地转化为某种计算机语言,同时也具有一定的可读性。

(4) 算法程序,即用计算机语言描述的算法,它是面对计算机的算法。我们以后讨论的算法,都有现成的程序文本和软件可资利用。但从学习算法的角度看,这种描述方式并不有利。

1.1.2 算法的基本特点

1. 算法常表现为一个无穷过程的截断

例 1.1.1 计算 $\sin x$ 的值 $x\in\left(0,\dfrac{\pi}{4}\right)$。

解 根据 $\sin x$ 的无穷级数

$$\sin x = x - \frac{x^3}{3!} + \frac{x^5}{5!} - \frac{x^7}{7!} + \cdots + (-1)^n \frac{x^{2n+1}}{(2n+1)!} + \cdots,$$

这是一个无穷级数,我们只能在适当的地方"截断",使计算量不太大,而精度又能满足要求。

如计算 $\sin 0.5$,取 $n=3$,得

$$\sin 0.5 \approx 0.5 - \frac{0.5^3}{3!} + \frac{0.5^5}{5!} - \frac{0.5^7}{7!} = 0.479625。$$

据泰勒(Taylor)余项公式,它的误差应为

$$R = (-1)^9 \frac{\xi^9}{9!},\ \xi \in \left(0, \frac{\pi}{4}\right), \tag{1.1.1}$$

故 $|R| \leqslant \frac{(\pi/4)^9}{362880} = 3.13 \times 10^{-7}$。结果是相当精确的,计算结果的前6位数字都是正确的。

2. 算法常表现为一个连续过程的离散化

例 1.1.2 计算积分值 $I = \int_0^1 \frac{1}{1+x} \mathrm{d}x$。

解 将[0,1]分为4等份,分别计算4个小曲边梯形的面积的近似值,然后加起来作为积分的近似值(如图1.1.1)。记被积函数为 $f(x)$,即 $f(x) = \frac{1}{1+x}$,取 $h = \frac{1}{4}, x_i = ih, i = 0,1,2,3, T_i = \frac{f(x_i) + f(x_{i+1})}{2} h$,则 $I \approx \sum_{i=0}^{3} T_i$。

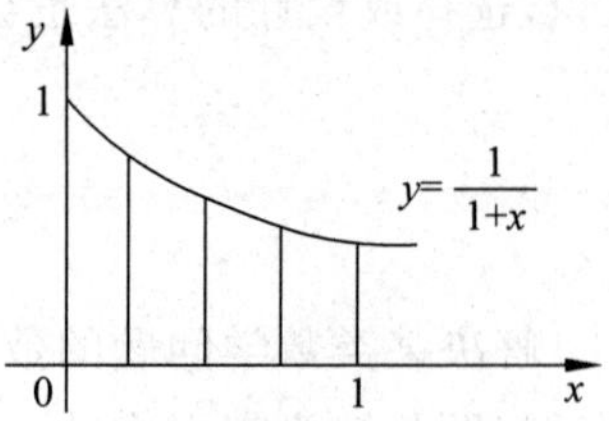

图 1.1.1

计算有:$I \approx 0.697024$,与精确值0.693147比较,结果虽不够精确,但其意义在于把连续过程离散化。如进一步细分区间,精度可以提高。

3. 算法常表现为"迭代"形式

迭代是指某一简单算法的多次重复,后一次使用前一次的结果。这种形式易于在计算程序中实现,在程序中表现为"循环"过程。

例 1.1.3 求多项式

$$P_n(x) = a_0 + a_1 x + a_2 x^2 + \cdots + a_n x^n \tag{1.1.2}$$

的值。

解 用 t_k 表示 x^k,u_k 表示(1.1.2)式前 $k+1$ 项之和。作为初值令

$$\begin{cases} t_0 = 1, \\ u_0 = a_0, \end{cases}$$

对 $k = 1,2,\cdots,n$,反复执行

$$\begin{cases} t_k = x t_{k-1}, \\ u_k = u_{k-1} + a_k t_k。 \end{cases} \tag{1.1.3}$$

显然 $P_n(x) = u_n$,而(1.1.2)式是一种简单算法(1.1.3)的多次循环。

对此问题还有一种更好的迭代算法。

$$
\begin{aligned}
P_n(x) &= a_n x^n + a_{n-1}x^{n-1} + \cdots + a_1 x + a_0 \\
&= (a_n x^{n-1} + a_{n-1}x^{n-2} + \cdots + a_1)x + a_0 \\
&\cdots \\
&= ((a_n x + a_{n-1})x + \cdots + a_1)x + a_0 \text{。}
\end{aligned}
$$

令

$$
\begin{cases} v_0 = a_n, \\ v_k = x v_{k-1} + a_{n-k}, \end{cases} \quad k = 1,2,\cdots,n \tag{1.1.4}
$$

显然 $P_n(x) = v_n$。

这两种算法都是将 n 次多项式化为 n 个一次多项式来计算,这种化繁为简的方法在数值分析中经常使用。

下面估计一下以上两种算法的计算量。

第一种算法：执行 n 次(1.1.3)式,每次 2 次乘法,一次加法,共计 $2n$ 次乘法,n 次加法。

第二种算法：执行 n 次(1.1.4)式,每次 1 次乘法,一次加法,共计 n 次乘法,n 次加法。

显然第二种算法运算量小,它是我国宋代数学家秦九韶最先提出的,被称为“秦九韶算法”。

例 1.1.4 不用开平方计算$\sqrt{a}$ $(a>0)$的值。

解 假定 x_0 是$\sqrt{a}$的一个近似值,$x_0>0$,则$\frac{a}{x_0} \approx \frac{a}{\sqrt{a}} = \sqrt{a}$也是$\sqrt{a}$的一个近似值,且 x_0 和$\frac{a}{x_0}$这两个近似值一般有一个大于$\sqrt{a}$,另一个小于$\sqrt{a}$(不然就求出$\sqrt{a}$了),可以设想它们的平均值应为$\sqrt{a}$精度的更好的平均值,于是设计一种算法：

$$
x_{k+1} = \frac{1}{2}\left(x_k + \frac{a}{x_k}\right), \quad k = 0,1,2,\cdots\text{。}
$$

如计算$\sqrt{3}$,取 $x_0 = 2$,有

$$
x_{k+1} = \frac{1}{2}\left(x_k + \frac{3}{x_k}\right), \quad k = 0,1,2,\cdots\text{。}
$$

计算有：$x_0 = 2$,

$x_1 = 1.75$,

$x_2 = 1.7321429$,

$x_3 = 1.7320508$,

⋮

这种方法所得的数列$\{x_k\}$收敛于$\sqrt{3}$的速度很快,只算 3 次就可得到结果的前 8 位数字与准确值是一致的。

迭代法应用时要考虑所得的数列是否收敛、收敛条件及收敛速度等问题,今后将进一步详细讨论。

1.2 误　　差

误差在我们生活中无处不在、无处不有。当我们用数学方法解决一个具体实际问题时，首先必须将实际问题归结为数学问题，再建立适合的数学模型。因数学模型是对被描述的实际问题进行抽象、简化而得到的，所以是近似的。在数值计算的过程中会不可避免地产生各种各样的误差，本节将介绍几种常见的误差。

1.2.1 误差的来源

固有误差。由求解工程问题的数学模型本身所具有的误差，是无法避免的。

(1) 模型误差。在建立数学模型时，往往要忽视很多次要的因素，将模型简单化理想化，模型就产生了误差。

如重力公式 $G=mg$ 中的重力加速度 g 就带有误差。

(2) 测量误差。数学模型中的已知参数，多数是通过测量得到的。而测量过程受工具、方法、观察者的主观因素、不可预料的随机干扰等影响必然带入误差。

计算误差。用数值方法求得的近似解与准确解之间的误差。它可以通过选择好的数学模型，选择好的计算方法来加以控制。数值分析就是研究如何选择较好的计算公式，编制较好的算法和程序，使求解工程应用问题的计算误差被控制在最小的范围内。

(1) 截断误差。数学模型难于直接求解，往往要近似替代，简化为易于求解的问题，这种简化所带入的误差称为方法误差或截断误差。如例 1.1.1 的计算。

(2) 舍入误差。计算机只能处理有限数位的小数运算，初始参数或中间结果都必须进行四舍五入运算，这必然产生舍入误差。如：

$$\frac{2}{3}\approx 0.66666667,\quad \frac{1}{3}\approx 0.33333333。$$

在数值分析课程中主要讨论计算误差，在讲到各种算法时，通过数学方法可推导出截断误差限的公式(如(1.1.1)式)；舍入误差的产生常常带有很大的随机性，讨论起来比较困难，对于某些问题，它可能成为计算中误差的主要部分；至于测量误差，常常将它作为初始数据的误差来看待。

1.2.2 误差的基本概念

定义 1.2.1　设 x 是准确值(一般是不知道的)，x^* 是它的一个近似值，称

$$E=x-x^*$$

为近似值 x^* 的绝对误差。

绝对误差不能完全刻画近似值的精度。

例 1.2.1　A 商品原价 100 元，现价为 95 元；B 商品原价 10 元，现价为 5 元；购买哪种商品，在心理上觉得更划算？

虽然，在心理上觉得购买 B 商品更划算。因为 B 商品是 0.5 折，而 A 商品是 0.95 折。

定义 1.2.2　称绝对误差与精确值的比值

$$\frac{E}{x}=\frac{x-x^*}{x}$$

为 x^* 的相对误差，记作 RE。

绝对误差是可正可负的，因此绝对误差不是误差的绝对值。绝对误差一般无法准确计算，这个值虽然客观存在，但也只能估计出它的绝对值的一个上限，这个上限称为近似值 x^* 的绝对误差限，常记为 ε，即 $|x-x^*|\leqslant\varepsilon$，其意义是 $x-\varepsilon\leqslant x^*\leqslant x+\varepsilon$，在工程应用中常记为

$$x^*=x\pm\varepsilon。$$

相对误差常用百分比表示，是一个无量纲单位，同时也是不能准确计算的。常用绝对误差限与精确值的比值来表示及估计相对误差。在相对误差计算公式中，由于准确值 x 实际上很难知道，所以常用近似值 x^* 代替 x 作分母，则相对误差公式为

$$RE=\frac{E}{x^*}。$$

定义 1.2.3 如果近似值 x^* 的误差限 ε 是不超过它某一位数字的半个单位，我们就说 x^* 准确到该位。且从这一位起直到前面第一个非零数字为止的所有数字称为 x^* 的有效数字。

我们通常所说的 n 位有效数字是指从左端第一位非零数字开始，往右数至第 $n+1$ 位数字，并对第 $n+1$ 位数字进行四舍五入而得的近似数。

例 1.2.2 按四舍五入原则，分别写出下列各数具有 5 位有效数字的近似数：

①287.9325，②0.03785551，③8.000033，④2.718281828459045，⑤2.765450。

解 ① $287.9325\approx287.93$，

② $0.03785551\approx0.037856$，

③ $8.000033\approx8.0000$，

④ $2.718281828459045\approx2.7183$，

⑤ 此数的舍入数字恰为 5，可入也可舍，分别计算得

A：$2.765450\approx2.7655$；

绝对误差限为 $\varepsilon=|2.765450-2.7655|=|-0.00005|=0.00005$。

B：$2.765450\approx2.7654$；

绝对误差限为 $\varepsilon=|2.765450-2.7654|=|0.00005|=0.00005$。

在实践中，为避免舍入误差累积过大，常有一个补充规则 在一个冗长的计算中，当需取舍的数字为 5 时，常使近似数的最后数字为偶数。如保留 5 位有效数字：$2.765450\approx2.7654$。

例 1.2.3 已知下列近似值的绝对误差限都是 0.005，问它们具有几位有效数字？

$$a=12.175,\quad b=-0.10,\quad c=0.1,\quad d=0.0032。$$

解 由于 0.005 是小数点后第 2 数位的半个单位，所以 a 有 4 位有效数字 1,2,1,7；b 有 2 位有效数字 1,0；c 有 1 位有效数字 1；d 没有有效数字。

1.2.3 误差的分析方法

1. 向前误差分析法

从初始数据出发，随着计算过程的进行，将每次计算产生的误差存储并累积起来，得到

最后计算结果的误差。

工程计算不常用,但银行利息的计算需用此方法。

2. 向后误差分析法

将计算过程中计算误差的产生归结为初始数据的影响。即假设初始数据存在某一误差(扰动),并使这一误差的影响等效于计算过程中所产生的计算误差。数值分析常用的是该误差分析方法,并由此选择较好的计算公式和算法。

1.3 数值计算时应注意的问题

1.3.1 避免相近数作减法运算

相近的数作减法运算将会严重损失有效数字,从而导致很大的相对误差。

例 1.3.1 取4位有效数字计算 $x-y$ 的近似值,其中:

(1) $x=18.496, y=17.208$; (2) $x=18.496, y=18.493$。

解 (1) 取4位有效数字得 x, y 的近似值分别为

$$x^*=18.50,\quad y^*=17.21,\quad x^*-y^*=18.50-17.21=1.29。$$

而 $x-y=18.496-17.208=1.288$,故

绝对误差限为 $E=|1.288-1.29|=0.002$,相对误差限为 $RE=\dfrac{|1.288-1.29|}{|1.29|}=0.16\%$。

(2) 取4位有效数字得 x, y 的近似值分别为

$$x^*=18.50,\quad y^*=18.49,\quad x^*-y^*=18.50-18.49=0.01。$$

而 $x-y=18.496-18.493=0.003$,故绝对误差限为 $E=|0.003-0.01|=0.007$,相对误差限为 $RE=\dfrac{|0.003-0.01|}{|0.01|}=70\%$。

在实践中,常采用一些算法技巧来尽量避免产生较大的相对误差。

① 增加有效数字。对两个相近的数相减,若找不到适当方法代替,可在计算机上采用双倍字长计算,以提高精度。

② 化为等价形式。如

$$\frac{\sqrt{x+h}-\sqrt{x-h}}{2h}=\frac{1}{\sqrt{x+h}+\sqrt{x-h}}。$$

1.3.2 避免分式中分母的绝对值远小于分子的绝对值

由于除数很小,将导致商很大,有可能出现"溢出"现象。在除法运算中,要尽量避免除数的绝对值远远小于被除数绝对值的情况,即,若 $|y| \ll |x|$ 则运算 x/y 中,舍入误差会增大,整个分式的相对误差将扩大很多,应尽量避免。

1.3.3 防止大数"吃掉"小数

在大量数据的累加运算中,计算机只能采用有限位数计算,在加、减运算中必须进行对位,若参加运算的数量级差很大,绝对值很小的数往往被绝对值较大的数"吃掉",造成计算

结果失真。

例 1.3.2 在字长为 10 位数字的计算机上计算 $10^{10}+1$ 的值。

解 按照规格化浮点数的表示方法有

$$10^{10}=0.100000000\times10^{11},\quad 1=0.100000000\times10^{1}。$$

但在计算时,先对“阶”得

$$10^{10}=0.100000000\times10^{11},\quad 1=0.000000000①\times10^{11}。$$

数字①位于尾数第 11 位,计算机中无法存储,因此实际存储并参加计算的是

$$10^{10}=0.100000000\times10^{11},\quad 1=0.000000000\times10^{11}。$$

相加后的结果为 $10^{10}+1=0.100000000\times10^{11}$,此时 1 被“吃”掉了。

所以,在求和或差的过程中应采用由小到大的运算方法,以避免产生大数吃掉小数的现象。

1.3.4 简化计算量

首先,若算法计算量太大,实际计算无法完成。即使勉强进行计算,运算效率也会很低,并会产生较大的舍入误差。

如,用克莱姆(Cramer)法则求 n 元线性方程组 $\boldsymbol{Ax}=\boldsymbol{b}$ 的解,需要计算 $n+1$ 个 n 阶行列式,而每个 n 阶行列式按定义要计算 $(n-1)n!$ 次乘法,则克莱姆法则至少需要 $(n^2-1)n!$ 次乘法。

当 $n=20$ 时,有 $(20^2-1)20!\approx9.7\times10^{20}$ 次乘法运算。如果用每秒钟计算 100 万次乘除运算的计算机,约需要

$$9.7\times10^{20}\div10^{6}\div60\div60\div24\div365\approx3000(\text{万年})。$$

其次,即使是可行算法,也应注意运算步骤的简化,减少算术运算的次数以减少误差的积累效应。

例 1.3.3 计算 ln2。

解 因为 $\ln(1+x)=x-\dfrac{x^2}{2}+\dfrac{x^3}{3}-\dfrac{x^4}{4}+\cdots+\dfrac{(-1)^{n-1}}{n}x^n+\cdots$,可得

$$\ln2=1-\frac{1}{2}+\frac{1}{3}-\frac{1}{4}+\cdots+\frac{(-1)^{n-1}}{n}+\cdots。$$

若取精度 $\varepsilon=10^{-5}$,则需 $n>10^5$ 才能达到精度要求,即需取前 10 万项。

如采用下面的公式

$$\ln\frac{1+x}{1-x}=2x\left(1+\frac{x^2}{3}+\frac{x^5}{5}+\cdots+\frac{x^{2n}}{2n+1}+\cdots\right),$$

当 $x=\dfrac{1}{3}$ 时,达到上述精度,只需取前 5 项即可。

1.3.5 病态问题和算法的稳定性

在某一数学问题的计算过程中,如果舍入误差增长将直接影响计算结果的可靠性。这里可能是数学问题本身性态不好,也可能是选择的算法出了问题。

(1) 对某数学问题本身,如果输入数据有微小扰动(即误差),会引起输出数据(即问题的解)的很大扰动,称此数学问题为病态问题。这是由数学问题本身的性质决定的,与算法

无关。如

$$y=\tan x, x_1=1.50, x_2=1.51,$$
$$y_1=\tan x_1=14.1014, y_2=\tan x_2=16.4281,$$
$$\frac{|y_2-y_1|}{|x_2-x_1|}=\frac{2.3267}{0.01}=232.67。$$

即 x 有 0.01 的扰动，对结果 y 产生 232.67 倍的误差，这里并没涉及具体的算法，是问题本身的性态造成的。实际上 1.5 接近 $\pi/2$，而在 $\pi/2$ 附近，$y=\tan x$ 是一个病态问题。

对病态问题，应尽量在建立数学模型时加以避免，实在避免不了时，可试用双精度勉强计算。

(2) 一种数值算法，如果其计算舍入误差积累是可控制的，则称其为数值稳定的。反之，如果误差增长并不是数学问题本身引起，而是算法选择不当所致，则称此算法为数值不稳定的。如

$$y=\sin x, y'(1)=\cos 1=0.5403。$$

选择用向前差商算法近似计算 $y'(1)$，取步长 $h=0.01$，用 4 位有效数字作近似计算，得

$$y'(1)\approx\frac{\sin(1.01)-\sin(1)}{1.01-1}=\frac{0.8468-0.8415}{0.01}=0.53。$$

结果明显很差，这里并不是 h 取得不够小的原因，如 $h=0.001$，将只能得到 $y'(1)\approx 0.5$，结果更差。这是因为用相近数相减，损失了大量有效数位的缘故。

当选择的算法不稳定时，则应改造或另选算法。今后的课程中上述两种情况都会遇到。

1.4 小　　结

早在现代计算机出现之前，有关数值分析或科学计算问题的研究就已开始。牛顿(Newton，1642—1727)、欧拉(Euler，1707—1783)、拉格朗日(Lagrange，1736—1813)、拉普拉斯(Laplace，1749—1827)、勒让德(Legendre，1752—1833)、高斯(Gauss，1777—1855)、柯西(Cauchy，1789—1857)、雅可比(Jacobi，1804—1851)、亚当斯(Adams，1819—1892)、切比雪夫(Chebyshev，1821—1894)、埃尔米特(Hermite，1822—1901)、拉盖尔(Laguerre，1834—1886)等科学巨人均为数值分析中理论与算法的建立做出了名垂史册的贡献。

本章概述了数值分析的任务，介绍了误差的基础知识以及数值运算的误差估计方法，并对病态问题以及数值方法的稳定性进行了定性分析，给出了数值运算中的若干原则。

截断误差与舍入误差是数值分析中涉及的两种误差。定量分析数值计算中的舍入误差是一个困难而复杂的问题，目前尚无真正有效的估计方法能够对各类问题求解中的舍入误差进行定量分析。实际计算中，每个具体算法只要是数值稳定的，一般就不必再做舍入误差估计。至于截断误差将结合求解不同问题的具体算法进行讨论。在工程计算中，由于研究问题的复杂性以及理论分析的艰难性，也经常采用几种不同的方法(包括实验方法)进行比较，以确定计算结果的可靠性。

为了更好地理解、掌握基本数值算法及其相关理论，并提高科学计算的能力，建议读者在掌握数值算法基本原理的同时，要加强计算机语言编程训练，并掌握 MATLAB(或 Maple、Mathematica)等数学软件，使之成为本课程学习的工具。

1.5 习 题

1. 指出有效数 49×10^2,0.0490,490.00 的绝对误差限、相对误差限和有效数字位数。

2. 将 3.142 作为 π 的近似值,它有几位有效数字,相对误差限和绝对误差限各为多少?

3. 某矩形的长和宽分别约为 100cm 和 50cm,应该选择用最小刻度为多少的测量工具,才能保证计算出的面积误差(绝对值)不超过 0.15cm^2。

4. 考虑数列 $1,\frac{1}{3},\frac{1}{9},\frac{1}{27},\frac{1}{81},\cdots$。

(1) 若 $p_0=1$,用递推公式

$$p_n=\frac{1}{3}p_{n-1},\quad n=1,2,\cdots,$$

可以生成上述序列。试问在绝对误差意义下,计算 p_n 的算法稳定吗?

(2) 若 $q_0=1,q_1=\frac{1}{3}$,用递推公式

$$q_n=\frac{10}{3}q_{n-1}-q_{n-2},\quad n=2,3,\cdots,$$

可以生成上述序列。试问在绝对误差意义下,计算 q_n 的算法稳定吗?

5. 已知$\sqrt{201}$和$\sqrt{200}$具有 6 位有效数字的近似值分别为 14.1774 和 14.1421,按

$$A=\sqrt{201}-\sqrt{200}\quad 和\quad A=\frac{1}{\sqrt{201}+\sqrt{200}}$$

两种算法求出 A 的近似值以及近似值的绝对误差限,试问这两种结果至少具有几位有效数字。

1.6 数值实验题

1. 设 $S_n=\sum_{j=1}^{n}\frac{1}{j^2-1}$,其精确值为 $S_n=\frac{1}{2}\left(\frac{3}{2}-\frac{1}{n}-\frac{1}{n+1}\right)$。

(1) 编制计算 $S_n=\frac{1}{2^2-1}+\frac{1}{3^2-1}+\cdots+\frac{1}{n^2-1}$的通用程序;

(2) 编制计算 $S_n=\frac{1}{n^2-1}+\frac{1}{(n-1)^2-1}+\cdots+\frac{1}{2^2-1}$的通用程序;

(3) 按两种程序分别计算 $S_{10^2},S_{10^4},S_{10^6}$。

2. 考虑高次代数方程

$$P(x)=(x-1)(x-2)\cdots(x-20)=0,\tag{a}$$

以及叠加一个扰动后得的方程

$$P(x)+\varepsilon x^{19}=0,\tag{b}$$

其中 ε 是一个非常小的正数。

(1) 选择若干个充分小的 ε,运用数学软件(如 MATLAB、Maple 等)求解方程(b)。记录结果的变化并对上述两个方程的解进行比较,从而分析方程(a)的解对扰动的敏感性。

(2) 当扰动项系数 ε 很小时，我们可能会认为上述两个方程的解应该相差很小。但经计算将发现有些解的差异很大。请分析方程(a)中的哪些解对扰动项 εx^{19} 的变化比较敏感(提示：可将方程(b)写成展开的形式

$$P(x,a)=x^{20}-ax^{19}+\cdots=0,$$

并将方程的解 x 看成是系数 a 的函数。考察方程的某个解关于 a 的扰动是否敏感，只需要研究它关于 a 的导数的大小)。

(3) 将第二个方程中的扰动项改成 εx^{18}，数值实验中又有怎样的现象出现？

第 2 章

MATLAB 软件与数值计算

MATLAB 是 MathWorks 公司于 1984 年推出的一套数值计算软件，分为总包和若干个工具箱，可以实现数值分析、优化、统计、微分方程数值解、信号处理、图像处理等若干领域的计算和图形显示功能。它将不同数学分支的算法以函数的形式分类成库，使用时直接调用这些函数并赋予实际参数就可以解决问题，快速而且准确。

MATLAB 建立在向量、数组和矩阵的基础上，使用方便，人机界面直观，输出结果可视化，深受用户欢迎，应用范围十分广泛。

2.1 MATLAB 的进入与运行方式

2.1.1 MATLAB 的进入与界面

当你在计算机中成功地安装了 MATLAB 后，在 Windows 桌面上就会出现 MATLAB 图标，双击此图标，就进入了 MATLAB 的界面，如图 2.1.1 所示。

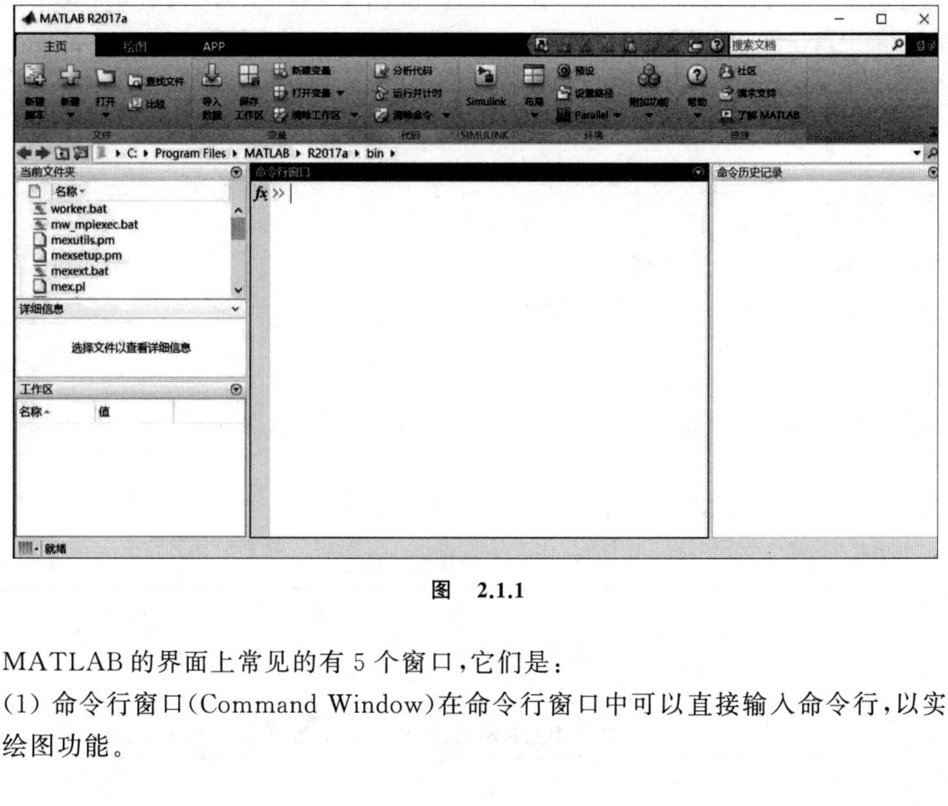

图 2.1.1

MATLAB 的界面上常见的有 5 个窗口，它们是：

(1) 命令行窗口(Command Window)在命令行窗口中可以直接输入命令行，以实现计算或绘图功能。

(2) 工作区(Workspace)该窗口中显示当前 MATLAB 的内存中使用的变量的信息,包括变量名、变量数组大小、变量字节大小和变量类型。在工作区窗口中选定某个变量后,双击变量名,将打开数组编辑器窗口(Array Editor),显示该变量具体内容,该显示主要用于数值型变量,也可以在数组编辑器修改该数据。

(3) 命令历史记录(Command History)该窗口显示所有执行过的命令。利用该窗口,一方面可以查看曾经执行过的命令;另一方面,可以重复利用原来输入的命令行,这只需在命令历史窗口中直接双击某个命令,就可执行该命令行。

(4) 当前文件夹(Current Directory)该窗口显示当前工作目录下所有文件的文件名、文件类型和最后修改时间。可以在该窗口上方的小窗口中修改工作目录。

(5) 详细信息该窗口中显示用户当前选中的命令或文件的详细信息。

2.1.2 MATLAB 的运行方式

MATLAB 提供了两种运行方式:命令行方式和 M 文件方式。

命令行运行方式通过直接在命令窗口中输入命令行来实现计算或作图功能。但这种方式在处理比较复杂的问题和大量数据时相当困难。

而 M 文件运行方式则是先在一个以 m 为扩展名的 M 文件中输入一系列数据和命令,然后让 MATLAB 执行这些命令。MATLAB 的 M 文件有两种类型:脚本 M 文件和函数 M 文件。现在先介绍脚本 M 文件,函数 M 文件将在下一节中介绍。

一个比较复杂的程序常常要作反复的调试,这时可以建立一个脚本 M 文件并将其储存起来,以便随时调用计算。脚本 M 文件就是命令的简单叠加。建立 M 文件的方法是:在 MATLAB 窗口中单击"新建"菜单,然后选择"脚本文件",打开 M 文件编辑窗口,在该窗口中输入程序文件,再以 m 为扩展名存储。要运行该 M 文件,只需在 M 文件编辑窗口的 Debug 菜单中选择 Run 即可。

2.2 变量与函数

2.2.1 变量

MATLAB 中变量的命名规则是:

(1) 变量名必须是不含空格的单个词;

(2) 变量名区分大小写;

(3) 变量名最多不超过 19 个字符;

(4) 变量名必须以字母开头,之后可以是任意字母、数字或下划线,变量名中不允许使用标点符号。

除了上述命名规则,MATLAB 还有几个特殊变量,见表 2.2.1。

表 2.2.1 特殊变量表

特殊变量	取值
ans	用于结果的缺省变量名
pi	圆周率
eps	计算机中的最小数,当和 1 相加就产生一个比 1 大的数

续表

特殊变量	取　　值
flops	浮点运算数
inf	无穷大，如 1/0
NaN	不定量，如 0/0
i,j	i=j= $\sqrt{-1}$
realmin	最小可用正实数
realmax	最大可用正实数

MATLAB 中除有数值变量，还有符号变量等，下面对符号变量作一简要介绍。

MATLAB 提供了符号数学工具箱(Symbolic Math Toolbox)，大大增强了 MATLAB 的功能。符号数学工具箱有复合、简化、微分、积分以及求解代数方程和微分方程的工具。符号运算与数值运算的主要区别如下：

(1) 数值运算必须对变量赋值，然后才能进行运算；

(2) 符号运算无需事先对独立变量赋值，运算结果以标准的符号形式表达。

因此，符号运算的运算结果可以是没赋值的符号变量，可以获得任意精度的解。在使用符号变量之前，应先声明某些要用到的变量是符号变量。声明符号变量的语句：

```
syms 变量名列表
```

或

```
sym('变量名')
```

其中各个变量名用空格分隔，而不能用逗号分隔。如创建符号变量 x 和 a：

```
x=sym('x');a=sym('alpha')
```

或

```
syms x a   %定义符号变量 x 和 a
```

这里，变量 x 和 a 的类型是符号对象，它们被定义后，即可参与符号运算。

2.2.2 基本运算与函数

MATLAB 中的数学运算及其表示见表 2.2.2。

表 2.2.2 数学运算符号表

运算符号	运算符号的功能	运算符号	运算符号的功能
+	加法运算，适用于两个数或两个同阶矩阵相加	./	点除运算
—	减法运算	^,.^	乘幂与点乘幂运算
*,/	乘法、除法运算	\	反斜杠表示左除
.*	点乘运算		

MATLAB中标点符号的含义是：

(1) MATLAB的每条命令后，若为逗号或无标点符号，则显示命令的结果；若命令后为分号，则禁止显示结果；

(2) "%"后面所有文字为注释；

(3) "..."表示续行。

在MATLAB下进行基本数学运算，只需将运算式直接在提示符">>"之后输入，并按下Enter键即可。例如：

```
>> (5*2+1.3-0.8)*10/25
ans =4.2000
```

MATLAB会将运算结果直接存入变量ans，代表MATLAB运算后的答案(answer)，并在屏幕上显示出来。也可将上述运算式的结果设定给一个变量x，如：

```
>>x = (5*2+1.3-0.8)*10^2/25
x =42
```

此时MATLAB会直接显示x的值。若不想让MATLAB每次都显示运算结果，只需在运算式后加上分号";"即可，如

```
y = sin(10)*exp(-0.3*4^2);
```

若要显示变量y的值，直接输入y即可：

```
>>y
y =-0.0045
```

在上例中，sin是正弦函数，exp是指数函数，这些都是MATLAB常用到的数学函数。MATLAB所支持的部分常用函数见表2.2.3。

表2.2.3 常用基本函数

	MATLAB常用的基本数学函数		MATLAB常用的三角函数
abs(x)	纯量的绝对值或向量的长度	sin(x)	正弦函数
angle(z)	复数z的辐角(phase angle)	cos(x)	余弦函数
sqrt(x)	开平方	tan(x)	正切函数
real(z)	复数z的实部	asin(x)	反正弦函数
imag(z)	复数z的虚部	acos(x)	反余弦函数
conj(z)	复数z的共轭复数	atan(x)	反正切函数
round(x)	四舍五入至最近整数	atan2(x,y)	四象限的反正切函数
fix(x)	无论正负，朝零方向整数	sinh(x)	超越(双曲)正弦函数
floor(x)	地板函数，朝负无穷方向整数	cosh(x)	超越(双曲)余弦函数
ceil(x)	天花板函数，朝正无穷方向整数	tanh(x)	超越(双曲)正切函数

续表

	MATLAB 常用的基本数学函数		MATLAB 常用的三角函数
rat(x)	将实数 x 化为分数表示	asinh(x)	反超越正弦函数
rats(x)	将实数 x 化为多项分数展开	acosh(x)	反超越余弦函数
sign(x)	符号函数(signum function)	atanh(x)	反超越正切函数

2.2.3 函数

1. 函数 M 文件

MATLAB 的内部函数是有限的，有时为了研究某一个函数的各种性态，需要为 MATLAB 定义新函数，为此必须编写函数 M 文件。函数 M 文件是文件名后缀为 m 的文件，这类文件的第一行必须以一特殊字符 function 开始，格式为：

```
function  输出形参表=函数名(输入形参表)
```

当输出形参多于一个时，应该用方括号括起来，构成一个输出矩阵。函数文件名通常由函数名再加上扩展名.m 组成。当函数文件名与函数名不相同时，MATLAB 将忽略函数名，调用时使用函数文件名。return 语句表示结束函数的执行。通常，在函数文件中也可以不使用 return 语句，那么被调用函数执行完成后会自动返回。调用格式为：

```
[输出实参表]=函数名(输入实参表)
```

函数 M 文件与前面介绍的脚本 M 文件主要有以下差异：

(1) 函数 M 文件的文件名一般与函数名相同；

(2) 脚本 M 文件没有输入参数与输出参数，而函数 M 文件有输入与输出参数，对函数进行调用时，可以少于函数 M 文件规定的输入与输出变量个数，但不能多于函数 M 文件规定的输入与输出变量个数；

(3) 脚本 M 文件运行产生的所有变量都是全局变量，而函数 M 文件的所有变量除特别声明外，都是局部变量。

例 2.2.1 编写函数文件，求半径为 r 的圆的面积和周长。

解 首先建立 M 文件：fcircle.m

```
function [s,p]=fcircle(r)
s=pi*r*r; p=2*pi*r;
```

然后在 MATLAB 命令窗口输入命令

```
>> [s,p]=fcircle(10)
s =
    314.1593
p =
    62.8319
```

2. 匿名函数

基本格式

```
函数句柄变量=@(匿名函数输入参数) 匿名函数表达式
```

其中：@为函数句柄的运算符。

```
>> f=@(x,y) x^2+y^2
f =
    @(x,y)x^2+y^2
>> f(3,4)  %直接调用函数 f
ans =
    25
```

2.2.4 函数的递归调用

一个函数调用它自身称为函数的递归调用。其作用是把一个大型复杂的问题层层转化为一个与原问题相似的规模较小的问题来求解。调用格式：

```
function f=fact(n)
…
fact(n-1)
…
```

例 2.2.2 利用函数的递归调用，求 n!。

解 编写函数文件 fact.m 如下：

```
function f=fact(n)
if n<=1; f=1; else; f=fact(n-1) * n; end
```

然后在 MATLAB 命令窗口输入命令：

```
>>s=fact(3)
s=
    6
```

2.3 矩阵与数组

矩阵运算和数组运算是 MATLAB 数值运算的两大类型，矩阵运算是按矩阵的运算规则进行的，而数组运算则是按数组元素逐一进行的。因此，在进行某些运算(如乘、除)时，矩阵运算和数组运算有着较大的差别。在 MATLAB 中，可以对矩阵进行数组运算，这时是把矩阵视为数组，运算按数组的运算规则。也可以对数组进行矩阵运算，这时是把数组视为矩阵，运算按矩阵的运算规则进行。

2.3.1 数组

1. 数组的建立

简单数组的输入方法见表 2.3.1。

表 2.3.1 简单数组的建立

x=[a b c d e f]	创建包含指定元素的行向量
x=first: last	创建从 first 开始，加 1 计数，到 last 结束的行向量
x=first: increment: last	创建从 first 开始，加 increment 计数，到不超过 last 结束的行向量
linspace(first,last,n)	创建从 first 开始，到 last 结束，有 n 个元素的行向量

下面举例说明。

例 2.3.1

```
>> x=[1 2 3 4 5 8 7 18]
y=1:7
z=3:2:9
v=[y z]
u=linspace(2,9,11)
x =   1   2   3   4   5   8   7   18
y =   1   2   3   4   5   6   7
z =   3   5   7   9
v =
  Columns 1 through 10
    1   2   3   4   5   6   7   3   5   7
  Column 11
    9
u =
  Columns 1 through 6
    2.0000   2.7000   3.4000   4.1000   4.8000   5.5000
  Columns 7 through 11
    6.2000   6.9000   7.6000   8.3000   9.0000
```

2. 数组元素的访问

为了访问数组元素(分量)，可对数组元素进行编址：

(1) 访问一个元素，数组元素可以用下标访问，如 $x(i)$表示数组 x 的第 i 个元素。

例 2.3.2

```
>>x(4)
ans=   4
```

(2) 访问一块元素，访问数组的某些元素或子块。$x(a:b:c)$表示访问数组 x 从第 a 个元素开始，以步长 b 到第 c 个元素(但不超过 c)，b 可以为负数，b 缺省时为 1。

例 2.3.3

```
>>y=2:2:11,z=10:-3:1
y=  2  4  6  8  10
z=10  7  4  1
```

(3) 直接使用元素编址序号，$x([a\ b\ c\ d])$ 表示提取数组 x 的第 a,b,c,d 个元素构成一个新的数组 $[x(a)\ x(b)\ x(c)\ x(d)]$。

例 2.3.4

```
>>m=x([8  2  6  1])
m= 18  2  8  1
```

3. 数组的方向

前面例子中的数组都是一行数列，是按行方向排列的，称为行向量。数组也可以是列向量，它的数组操作和运算与行向量是一样的，唯一的区别是结果以列形式显示。产生列向量有两种方法，直接产生和转置产生。

例 2.3.5

```
>>c=[1;2;3;4],b=c'
   c=  1
       2
       3
       4
   b= 1  2  3  4
```

说明：以空格或逗号分隔的元素指定的是不同列的元素，而以分号分隔的元素指定了不同行的元素。当数组 b 是复数时，转置(b')产生的是复数共轭转置，而点-转置($b.'$)产生的只对数组转置，不进行共轭。对于实数来说，b' 和 $b.'$ 是等效的。

4. 数组的运算

(1) 标量—数组运算

数组对标量的加、减、乘、除、乘方是数组的每个元素对该标量施加相应的加、减、乘、除、乘方运算。

设 $a=[a_1,a_2,\cdots,a_n]$，c 为标量，则

$a+c=[a_1+c,a_2+c,\cdots,a_n+c]$，

$a*c=[a_1*c,a_2*c,\cdots,a_n*c]$，

$a./c=[a_1/c,a_2/c,\cdots,a_n/c]$(右除)，

$a.\backslash c=[c/a_1,c/a_2,\cdots,c/a_n]$ (左除)，

$a.\hat{}c=[a_1\hat{}c,a_2\hat{}c,\cdots,a_n\hat{}c]$，

$c.\hat{}a=[c\hat{}a_1,c\hat{}a_2,\cdots,c\hat{}a_n]$。

例 2.3.6 编写 M 文件 shuzu3.m 如下：

```
a=[1 2 3 4];
```

```
c=2;
a1=a+c
a2=a*c
a3=a./c
a4=a.\c
a5=a.^c
a6=c.^a
```

运行得以下结果：

```
a1 = 3    4    5    6
a2 = 2    4    6    8
a3 = 0.5000  1.0000  1.5000  2.0000
a4 = 2.0000  1.0000  0.6667  0.5000
a5 = 1    4    9   16
a6 = 2    4    8   16
```

(2) 数组—数组运算

当两个数组有相同维数时,加、减、乘、除、幂运算可按元素对元素方式进行,不同维数的数组是不能进行运算的。

设 $a=[a_1,a_2,\cdots,a_n]$, $b=[b_1,b_2,\cdots,b_n]$,则

$a+b=[a_1+b_1,a_2+b_2,\cdots,a_n+b_n]$,

$a.*b=[a_1*b_1,a_2*b_2,\cdots,a_n*b_n]$,

$a./b=[a_1/b_1,a_2/b_2,\cdots,a_n/b_n]$,

$a.\backslash b=[b_1/a_1,b_2/a_2,\cdots,b_n/a_n]$,

$a.\hat{}b=[a_1\hat{}b_1,a_2\hat{}b_2,\cdots,a_n\hat{}b_n]$。

例 2.3.7 编写 M 文件 shuzu4.m 如下：

```
a=[2 2 2]
b=[3 3 3]
c1=a+b
c2=a.*b
c3=a./b
c4=a.\b
c5=a.^b
```

运行得以下结果：

```
c1 = 5    5    5
c2 = 6    6    6
c3 = 0.6667  0.6667  0.6667
c4 = 1.5000  1.5000  1.5000
c5 = 8    8    8
```

2.3.2 矩阵

1. 矩阵的建立

数组可以是一个行向量或列向量,也可以是具有几个行或列的矩阵形式。矩阵的创建

遵循创建行向量和列向量所用的方式。逗号或空格用于分隔某一行的元素，分号用于区分不同的行。除了分号，在输入矩阵时，按 Return 或 Enter 键也表示开始一新行。输入矩阵时，严格要求所有行有相同的列。

例 2.3.8

```
>>a=[1 2 3 4 ;5 6 7 8;9 10 11 12]
   a=
      1  2   3   4
      5  6   7   8
      9  10  11  12
```

例 2.3.9 编写 M 文件，matrix1.m 如下：

```
a=[]
b=zeros(2,3)
c=ones(2,3)
d=eye(2,3)
e=eye(3,3)
```

运行得以下结果：

```
a = []
b =
     0  0  0
     0  0  0
c =
     1  1  1
     1  1  1
d =
     1  0  0
     0  1  0
e =
     1  0  0
     0  1  0
     0  0  1
```

2. 矩阵中元素的操作

(1) 矩阵 A 的第 r 行：A(r,:)。
(2) 矩阵 A 的第 r 列：A(:,r)。
(3) 依次提取矩阵 A 的每一列，将 A 拉伸为一个列向量：A(:)。
(4) 取矩阵 A 的第 i1～i2 行、第 j1～j2 列构成新矩阵：A(i1:i2, j1:j2)。
(5) 以逆序提取矩阵 A 的第 i1～i2 行，构成新矩阵：A(i2:－1:i1,:)。
(6) 以逆序提取矩阵 A 的第 j1～j2 列，构成新矩阵：A(:,j2:－1:j1)。
(7) 删除 A 的第 i1～i2 行，构成新矩阵：A(i1:i2,:)=[ ]。
(8) 删除 A 的第 j1～j2 列，构成新矩阵：A(:, j1:j2)=[ ]。

(9) 将矩阵 A 和 B 拼接成新矩阵：[A B];[A;B]。

3. 矩阵的运算

(1) 标量—矩阵运算，与标量—数组运算类似。

(2) 矩阵—矩阵运算，矩阵的元素对元素的运算，与数组的数组—数组运算类似。

而线性代数中所定义矩阵运算的命令如下：

矩阵加法：A+B

矩阵乘法：A*B

方阵的行列式：det(A)

方阵的逆：inv(A)

方阵的特征值与特征向量：[V,D]=eig[A]

2.3.3 常用的矩阵函数

(1) 用 size()函数计算矩阵 **A** 的维数，调用格式：

```
d=size(A)            %将矩阵 A 的行数和列数赋给变量 d
[m,n]=size(A)        %将矩阵 A 的行数赋给变量 m、列数赋给变量 n
```

(2) rand 函数：产生[0,1]区间均匀分布的随机矩阵，调用格式：

```
rand(n)              %产生值在 0~1 随机分布的 n×n 的随机方阵
rand(m,n)            %产生值在 0~1 随机分布的 m×n 的随机矩阵
```

(3) 计算矩阵长度(列数)的函数 length()，调用格式：

```
a=length(B)          %将矩阵 B 的列数赋值给变量 a
```

(4) 矩阵元素的求积运算函数 prod()，调用格式：

```
prod(A)              %若 A 为向量,将计算向量 A 所有元素之积;若 A 为矩阵,将产生一行向量,其元
                      素分别为矩阵 A 的各列元素之积。
prod(A,k)            %将对矩阵 A 按 k 定义的方向进行求积运算,若 k=1 则按列的方向求积,若 k=
                      2 则按行的方向求积。
```

(5) 矩阵元素的求和运算函数 sum()，调用格式同 prod()函数。

(6) zeros 函数：产生元素全为 0 的矩阵，即零矩阵，调用格式：

```
zeros(m)             %产生 m×m 零矩阵。
zeros(m,n)           %产生 m×n 零矩阵。
zeros(size(A))       %产生与矩阵 A 同行同列的零矩阵。
```

(7) ones 函数：产生元素全为 1 的矩阵，即幺矩阵。

(8) eye 函数：产生对角线为 1 的矩阵。当矩阵是方阵时，得到一个单位矩阵。

(9) randn 函数：产生均值为 0，方差为 1 的标准正态分布随机矩阵。

(10) vander(V)：生成以向量 V 为基础的范德蒙德(Vandermonde)矩阵，如：

```
>> A=vander(1:5)
```

```
A =
1     1     1    1   1
16    8     4    2   1
81    27    9    3   1
256   64    16   4   1
625   125   25   5   1
```

(11) hilb(n)函数生成 n 阶希尔伯特矩阵。

希尔伯特矩阵是著名的病态矩阵，病态程度和矩阵的阶数相关，随着阶数的增加病态会越来越严重。

(12) 稀疏矩阵

① 完全存储方式与稀疏存储方式之间的转化。

A=sparse(S)　　%将矩阵 S 转化为稀疏存储方式的矩阵 A。

S=full(A)　　%将矩阵 A 转化为完全存储方式的矩阵 S。

sparse(u,v,S)　　%其中 u,v,S 是三个等长的向量。S 是要建立的稀疏存储矩阵的非零元素，u(i)、v(i)分别是 S(i)所在的行和列下标。

```
>> A=sparse([1,2,2],[2,1,4],[4,5,-7])
>> B=full(A)
A =
(2,1)   5
(1,2)   4
(2,4)   -7
B =
0 4 0 0
5 0 0 -7
```

② 带状稀疏矩阵的稀疏存储。

稀疏矩阵有两种基本类型：无规则结构的稀疏矩阵与有规则结构的稀疏矩阵。带状稀疏矩阵就是一种十分典型的具有规则结构的稀疏矩阵，它是指所有非零元素集中在若干条对角线上的矩阵。

[B,d]=spdiags(A)　%从带状稀疏矩阵 A 中提取全部非零对角线元素赋给矩阵 B 及其这些非零对角线的位置向量 d。

A=spdiags(B,d,m,n)　%产生带状稀疏矩阵的稀疏存储矩阵 A，其中 m,n 为原带状稀疏矩阵的行数与列数，矩阵 B 的第 i 列即为原带状稀疏矩阵的第 i 条非零对角线，向量 d 为原带状稀疏矩阵所有非零对角线的位置。

```
>> A =[11,0,0,12,0,0;0,21,0,0,22,0;0,0,31,0,0,32;41,0,0,42,0,0;0,51,0,0,52,0]
A =
  11   0   0  12   0   0
  0   21   0   0  22   0
  0    0  31   0   0  32
  41   0   0  42   0   0
  0   51   0   0  52   0
```

```
>> [B,d]=spdiags(A)
B =
  0  11  12
  0  21  22
  0  31  32
  41  42  0
  51  52  0
d =
  -3
  0
  3
```

说明：A＝spdiags(B,d,m,n)，其中，m，n 为原带状矩阵的行数与列数。B 为 r×p 矩阵，这里 r＝min{m,n}，p 为原带状矩阵所有非零对角线的条数，矩阵 B 的第 i 列即为原带状矩阵的第 i 条非零对角线。取值方法是：若非零对角线上元素个数等于 r，则取全部元素；若非零对角线上元素个数小于 r，则应该用零补足到 r 个元素。补零的原则是：若 m＜n（行数＜列数），则 d＜0 时（主对角线以下）在前面补 0，d＞0 时（主对角线以上）在后面补 0；当 m≥n（行数≥列数），则 d＜0 时在后面补 0；d＞0 时在前面补 0。如：

```
>> kf1=[1;1;2;1;0];
>> k0=[2;4;6;6;1];
>> k1=[0;3;1;4;2];
>> B=[kf1,k0,k1];
>> d=[-1;0;1];
>> A=spdiags(B,d,5,5)
```

2.4 MATLAB 程序设计

MATLAB 可以像 C、FORTRAN 等计算机高级语言一样，进行程序设计，编写 M 文件。本节简单介绍 MATLAB 中关系、逻辑运算和条件、循环语句等重要的编程手段。

2.4.1 关系和逻辑运算

除了传统的数学运算，MATLAB 支持关系和逻辑运算。一个重要的应用是控制基于真/假命题的一系列 MATLAB 命令（通常在 M 文件中）的流程，或执行次序。作为所有关系和逻辑表达式的输入，MATLAB 把任何非零数值当作真，把零当作假。所有关系和逻辑表达式的输出，真，输出为 1；假，输出为 0。

1. 关系操作符

MATLAB 关系操作符包括所有常用的比较，能用来比较两个同样大小的矩阵，或用来比较一个矩阵和一个标量。后一种情况是，标量和矩阵中的每一个元素相比较，结果与矩阵大小一样。常见关系操作符见表 2.4.1。

表 2.4.1 常见关系操作符

关系操作符	说　明
<	小于
<=	小于或等于
>	大于
>=	大于或等于
= =	等于
~=	不等于

2. 逻辑操作符

逻辑操作符提供了一种组合或否定关系表达式，MATLAB 操作符见表 2.4.2。

表 2.4.2 常见逻辑操作符

逻辑操作符	说　明
&	与
|	或
~	非

2.4.2 控制流

MATLAB 提供三种决策或控制流结构：for 循环，while 循环和 if-else-end 结构。这些结构经常包含大量的 MATLAB 命令，故经常出现在 MATLAB 的 M 文件中。

1. For 循环

允许一组命令以固定的和预定的次数重复，for 循环的一般形式为

```
for  x=array
  {commands}
end
```

在 for 和 end 语句之间的命令串{commands}按数组(array)中的每一列执行一次。在每一次迭代中，x 被指定为数组的下一列，即在第 n 次循环中，x=array(:,n)。

例 2.4.1 对 $n=1,2,\cdots,10$，分别求 $x_n=\sin\frac{n\pi}{10}$的值。

解 编写 M 文件，for1.m 如下：

```
for n=1:10
  x(n)=sin(n*pi/10);
end
x
```

运行得结果：

```
x =
  0.3090  0.5878  0.8090  0.9511  1.0000  0.9511  0.8090  0.5878  0.3090  0.0000
```

for 循环应注意：for 循环内不能对循环变量重新赋值；for 循环内接受任何有效 MATLAB 数组；for 循环可按需要嵌套；为提高运算速度，当能用其他方法解决时，尽量不用 for 循环，必须用 for 循环时应预先分配数组(预先分配内存)。

2. While 循环

与 for 循环以固定次数执行一组命令相反，while 循环以不定的次数求一组语句的值。While 循环的一般形式为

```
while (expression)
    {commands}
end
```

只要在表达式(expression)里的所有元素为真，就执行 while 和 end 语句之间的命令串{commands}。通常，对表达式求值给出一个标量值，对数组值同样有效，数组情况下，所得到数组的所有元素必须都为真。

例 2.4.2 设银行年利率为 11.25%。将 10000 元人民币存入银行，问多长时间会连本带利翻一番。

解 编写 M 文件，while1.m 如下：

```
money=10000;
years=0;
  while money<20000
    years=years+1;
    money=money * (1+11.25/100);
  end
years
money
```

运行得以下结果：

```
years = 7
money = 2.1091e+004
```

3. If-else-end 结构

(1) 有一个选择的一般形式是：

```
if (expression)
    {commands}
end
```

如果在表达式(expression)里的所有元素为真，就执行 if 和 end 语句之间的命令串

{commands}。

(2) 有两个选择的一般形式是：

```
if (expression)
    {commands1}
else
    {commands2}
end
```

如果表达式(expression)为真，则执行第一组命令{commands1}，表达式为假，则执行第二组命令{commands2}。

(3) 有三个或更多的选择的一般形式为

```
if (expression1)
    {commands1}
    else  if  (expression2)
              {commands2}
        else if  (expression3)
                {commands3}
            else if  …
            …
                else
                    {commands}
                end
            end
        end
    …
end
```

这种有三个以上选择的 if-else-end 形式，依次检查各表达式，只执行第一个表达式为真的命令串，接下来的表达式不检查，跳过其余的 if-else-end 结构，而且，最后的 else 命令可有可无。

例 2.4.3 设 $f(x)=\begin{cases}x^2+1, & x>1,\\ 2x, & x\leqslant 1,\end{cases}$ 求 $f(2)$，$f(-1)$。

解 先建立以下 M 文件 fun1.m 定义函数 $f(x)$，再在 MATLAB 命令窗口中输入 fun1(2)，fun1(−1)即可。

```
function f=fun1(x)
if x>1
    f=x^2+1
else
    f=2*x
end
```

例 2.4.4 设 $f(x)=\begin{cases}x^2+1, & x>1,\\ 2x, & 0<x\leqslant 1,\\ x^3, & x\leqslant 0,\end{cases}$ 求 $f(2)$，$f(0.5)$，$f(-1)$。

解 先建立以下 M 文件 fun2.m 定义函数 $f(x)$，再在 MATLAB 命令窗口中输入

fun2(2),fun2(0.5), fun2(－1)即可。

```
function f=fun2(x)
if x>1
    f=x^2+1
    else if x<=0
        f=x^3
        else
            f=2*x
        end
    end
```

2.5 MATLAB 的绘图功能

2.5.1 二维图形

二维图形即平面曲线,MATLAB 提供了画曲线的函数。

MATLAB 作图是通过描点、连线来实现的,故在画一个曲线图形之前,必须先取得该图形上的一系列的点的坐标(即横坐标和纵坐标),然后将该点集的坐标传给 MATLAB 函数画图。作二维图形和三维图形都是同样的道理。

```
plot(X,Y,S)
plot(X,Y)
plot(X1,Y1,S1,X2,Y2,S2,…,Xn,Yn,Sn)
```

X,Y 是向量,分别表示点集的横坐标和纵坐标,命令 plot(X,Y,S)描绘该点集所表示的曲线,其线型由 S 确定,表 2.5.1 给出绘图的线型参数。

表 2.5.1 plot 绘图函数的参数

符号	颜色	符号	颜色	符号	线型	符号	标记	符号	标记
'b'	蓝色	'c'	青色	'_'	实线	'v'	▽	'x'	叉号
'g'	绿色	'k'	黑色	'__'	虚线	'^'	△	'+'	加号
'm'	洋红色	'r'	红色	':'	点线	'>'	ϖ	'pentagram'	五角星☆
'w'	白色	'y'	黄色	'_.'	点划线	'<'	ω	'diamond'	◇
				'none'	无线	'o'	圆圈	'hexagram'	六角星
						'*'	星号	'square'	□

命令 plot(X,Y)画实线,参数 X,Y 与 plot(X,Y,S)相同。

命令 plot(X1,Y2,S1,X2,Y2,S2,…,Xn,Yn,Sn)将多条线画在一起,参数意义同 plot(X,Y,S)。

例 2.5.1 (1)在区间[0,2*pi]中画 sin$x$;(2)在[0,2*pi]中用红线画 sin$x$,用绿圈画 cos$x$。

解 程序如下:

```
x=linspace(0,2*pi,30);
    y=sin(x);
    plot(x,y)
x=linspace(0,2*pi,30);
    y=sin(x);
    z=cos(x);
    plot(x,y,'r',x,z,'oc')
```

结果见图 2.5.1。

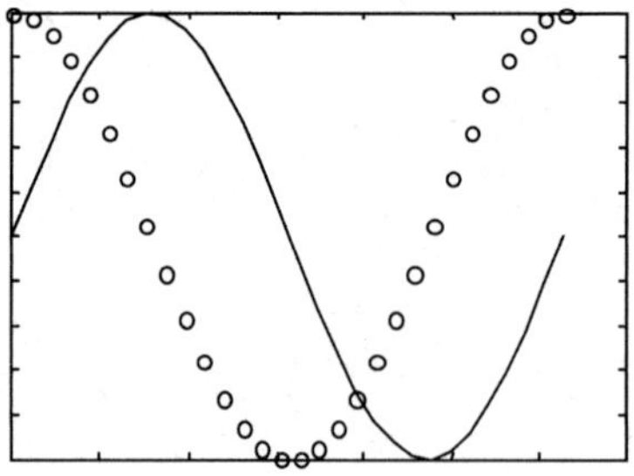

图 2.5.1

2.5.2 三维图形

三维图形包括曲线和曲面。

1. 三维曲线

(1) 一条曲线

命令 plot3(x,y,z,s)通过描点连线画出曲线，这里 x,y,z 都是 n 维向量，分别表示该曲线上点集的横坐标、纵坐标、函数值，s 表示颜色、线形等。

例 2.5.2 在区间[0,10 * pi]中画出参数曲线 $x=\sin t$，$y=\cos t$，$z=t$，并分别标注。

解 输入命令

```
    t=0:pi/50:10*pi; plot3(sin(t),cos(t),t)
xlabel('sin(t)'); ylabel('cos(t)');
title('参数曲线')
```

结果见图 2.5.2。

(2) 多条曲线

命令 plot3 (x,y,z)通过描点连线画出多条曲线，这里 x,y,z 都是 $m\times n$ 矩阵，其对应的每一列表示一条曲线。

例 2.5.3 画多条曲线观察函数 $z=(x+y)^2$。

解 输入命令

```
x=-3:0.1:3;y=1:0.1:5; [X,Y]=meshgrid(x,y); Z=(X+Y).^2;
plot3(X,Y,Z)
```

这里 meshgrid(x,y)的作用是产生一个以向量 x 为行、向量 y 为列的矩阵。结果见图 2.5.3。

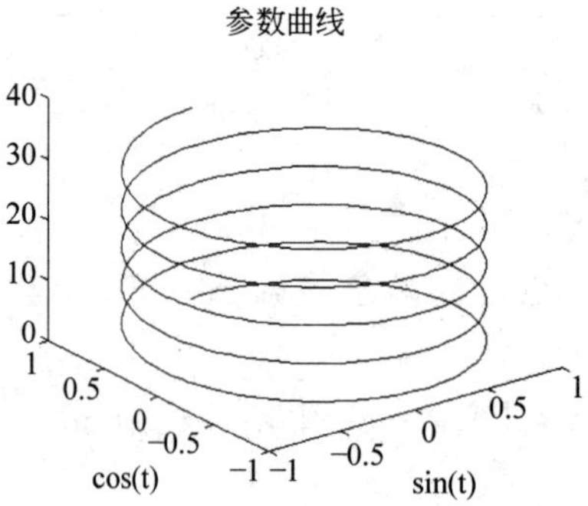

图 2.5.2

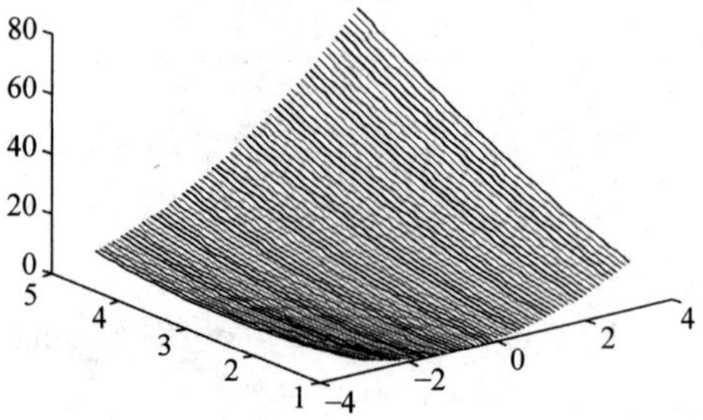

图 2.5.3

2. 空间曲面

命令 surf(x,y,z)绘制曲面。这里 x,y,z 是三个数据矩阵,分别表示数据点的横坐标、纵坐标、函数值,命令 surf(x,y,z)将该数据点所表示的曲面画出。

例 2.5.4 画函数 $Z=(X+Y)^2$ 的图形。

解 输入命令:

```
x=-3:0.1:3;  y=1:0.1:5; [X,Y]=meshgrid(x,y); Z=(X+Y).^2;
surf(X,Y,Z)
```

结果见图 2.5.4。

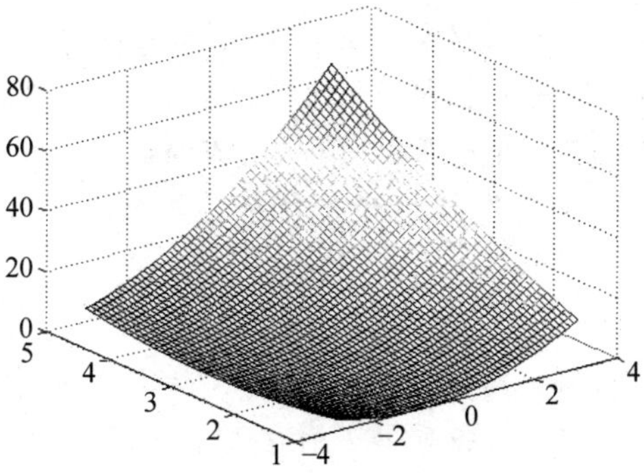

图 2.5.4

3. 曲面网格

命令 mesh(x,y,z)画网格曲面。这里 x,y,z 是三个数据矩阵,分别表示数据点的横坐标、纵坐标、函数值,命令 mesh(x,y,z)将该数据点在空间中描出,并连成网格。

例 2.5.5 画出曲面 $Z=(X+Y)^2$ 的网格图。

解 输入命令:

```
x=-3:0.1:3; y=1:0.1:5; [X,Y]=meshgrid(x,y); Z=(X+Y).^2;
mesh(X,Y,Z)
```

结果见图 2.5.5。

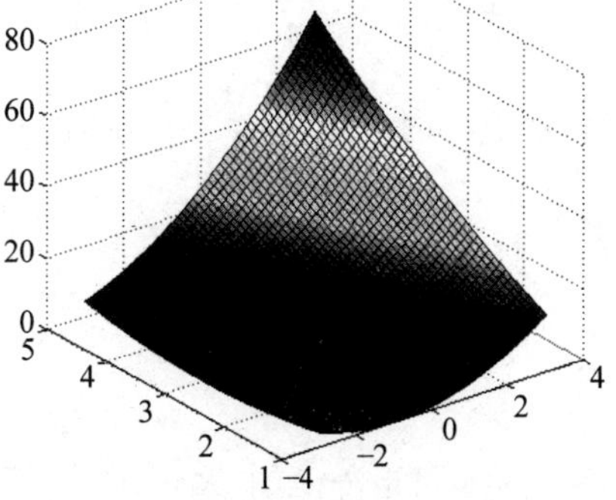

图 2.5.5

MATLAB 绘图工具箱提供了非常丰富的作图函数，若需要请读者查阅相关资料。

2.6 MATLAB 中常用函数介绍

本节介绍本书程序中涉及的一些函数及其用法。

(1) norm()函数计算矩阵范数，格式：n=norm(A,p)：

① n = norm(X,1) %求 1-范数；

② n = norm(A)(或 norm(A,2)) %A 为矩阵，求欧几里得范数，等于 A 的最大奇异值；

③ n = norm(X,inf) %求∞-范数。

(2) inv()函数求逆矩阵。如 inv(X)就是求矩阵 X 的逆矩阵。

(3) eig()函数计算矩阵的特征值和特征向量。常用的调用格式：

① E=eig(A) %求矩阵 A 的全部特征值，构成向量 E；

② [V,D]=eig(A) %求矩阵 A 的全部特征值构成对角阵 D，A 的特征向量构成 V 的列向量。

(4) max(M,[],dim)函数。

① [Y,I]=max(M,[],2) %每行最大值存入 Y，每行最大值的列位置存入 I；

② [Y,I]=max(M,[],1) %每列最大值存入 Y，每列最大值的行位置存入 I；

③ Y=max(M) %每行最大值存入 Y；

④ [Y,I]=max(M) %每列最大值存入 Y，每列最大值的行位置存入 I。

(5) abs(x)函数：对 x 中的元素求绝对值，当 x 为复数时，表示该复数的模。

(6) cond()函数用来求矩阵的条件数：

① cond(A,1) %计算 A 的 1-范数下的条件数；

② cond(A)或 cond(A,2) %计算 A 的 2-范数下的条件数；

③ cond(A,inf) %计算 A 的 ∞-范数下的条件数。

(7) find()函数用于返回所需要元素的位置：

① find(A) %返回矩阵 A 中非零元素的所在位置。

如：

```
>> A = [1 0 4 -3 0 0 0 8 6];
>> X = find(A)
X =
  1  3  4  8  9
```

② find(A>5) %返回矩阵 A 中大于 5 的元素的所在位置

如：

```
>> find(A>5)
ans =
  8  9
```

③ [i,j,v]=find(A>m) %返回矩阵 A 中大于 m 的元素所在的行 i，列 j，和元素的

值 v(按所在位置先后顺序输出)

如:

```
>> A=[3 2 0; -5 0 7; 0 0 1];
>> [i,j,v]=find(A) %返回 A 中不为零的元素的位置。
  i =[1 2 1 2 3]'
  j =[1 1 2 3 3]'
  v =[3 -5 2 7 1]'
```

(8) disp()与 fprintf()函数都有显示的作用。

① disp(X)函数一般只有一个输入。当有多个字符串作为输入时应为 disp(['Alice is ', num2str(12) , ' years old! ']) %加上方括号。

② fprintf()函数可以控制显示的格式。

如:

```
>> B=[2.122 2.51556]; fprintf('%3.2f \n',B)
  2.12
  2.52
```

其中:3.2f\n 表示 3 个空位,2 位小数,f 浮点型(可改为 e 表示科学计数法),n 为换行。

(9) eval()函数:是将括号内的字符串视为语句并运行。

如:

```
>>x=1;eval(['y',num2str(x),'=',num2str(x^2),','])
y1 =
  1
```

(10) feval()把已知的数据或符号代入到一个定义好的函数句柄中。

如:

```
syms t; f=@(x,y) x^2+y^3; k=feval(f,1,t)
k =
  t^3 + 1
```

(11) subs()是符号计算函数,表示将符号表达式中的某些符号变量替换为指定新的变量,常用调用方式为。

subs(s,old,new) %表示将符号表达式 s 中的符号变量 old 替换为新的值 new。

如:

```
syms x y; s=x^2+sin(y); z=subs(s,y,1)
z =
  x^2 + sin(1)
```

(12) conv()是卷积运算,也可以做多项式的乘法。

```
>> a=[1,2,3];b=[1,2];  conv(a,b) %相当于(x^2+2 * x+3) * (x+2)
  ans
    1  4  7  6
```

(13) poly()函数的调用格式为：

① poly(A) %当A是一个方阵时，求出A的特征多项式；

② poly(V) %当V是一个向量时，求出以V为根的多项式。

如：

```
>> poly([3,2])
  ans =
      1  -5  6
>> poly([2,5,1;7,2,8;9,0,3]), z=poly2sym(ans,'x')
  ans =
      1.0000   -7.0000  -28.0000 -249.0000
  z=
      x^3 - 7*x^2 - 28*x - 249
```

(14) collect()函数与expand()函数：

① collect(S,V)用于符号表达式的展开运算，将符号矩阵S中所有同类项合并，并以V为符号变量输出。

如：

```
>>syms x y;R1 = collect((exp(x)+x) * (x+2)),
  R2 = collect((x+y) * (x^2+y^2+1), y)
  R1 =
      x^2 + (exp(x) + 2) * x + 2 * exp(x) %collect(s)则以默认变量'x'输出。
  R2 =
      y^3 + x * y^2 + (x^2 + 1) * y + x * (x^2 + 1)
```

② expand()函数用于多项式的展开运算，调用格式与collect()相同。

(15) int()函数用于求积分，调用格式如下：

① int(f,x) %求不定积分，其中f是被积函数的符号表达式，x是积分变量。

如：

```
>>syms x a c; f1=(sin(x))/(1+cos(x)); f2=[sin(x),a^x; x^2,log(2+x)];
  I1=int(f1,x)+c, I2=int(f2,x)+c
  I1 =
      c - log(cos(x) + 1)
  I2 =
      [ c - cos(x),             c + a^x/log(a)]
      [  x^3/3 + c, c + (log(x + 2) - 1) * (x + 2)]
```

② int(f,x,a,b) %求函数f对符号变量x从a到b的定积分。

如：

```
>> syms x ;f=5/((x-1) * (x-2) * (x-3)) ; F=int(f,x,4,5);vpa(F,6)
  ans =
      0.424748
```

(16) diff()函数用于求符号表达式的导数,调用格式如下:

① diff(f,a) %表示 f 对指定变量 a 的一阶导数值。

② diff(f,a,n) %表示 f 对指定变量 a 的 n 次导数值。

```
syms a x;
f=sin(a*x);
df=diff(f,x,2)
df=
    -a^2*sin(a*x)
```

(17) jacobian()与 hessian()函数,其调用格式如下:

① J=jacobian(f,v) %对符号多元函数向量 f 的变量向量 v 求偏导数,返回偏导数矩阵 J。如:

```
>> syms r theta phi; x=r*sin(theta)*cos(phi); y=r*sin(theta)*sin(phi); z=r*
cos(theta);
J=jacobian([x; y; z],[r theta phi])
J =
    [ cos(phi)*sin(theta), r*cos(phi)*cos(theta), -r*sin(phi)*sin(theta)]
    [ sin(phi)*sin(theta), r*cos(theta)*sin(phi),  r*cos(phi)*sin(theta)]
    [ cos(theta),          -r*sin(theta),                              0]
```

② H=hessian(f,v) %对符号多元函数 f 的变量向量 v 求二阶偏导数,返回二阶偏导数矩阵 H。

如:

```
>> syms x y; f=(x^2)*exp(y^2); H=simplify(hessian(f,[x,y]))
  H =
      [2*exp(y^2),           4*x*y*exp(y^2)]
      [ 4*x*y*exp(y^2), 2*x^2*exp(y^2)*(2*y^2 + 1)]
```

2.7 习 题

1. 对以下问题,编写 M 文件:

(1) 编程求 $\sum_{n=1}^{20} n!$;

(2) 一球从 100m 高度自由落下,每次落地后反跳回原高度的一半,再落下。求它在第 10 次落地时,共经过多少米?第 10 次反弹有多高?

(3) 有一函数 $f(x,y)=x^2+\sin xy+2y$,写一程序,输入自变量的值,输出函数值。

2. 用 plot 函数绘制 $y=\cos[\tan(\pi x)]$的图像。

3. 用 surf,mesh 函数绘制曲面 $z=2x^2+y^2$。

4. 信号 $f(t)=\left(1+\frac{t}{2}\right)[u(t+2)-u(t-2)]$,用 MATLAB 符号运算的相关命令求 $f(t+2)$,$f(t-2)$,$f(-t)$,$f(2t)$,$-f(t)$,并绘出其时域波形。

第 3 章

线性方程组的直接解法

3.1 引　　言

在科学技术与工程的应用中，经常要求解线性方程组，如在应力分析、电路分析、分子结构、测量学中都会遇到解线性方程组问题。虽然有些数学模型中不直接表现为解线性方程组，但其数值解法中将问题“离散化”或“线性化”转变成为线性方程组，如三次样条、最小二乘法、微分方程边值问题等。线性方程组的求解是数值分析课程中最基本的、最重要的内容之一。

设线性方程组

$$\begin{cases} a_{11}x_1 + a_{12}x_2 + \cdots + a_{1n}x_n = b_1, \\ a_{21}x_1 + a_{22}x_2 + \cdots + a_{2n}x_n = b_2, \\ \vdots \\ a_{n1}x_1 + a_{n2}x_2 + \cdots + a_{nn}x_n = b_n 。 \end{cases} \tag{3.1.1}$$

记为矩阵形式为 $\boldsymbol{A}\boldsymbol{x}=\boldsymbol{b}$，其中 $\boldsymbol{A}$ 是一个 n 阶方阵，$\boldsymbol{x}$ 和 $\boldsymbol{b}$ 是 n 维列向量。由克莱姆法则，若系数行列式 $D=\det(\boldsymbol{A})\neq 0$，则线性方程组(3.1.1) 存在唯一的一组解

$$x_j = \frac{D_j}{D}, \quad j=1,2,\cdots,n,$$

其中，D_j 是用右端向量 $\boldsymbol{b}$ 代替系数行列式 D 中第 j 列后的行列式。

线性方程组的解法一般分为两大类。

一类是直接法：经过有限次的运算，即可求得线性方程组的精确解。但由于实际计算中舍入误差的存在，用直接法一般也只能求出线性方程组的近似解。本章主要介绍直接法。

另一类是迭代法：将线性方程组变形为某种等价的迭代公式，给出初值 $\boldsymbol{x}^{(0)}$，产生迭代序列 $\{\boldsymbol{x}^{(k)}\}$，$k=0,1,2,\cdots$，在一定的条件下 $\boldsymbol{x}^{(k)}\to\boldsymbol{x}^*$（准确解）。迭代法是下一章介绍的内容。

3.2 高斯消元法

3.2.1 高斯消元法的基本思想

高斯消元法是一种规则化的加减消元法，基本思想是对线性方程组所对应的增广矩阵通过逐次消元计算，把一般线性方程组转化为等价的上三角形线性方程组，通过回代求得线性方程组的解。

例 3.2.1 解线性方程组

$$\begin{cases} x_1+2x_2+3x_3=1, \\ 2x_1+7x_2+5x_3=6, \\ x_1+4x_2+9x_3=-3。\end{cases}$$

解 消元：第一步，第一个方程乘-2加到第二个方程；第一个方程乘-1加到第三个方程，得

$$\begin{cases} x_1+2x_2+3x_3=1, \\ 3x_2-x_3=4, \\ 2x_2+6x_3=-4。\end{cases}$$

第二步，第二个方程乘$-2/3$加到第三个方程，得

$$\begin{cases} x_1+2x_2+3x_3=1, \\ 3x_2-x_3=4, \\ \dfrac{20}{3}x_3=-\dfrac{20}{3}。\end{cases}$$

回代：解第三个方程得 x_3，将 x_3 代入第二个方程得 x_2，将 x_2,x_3 代入第一个方程得 x_1，得到解 $\boldsymbol{x}^*=(2,1,-1)^{\mathrm{T}}$。

容易看出第一步和第二步消元相当于增广矩阵$[\boldsymbol{A} \mid \boldsymbol{b}]$在作行变换，用 r_i 表示增广矩阵$[\boldsymbol{A} \mid \boldsymbol{b}]$的第 i 行，则上述消元过程可以表示为

$$[\boldsymbol{A} \mid \boldsymbol{b}]=\left[\begin{array}{ccc|c} 1 & 2 & 3 & 1 \\ 2 & 7 & 5 & 6 \\ 1 & 4 & 9 & -3 \end{array}\right] \xrightarrow[r_3=r_3-r_1]{r_2=r_2-2r_1} \left[\begin{array}{ccc|c} 1 & 2 & 3 & 1 \\ 0 & 3 & -1 & 4 \\ 0 & 2 & 6 & -4 \end{array}\right]$$

$$\xrightarrow{r_3=r_3-\frac{2}{3}\cdot r_2} \left[\begin{array}{ccc|c} 1 & 2 & 3 & 1 \\ 0 & 3 & -1 & 4 \\ 0 & 0 & \dfrac{20}{3} & -\dfrac{20}{3} \end{array}\right]。$$

将上述求解三元线性方程组的消元和回代过程推广到 n 元线性方程组的求解情形，就是高斯消元法。

3.2.2 高斯消元法公式

记 $\boldsymbol{Ax}=\boldsymbol{b}$ 为 $\boldsymbol{A}^{(1)}\boldsymbol{x}=\boldsymbol{b}^{(1)}$，$\boldsymbol{A}^{(1)}$ 和 $\boldsymbol{b}^{(1)}$ 的元素记为 $a_{ij}^{(1)}$ 和 $b_i^{(1)}$，$i,j=1,2,\cdots,n$。第一次消元的目的是消掉第二个方程到第 n 个方程中的 x_1 项，即将增广矩阵第一列的后面 $n-1$ 个元素化为 0。得到 $\boldsymbol{A}^{(2)}\boldsymbol{x}=\boldsymbol{b}^{(2)}$，这个过程须假定 $a_{11}^{(1)}\neq 0$。用增广矩阵的行变换表示为

$$[\boldsymbol{A}^{(1)} \mid \boldsymbol{b}^{(1)}]=\left[\begin{array}{cccc|c} a_{11}^{(1)} & a_{12}^{(1)} & \cdots & a_{1n}^{(1)} & b_1^{(1)} \\ a_{21}^{(1)} & a_{22}^{(1)} & \cdots & a_{2n}^{(1)} & b_2^{(1)} \\ \vdots & \vdots & & \vdots & \vdots \\ a_{n1}^{(1)} & a_{n2}^{(1)} & \cdots & a_{nn}^{(1)} & b_n^{(1)} \end{array}\right] \xrightarrow[(i=2,3,\cdots,n)]{r_i=r_i-l_{i1}\cdot r_1}$$

$$\left[\begin{array}{cccc|c} a_{11}^{(1)} & a_{12}^{(1)} & \cdots & a_{1n}^{(1)} & b_1^{(1)} \\ 0 & a_{22}^{(2)} & \cdots & a_{2n}^{(2)} & b_2^{(2)} \\ \vdots & \vdots & & \vdots & \vdots \\ 0 & a_{n2}^{(2)} & \cdots & a_{nn}^{(2)} & b_n^{(2)} \end{array}\right]=[\boldsymbol{A}^{(2)} \mid \boldsymbol{b}^{(2)}]。$$

在$[\boldsymbol{A}^{(1)} \mid \boldsymbol{b}^{(1)}]$中，方框中的元素是要转化为0的部分；$[\boldsymbol{A}^{(2)} \mid \boldsymbol{b}^{(2)}]$中，方框中的元素全部已发生变化，故上标由(1)改为(2)，计算公式为

$$\begin{cases} l_{i1}=\dfrac{a_{i1}^{(1)}}{a_{11}^{(1)}}, & i=2,3,\cdots,n; \\ a_{ij}^{(2)}=a_{ij}^{(1)}-l_{i1}a_{1j}^{(1)}, & i,j=2,3,\cdots,n; \\ b_i^{(2)}=b_i^{(1)}-l_{i1}b_1^{(1)}, & i=2,3,\cdots,n。\end{cases}$$

设前 $k-1$ 次消元已完成，且 $a_{kk}^{(k)}\neq 0$，此时增广矩阵为

$$[\boldsymbol{A}^{(k)} \mid \boldsymbol{b}^{(k)}]=\left[\begin{array}{cccccc:c} a_{11}^{(1)} & a_{12}^{(1)} & \cdots & a_{1k}^{(1)} & \cdots & a_{1n}^{(1)} & b_1^{(1)} \\ & a_{22}^{(2)} & \cdots & a_{2k}^{(2)} & \cdots & a_{2n}^{(2)} & b_2^{(2)} \\ & & \ddots & \vdots & & \vdots & \vdots \\ & & & a_{kk}^{(k)} & \cdots & a_{kn}^{(k)} & b_k^{(k)} \\ & & & \vdots & & \vdots & \vdots \\ & & & a_{nk}^{(k)} & \cdots & a_{nn}^{(k)} & b_n^{(k)} \end{array}\right]$$

第 k 次消元的目的是对框内部分作类似第一次消元的处理，消掉第 $k+1$ 个方程到第 n 个方程中的 x_k 项，即把 $a_{k+1,k}^{(k)}$ 到 $a_{nk}^{(k)}$ 化为零。计算公式为

$$\begin{cases} l_{ik}=\dfrac{a_{ik}^{(k)}}{a_{kk}^{(k)}}, & i=k+1,\cdots,n, \\ a_{ij}^{(k+1)}=a_{ij}^{(k)}-l_{ik}a_{kj}^{(k)}, & i,j=k+1,\cdots,n; \\ b_i^{(k+1)}=b_i^{(k)}-l_{ik}b_k^{(k)}, & i=k+1,\cdots,n。\end{cases}$$

只要 $a_{kk}^{(k)}\neq 0(k=1,2,\cdots,n-1)$ 消元过程就可以一直进行下去。当 $k=n-1$ 时，消元过程完成，得上三角形矩阵

$$[\boldsymbol{A}^{(n)} \mid \boldsymbol{b}^{(n)}]=\left[\begin{array}{cccc:c} a_{11}^{(1)} & a_{12}^{(1)} & \cdots & a_{1n}^{(1)} & b_1^{(1)} \\ & a_{22}^{(2)} & \cdots & a_{2n}^{(2)} & b_2^{(2)} \\ & & \ddots & \vdots & \vdots \\ & & & a_{nn}^{n} & b_n^{(n)} \end{array}\right]。$$

它的方阵部分 $\boldsymbol{A}^{(n)}$ 是一个上三角形矩阵，它对应的方程组是一个上三角形线性方程组，只要 $a_{nn}^{n}\neq 0$，就可以回代求解，公式为

$$\begin{cases} x_n=\dfrac{b_n^{(n)}}{a_{nn}^{(n)}}, \\ x_i=\dfrac{b_i^{(i)}-\sum\limits_{j=i+1}^{n}a_{ij}^{(i)}x_j}{a_{ii}^{(i)}}, \quad i=n-1,n-2,\cdots,2,1。\end{cases}$$

综合以上讨论，高斯消元法解线性方程组的公式如下：

1. 消元

① 令 $a_{ij}^{(1)}=a_{ij}, b_i^{(1)}=b_i(i,j=1,2,\cdots,n)$。

② 对 $k=1$ 到 $n-1$，若 $a_{kk}^{(k)}\neq 0$，进行

$$\begin{cases} l_{ik}=\dfrac{a_{ik}^{(k)}}{a_{kk}^{(k)}}, & i=k+1,k+2,\cdots,n; \\ a_{ij}^{(k+1)}=a_{ij}^{(k)}-l_{ik}a_{kj}^{(k)}, & i=k+1,k+2,\cdots,n;j=k,k+1,\cdots,n; \\ b_i^{(k+1)}=b_i^{(k)}-l_{ik}b_k^{(k)}, & i=k+1,k+2,\cdots,n。\end{cases}$$

2. 回代 若 $a_{nn}^{(n)}\neq 0$

$$\begin{cases} x_n=\dfrac{b_n^{(n)}}{a_{nn}^{(n)}}, \\ x_i=\dfrac{b_i^{(i)}-\sum\limits_{j=i+1}^{n}a_{ij}^{(i)}x_j}{a_{ii}^{(i)}}, & i=n-1,n-2,\cdots,2,1。\end{cases}$$

一般情况下计算机进行一次乘除法的运算比加减法运算所用时间多，所以常常只统计乘除法次数作为一个计算公式或方法的计算工作量。而高斯消元法的计算工作量约为 $n^3/3$。

3.2.3 高斯消元法的条件

顺序高斯消元法中的 $a_{ii}^{(i)}(i=1,2,\cdots,n)$称为主元素。在消元过程中要求 $a_{ii}^{(i)}\neq 0(i=1,2,\cdots,n-1)$，回代过程则进一步要求 $a_{nn}^{(n)}\neq 0$，但就线性方程组 $\boldsymbol{Ax}=\boldsymbol{b}$，$a_{ii}^{(i)}$ 是否等于 0 是无法事先知道的。因为消元运算所作的变换是“将某行的若干倍加到另一行”，所以 $\boldsymbol{A}$ 的顺序主子式 $D_i(i=1,2,\cdots,n)$在消元过程中是不变的，即此类变换不改变行列式的值。主元素都不为零与矩阵 $\boldsymbol{A}$ 的各阶顺序主子式都不为零是等价的，故有下述定理。

定理 3.2.1 高斯消元法消元过程能进行到底的充要条件是系数矩阵 $\boldsymbol{A}$ 的 1 到 $n-1$ 阶顺序主子式不为零；$\boldsymbol{Ax}=\boldsymbol{b}$ 能用高斯消元法求解的充要条件是 $\boldsymbol{A}$ 的各阶顺序主子式不为零。

3.3 高斯主元素法

在上节高斯消元法中，消元时可能出现 $a_{kk}^{(k)}=0$ 的情况，高斯消元法将无法继续。即使 $a_{kk}^{(k)}\neq 0$，但若 $|a_{kk}^{(k)}|<<1$，消元时将会用它作除数，会导致其他元素数量级严重增加，带来舍入误差的扩散，使解严重失真。

例 3.3.1 采用三位有效数字计算，求解线性方程组

$$\begin{cases} 0.50x_1+\ 1.1x_2+\ 3.1x_3=6.0, \\ 2.0x_1+\ 4.5x_2+0.36x_3=0.020, \\ 5.0x_1+0.96x_2+\ 6.5x_3=0.96。\end{cases}$$

解 此方程组的准确解是 $\boldsymbol{x}=(-2.6,1,2)^{\mathrm{T}}$。

法 1 顺序消元法

$$\begin{bmatrix} 0.50 & 1.1 & 3.1 & 6.0 \\ 2.0 & 4.5 & 0.36 & 0.020 \\ 5.0 & 0.96 & 6.5 & 0.96 \end{bmatrix} \to \begin{bmatrix} 0.500 & 1.10 & 3.10 & 6.00 \\ 0 & 0.100 & -12.0 & -24.0 \\ 0 & -10.0 & -24.5 & -59.0 \end{bmatrix} \to$$

$$\begin{bmatrix} 0.500 & 1.10 & 3.10 & 6.00 \\ 0 & 0.100 & -12.0 & -24.0 \\ 0 & 0 & -1220 & -2460 \end{bmatrix},$$

回代得解是 $\boldsymbol{x}^*=(-5.80,2.40,2.02)^{\mathrm{T}}$。在此过程中

$$l_{21}=4,\quad l_{31}=10,\quad l_{32}=-100。$$

运用上节的顺序消元法求出的解严重失真，与准确值相比产生了较大的误差，究其原因是用了较小的主元进行消元，增大了元素的数量级，扩大了舍入误差所致。下面改进直接用较小主元做除数这种消元方式，称为选主元消元法。

法 2 选主元消元法

$$\begin{bmatrix} 0.50 & 1.1 & 3.1 & 6.0 \\ 2.0 & 4.5 & 0.36 & 0.020 \\ 5.0 & 0.96 & 6.5 & 0.96 \end{bmatrix} \to \begin{bmatrix} 5.0 & 0.96 & 6.5 & 0.96 \\ 2.0 & 4.5 & 0.36 & 0.020 \\ 0.50 & 1.1 & 3.1 & 6.0 \end{bmatrix} \to$$

$$\begin{bmatrix} 5.00 & 0.960 & 6.50 & 0.960 \\ 0 & 4.12 & -2.24 & -0.364 \\ 0 & 1.00 & 2.45 & 5.90 \end{bmatrix} \to \begin{bmatrix} 5.00 & 0.960 & 6.50 & 0.960 \\ 0 & 4.12 & -2.24 & -0.364 \\ 0 & 0 & 2.99 & 5.99 \end{bmatrix},$$

回代得解是 $\boldsymbol{x}^*=(-2.60,1.00,2.00)^{\mathrm{T}}$。在此过程中

$$l_{21}=0.4,\quad l_{31}=0.1,\quad l_{32}=0.24272。$$

从例 3.3.1 可以看出，对线性方程组作简单的行交换有时会显著改善解的精度。在实际使用高斯消元法时，常用“选主元”技巧以避免“小主元”的出现，从而保证高斯消元法能顺利进行并保证解的数值稳定性。在消元时，从主元所在列及其以下的元素中选出绝对值最大的元素作为新主元，再进行消元的方法称为列主元消元法。

3.3.1 列主元消元法

设已用选主元技巧消元法完成前 $k-1(1\leqslant k\leqslant n-1)$ 次消元，此时线性方程组 $\boldsymbol{Ax}=\boldsymbol{b}\to\boldsymbol{A}^{(k)}\boldsymbol{x}=\boldsymbol{b}^{(k)}$，有如下形式：

$$[\boldsymbol{A}^{(k)}:\boldsymbol{b}^{(k)}]=\left[\begin{array}{cccccc:c} a_{11}^{(1)} & a_{12}^{(1)} & \cdots & a_{1k}^{(1)} & \cdots & a_{1n}^{(1)} & b_1^{(1)} \\ & a_{22}^{(2)} & \cdots & a_{2k}^{(2)} & \cdots & a_{2n}^{(2)} & b_2^{(2)} \\ & & \ddots & \vdots & & \vdots & \vdots \\ & & & \boxed{a_{kk}^{(k)}} & \cdots & a_{kn}^{(k)} & b_k^{(k)} \\ & & & \boxed{\vdots} & & \vdots & \vdots \\ & & & \boxed{a_{nk}^{(k)}} & \cdots & a_{nn}^{(k)} & b_n^{(k)} \end{array}\right]。$$

进行第 k 次消元前，先进行两个步骤。

(1) 在方框内的一列内选出绝对值最大者，即 $|a_{i_k,k}^{(k)}|=\max\limits_{k\leqslant i\leqslant n}|a_{ik}^{(k)}|$ 确定 i_k。若 $a_{i_k,k}^{(k)}=0$，则 $\det(\boldsymbol{A})=|\boldsymbol{A}^{(k)}|=0$，即线性方程组 $\boldsymbol{Ax}=\boldsymbol{b}$ 不满足克莱姆法则的条件。

(2) 若 $a_{i_k,k}^{(k)}\neq 0$ 且 $i_k\neq k$，则交换第 i_k 行和 k 行元素，即 $a_{kj}^{(k)}\leftrightarrow a_{i_k,j}^{(k)}\ (k\leqslant j\leqslant n)$，$b_k^{(k)}\leftrightarrow b_{i_k}^{(k)}$。

然后用高斯消元法进行消元运算。这样从 $k=1$ 做到 $k=n-1$，就完成了整个消元过程，只要 $|\boldsymbol{A}|\neq 0$，高斯列主元消元法必可进行下去。

算法(高斯列主元素法)

(1) 选主元,对 $k=1,2,\cdots,n-1$ 确定 i_k,使 $|a_{i_k,k}|=\max\limits_{k\leqslant i\leqslant n}|a_{ik}|$。若 $a_{i_k,k}=0$,则 $\boldsymbol{A}$ 为奇异矩阵,停机。

(2) 若 $i_k=k$,转(3)。否则换行 $a_{kj}\leftrightarrow a_{i_k,j}(k\leqslant j\leqslant n)$,$b_k^{(k)}\leftrightarrow b_{i_k}^{(k)}$。

(3) 消元 $l_{ik}\leftarrow\dfrac{a_{ik}}{a_{kk}}$,$a_{ij}\leftarrow a_{ij}-l_{ik}a_{kj}$,$b_i\leftarrow b_i-l_{ik}b_k$,$i=k+1,k+2,\cdots,n;j=k,k+1,\cdots,n$。

(4) 若 $a_{nn}=0$,停机。

(5) 回代求解

$$\begin{cases}b_n=\dfrac{b_n}{a_{nn}},\\ b_i=\dfrac{b_i-\sum\limits_{j=i+1}^{n}a_{ij}b_j}{a_{ii}}, \quad i=n-1,n-2,\cdots,2,1。\end{cases}$$

(6) 输出 $(b_1,b_2,\cdots,b_n)^{\mathrm{T}}$。

算法(高斯列主元素法)的 MATLAB 程序如下:

```
% pivot_Gauss.m
function x=Pivot_Gauss(A,b)
% 功能:用高斯列主元消元法解 n 元线性方程组 Ax=b。
n=length(b);
for k=1:n-1
    [max_value,max_index]=max(abs(A(k:n,k))); rk=k+max_index-1;
    if max_value==0
            warning('系数矩阵奇异!'); return;
    end
    if rk~=k
        t=A(k,:);A(k,:)=A(rk,: );A(rk,: )=t;
        %交换矩阵的第 k 行与第 rk 行(从第 k 列开始)。
        t=b(k);b(k)=b(rk);b(rk)=t;
    end
    for i=k+1:n
        L(i,k)=A(i,k)/A(k,k); A(i,k+1:n)=A(i,k+1:n)-L(i,k) * A(k,k+1:n);
        b(i)=b(i)-L(i,k) * b(k);
    end
end
if A(n,n)==0
    warning ('系数矩阵奇异!'); return;
end
for k=n:-1:1 % 回代求解
    if k==n
        x(n)=b(n)/A(n,n);
    else
```

```
        x(k)=(b(k)-sum(A(k,k+1:n).*x(k+1:n)))/A(k,k);
    end
end
```

例 3.3.2 利用高斯列主元消元法程序 Pivot_Gauss.m 求解线性方程组

$$\begin{cases}x_1-x_2+x_3-3x_4=1,\\-x_2-x_3+x_4=0,\\2x_1-2x_2-4x_3+6x_4=-1,\\x_1-2x_2-4x_3+x_4=-1。\end{cases}$$

解 编写如下 M 文件调用函数 Pivot_Gauss.m,并运行。

```
clc; clear all
A=[1,-1,1,-3;0,-1,-1,1;2,-2,-4,6;1,-2,-4,1]; b=[1;0;-1;-1];
x=Pivot_Gauss(A,b)
```

计算结果:

```
x=0  -0.5000  0.5000  0
```

3.3.2 高斯全主元消元法

在高斯消元法中,若每次选主元不局限在列中,而在整个主子矩阵

$$\begin{bmatrix}a_{kk}^{(k)} & \cdots & a_{kn}^{(k)}\\ \vdots & & \vdots\\ a_{nk}^{(k)} & \cdots & a_{nn}^{(k)}\end{bmatrix}$$

中选取,便称为高斯全主元消元法,此时增加的步骤为

(1) $|a_{i_k,j_k}^{(k)}|=\max\limits_{k\leqslant i,j\leqslant n}|a_{ij}^{(k)}|$确定 i_k,j_k,若 $a_{i_k,j_k}=0$,给出$|\boldsymbol{A}|=0$的信息,停止计算。

(2) 作如下行交换和列交换

行交换:$a_{kj}^{(k)}\leftrightarrow a_{i_k,j}^{(k)}(k\leqslant j\leqslant n),b_k^{(k)}\leftrightarrow b_{i_k}^{(k)}$;

列交换:$a_{ik}^{(k)}\leftrightarrow a_{i,j_k}^{(k)}(k\leqslant i\leqslant n)$。

值得注意的是,在全主元消元法中,由于进行了列交换,$\boldsymbol{x}$ 各分量的顺序已被打乱。因此必须在每次列交换的同时,让机器存储列交换的信息,在回代得出解后再将 $\boldsymbol{x}$ 的各分量换回到原来相应的位置处。这样增加了程序设计的复杂性,同时比较大小选全主元时,将耗费更多的计算工作量。但全主元消元法比列主元消元法精度更高一些。实际应用中,这两种选主元技术都在使用,全主元消元法用来求行列式的值效果更好。高斯主元消元法是一种实用的算法,可以应用于求解任意的线性方程组 $\boldsymbol{Ax}=\boldsymbol{b}$,容易证明,只要系数行列式$|\boldsymbol{A}|\neq0$,高斯主元消元法就可顺利进行。

3.4 矩阵的 LU 分解

对 n 阶方阵 $\boldsymbol{A}$,若存在 n 阶下三角矩阵 $\boldsymbol{L}$ 和 n 阶上三角矩阵 $\boldsymbol{U}$,使 $\boldsymbol{A}=\boldsymbol{LU}$,则称 $\boldsymbol{LU}$ 为矩阵 $\boldsymbol{A}$ 的三角分解,简称 LU 分解。

事实上，若 $A=LU$，则对任意的 n 阶非奇异的对角矩阵 D，$A=(LD)(D^{-1}U)$，也是 A 的三角分解，所以矩阵的三角分解不唯一。为使三角分解唯一，需对分解式规范化，得两种常见的三角分解。

杜利特尔(Doolittle)分解，限定 L 为单位下三角矩阵，即主对角线元素为 1 的下三角矩阵。

克劳特(Crout)分解，限定 U 为单位上三角矩阵，即主对角线元素为 1 的上三角矩阵。

定理 3.4.1 设 n 阶方阵 A 的各阶顺序主子式不等于零，则 A 可以进行唯一的杜利特尔分解和克劳特分解。

证明 设 $Ax=b$ 是线性方程组，A 是 n 阶方阵，且 A 的各阶顺序主子式不为零。令 $A^{(1)}=A$，高斯消元法的第一步，等价于用一个初等矩阵 L_1 左乘 $A^{(1)}$。其中初等矩阵 L_1 为

$$L_1=\begin{bmatrix} 1 & & & & \\ -l_{21} & 1 & & & \\ -l_{31} & 0 & 1 & & \\ \vdots & \vdots & \vdots & \ddots & \\ -l_{n1} & 0 & 0 & \cdots & 1 \end{bmatrix},\quad l_{i1}=\frac{a_{i1}}{a_{11}},\quad i=2,3,\cdots,n,$$

即 $A^{(2)}=L_1A^{(1)}$，$b^{(2)}=L_1b^{(1)}$。

同理，第 k 步消元有 $A^{(k+1)}=L_kA^{(k)}$，$b^{(k+1)}=L_kb^{(k)}$，其中

$$L_k=\begin{bmatrix} 1 & & & & \\ & \ddots & & & \\ & & 1 & & \\ & & -l_{k+1,k} & \ddots & \\ & & \vdots & & \ddots & \\ & & -l_{nk} & & & 1 \end{bmatrix}。$$

进行 $n-1$ 步后，得到 $A^{(n)}$，记 $U=A^{(n)}$，显然 U 的下三角部分全化为零元素，它是一个上三角矩阵。

整个消元过程可表示如下：

$$L_{n-1}L_{n-2}\cdots L_1A=U,$$

$$A=(L_{n-1}L_{n-2}\cdots L_1)^{-1}U=L_1^{-1}L_2^{-1}\cdots L_{n-1}^{-1}U。$$

记 $L=L_1^{-1}L_2^{-1}\cdots L_{n-1}^{-1}$，则 $A=LU$。

已知 U 是上三角矩阵，L 满足

$$L_k^{-1}=\begin{bmatrix} 1 & & & & \\ & \ddots & & & \\ & & 1 & & \\ & & l_{k+1,k} & \ddots & \\ & & \vdots & & \ddots & \\ & & l_{nk} & & & 1 \end{bmatrix},$$

而且有

$$L=\begin{bmatrix}1 & & & & & \\ l_{21} & 1 & & & & \\ l_{31} & l_{32} & 1 & & & \\ \vdots & \vdots & \vdots & \ddots & & \\ \vdots & \vdots & \vdots & & \ddots & \\ l_{n1} & l_{n2} & l_{nk} & \cdots & l_{n,n-1} & 1\end{bmatrix},$$

即 $\boldsymbol{L}$ 是单位矩阵的所有下三角元素用乘数因子 l_{ik} 代替而得。

当 $\boldsymbol{A}$ 进行 LU 分解后，$\boldsymbol{Ax}=\boldsymbol{b}$ 就容易解了。此时 $\boldsymbol{Ax}=\boldsymbol{b}$ 等价于

$$\begin{cases}\boldsymbol{Ly}=\boldsymbol{b}, \\ \boldsymbol{Ux}=\boldsymbol{y}。\end{cases}$$

方程组 $\boldsymbol{Ax}=\boldsymbol{b}$ 就分解为两个三角形线性方程组，这两个三角形线性方程组通过顺代和回代即可求解。

3.4.1 杜利特尔分解

$\boldsymbol{A}$ 的杜利特尔分解可以用高斯消元法完成，也可以用矩阵乘法原理推出计算公式来完成，其结果是一致的。设

$$\begin{bmatrix}a_{11} & a_{12} & \cdots & a_{1n} \\ a_{21} & a_{22} & \cdots & a_{2n} \\ \vdots & \vdots & & \vdots \\ a_{n1} & a_{n2} & \cdots & a_{nn}\end{bmatrix}=\begin{bmatrix}1 & 0 & \cdots & 0 \\ l_{21} & 1 & \cdots & 0 \\ \vdots & \vdots & \ddots & \vdots \\ l_{n1} & l_{n2} & \cdots & 1\end{bmatrix}\begin{bmatrix}u_{11} & u_{12} & \cdots & u_{1n} \\ 0 & u_{22} & \cdots & u_{2n} \\ \vdots & \vdots & \ddots & \vdots \\ 0 & 0 & \cdots & u_{nn}\end{bmatrix},$$

由矩阵乘法公式可得：

(1) $a_{1j}=u_{1j}$ 得 $u_{1j}=a_{1j}$，$j=1,2,\cdots,n$。

(2) $a_{i1}=l_{i1}u_{11}$ 得 $l_{i1}=\dfrac{a_{i1}}{u_{11}}$，$i=2,3,\cdots,n$。

假设已经计算出了 $\boldsymbol{U}$ 前 $k-1$ 行，$\boldsymbol{L}$ 的前 $k-1$ 列（$1\leqslant k\leqslant n$），则

(3) $a_{kj}=\sum\limits_{r=1}^{n}l_{kr}u_{rj}$。

由于 $r>k$ 时，$l_{kr}=0$，且 $l_{kk}=1$，则有

$$u_{kj}=a_{kj}-\sum_{r=1}^{k-1}l_{kr}u_{rj},\quad j=k,k+1,\cdots,n。$$

(4) $a_{ik}=\sum\limits_{r=1}^{n}l_{ir}u_{rk}$。

由于 $r>k$ 时，$u_{rk}=0$，且 u_{kk} 已知，则

$$l_{ik}=\frac{a_{ik}-\sum\limits_{r=1}^{k-1}l_{ir}u_{rk}}{u_{kk}},\quad i=k+1,k+2,\cdots,n。$$

(5) 解 $\boldsymbol{Ly}=\boldsymbol{b}$，得

$$\begin{cases}y_1=b_1, \\ y_k=b_k-\sum\limits_{r=1}^{k-1}l_{kr}y_r,\quad k=2,3,\cdots,n。\end{cases}$$

(6) 解 $\boldsymbol{Ux}=\boldsymbol{y}$,得

$$\begin{cases} x_n=\dfrac{y_n}{u_{nn}}, \\ x_k=\dfrac{y_k-\sum\limits_{r=k+1}^{n}u_{kr}x_r}{u_{kk}}, \quad k=n-1,\cdots,2,1。\end{cases}$$

杜利特尔算法实际上就是高斯消元法的另一种形式,它的计算量与高斯消元法一样。但它不是逐次对矩阵 $\boldsymbol{A}$ 进行变换,而是一次性地计算出 $\boldsymbol{L}$ 和 $\boldsymbol{U}$ 的元素。$\boldsymbol{L}$ 和 $\boldsymbol{U}$ 的元素算出后,不必另辟存贮单元存放,可直接存放在 $\boldsymbol{A}$ 的相应元素的位置,节省存贮单元,因此也称为紧凑格式法。

按列选主元的杜利特尔方法的 MATLAB 程序如下:

```
function x=Doolittle(A,b)
% 假设 A 的各阶顺序主子式均不为零。
n=length(A);L=eye(n);U=zeros(n);
for k=1:n-1
    for i=k:n
        s(i)=A(i,k)-L(i,1:k-1) * U(1:k-1,k);
    end
    [s_q,q]=max(abs(s(k:n)));% 选列主元
    q=q+k-1;
    if q>k
        % 交换 A 的第 k 行与第 q 列
        t_A=A(k,:);A(k,:)=A(q,:);A(q,:)=t_A; t_s=s(k);s(k)=s(q);s(q)=t_s;
        % 将 L 的第 k 行前 k-1 个元素与第 q 行的前 k-1 个元素交换
        t_L=L(k,1:k-1);L(k,1:k-1)=L(q,1:k-1);L(q,1:k-1)=t_L; t_b=b(k);b(k)=
b(q);b(q)=t_b;
    end
    U(k,k)=s(k);
        for i=k+1:n;   %计算 U 的第 k 行,L 的第 k 列
        U(k,i)=A(k,i)-L(k,1:k-1) * U(1:k-1,i); L(i,k)=s(i)/U(k,k);
    end
end
U(n,n)=A(n,n)-L(n,1:n-1) * U(1:n-1,n);
y=zeros(n,1); %解单位下三角线性方程组
for k=1:n
    if k==1
        y(1)=b(1);
    else
y(k)=b(k)-L(k,1:k-1) * y(1:k-1);
    end
end
x=zeros(n,1); %解上三角线性方程组
for k=n:-1:1
```

```
    if k==n
        x(n)=y(n)/U(n,n);
    else
        x(k)=(y(k)-U(k,k+1:n)*x(k+1:n))/U(k,k);
    end
end
```

例 3.4.1 用按列选主元的杜利特尔算法程序 Doolittle.m 解线性方程组

$$\begin{bmatrix}1 & -2 & 1\\3 & 4 & 2\\2 & 10 & 4\end{bmatrix}\begin{bmatrix}x_1\\x_2\\x_3\end{bmatrix}=\begin{bmatrix}5\\4\\-2\end{bmatrix}。$$

解 编写 MATLAB 程序调用函数 Doolittle.m，并运行。

```
clear all; clc
A=[1 -2 1;3 4 2; 2 10 4];  b=[5;4;-2];
x=Doolittle(A,b)
```

运行结果：

```
x=2.0000  -1.0000  1.0000
```

3.4.2 克劳特分解

设

$$\begin{bmatrix}a_{11} & a_{12} & \cdots & a_{1n}\\a_{21} & a_{22} & \cdots & a_{2n}\\\vdots & \vdots & & \vdots\\a_{n1} & a_{n2} & \cdots & a_{nn}\end{bmatrix}=\begin{bmatrix}l_{11} & 0 & \cdots & 0\\l_{21} & l_{22} & \cdots & 0\\\vdots & \vdots & & \vdots\\l_{n1} & l_{n2} & \cdots & l_{nn}\end{bmatrix}\begin{bmatrix}1 & u_{12} & \cdots & u_{1n}\\0 & 1 & \cdots & u_{2n}\\\vdots & \vdots & & \vdots\\0 & 0 & \cdots & 1\end{bmatrix}。$$

由矩阵乘法公式

(1) 由 $a_{i1}=l_{i1}$，得 $l_{i1}=a_{i1}$，$i=1,2,\cdots,n$。

(2) 由 $a_{1j}=l_{11}u_{1j}$，得 $u_{1j}=\dfrac{a_{1j}}{l_{11}}$，$j=1,2,\cdots,n$。

假设已经计算出了 $\boldsymbol{L}$ 的前 $k-1$ 列，$\boldsymbol{U}$ 前 $k-1$ 行（$1\leqslant k\leqslant n$）。

(3) $a_{ik}=\sum\limits_{r=1}^{n}l_{ir}u_{rk}$，由于 $r>k$ 时，$u_{rk}=0$，且 $u_{kk}=1$，得

$$l_{ik}=a_{ik}-\sum_{r=1}^{k-1}l_{ir}u_{rk},\quad i=k,k+1,\cdots,n。$$

(4) $a_{kj}=\sum\limits_{r=1}^{n}l_{kr}u_{rj}$ 由于 $r>k$ 时，$l_{kr}=0$，且 l_{kk} 已知，则

$$u_{kj}=\frac{a_{kj}-\sum\limits_{r=1}^{k-1}l_{kr}u_{rj}}{l_{kk}},\quad j=k+1,k+2,\cdots,n。$$

(5) 解 $\boldsymbol{Ly}=\boldsymbol{b}$,得

$$\begin{cases} y_1=\dfrac{b_1}{l_{11}}, \\ y_k=\dfrac{b_k-\sum\limits_{r=1}^{k-1} l_{kr}y_r}{l_{kk}}, \quad k=2,3,\cdots,n。\end{cases}$$

(6) 解 $\boldsymbol{Ux}=\boldsymbol{y}$,得

$$\begin{cases} x_n=y_n, \\ x_k=y_k-\sum\limits_{r=k+1}^{n} u_{kr}x_r, \quad k=n-1,\cdots,2,1。\end{cases}$$

三角分解常用来求解同一个系数矩阵的系列线性方程组。同时,为节省内存,将 $\boldsymbol{L}$ 和 $\boldsymbol{U}$ 存储在原来的系数矩阵 $\boldsymbol{A}$ 的内存单元内。

$$\boldsymbol{Ax}=\boldsymbol{b}_1, \quad \boldsymbol{Ax}=\boldsymbol{b}_2, \quad \cdots, \quad \boldsymbol{Ax}=\boldsymbol{b}_m。$$

$$[\boldsymbol{A},\boldsymbol{b}_1,\boldsymbol{b}_2,\cdots,\boldsymbol{b}_m]\to[\boldsymbol{LU},\boldsymbol{b}_1,\boldsymbol{b}_2,\cdots,\boldsymbol{b}_m]\to\boldsymbol{L}[\boldsymbol{U},\boldsymbol{L}^{-1}\boldsymbol{b}_1,\boldsymbol{L}^{-1}\boldsymbol{b}_2,\cdots,\boldsymbol{L}^{-1}\boldsymbol{b}_m]。$$

3.5 平方根法

线性方程组 $\boldsymbol{Ax}=\boldsymbol{b}$ 中,若系数矩阵 $\boldsymbol{A}$ 是对称正定矩阵,则三角分解法还可以简化。

3.5.1 矩阵的 LDU 分解

定理 3.5.1 若矩阵 $\boldsymbol{A}$ 的各阶顺序主子式不等于零,则矩阵 $\boldsymbol{A}$ 可以唯一分解为 $\boldsymbol{A}=\boldsymbol{LDU}$,其中 $\boldsymbol{L}$ 是单位下三角矩阵,$\boldsymbol{U}$ 是单位上三角矩阵,$\boldsymbol{D}$ 是对角矩阵。

证明 由杜利特尔分解 $\boldsymbol{A}=\boldsymbol{LU}^*$ 的分解过程,知 $u_{ii}^*\neq 0, i=1,2,\cdots,n$。

取 $d_i=u_{ii}^*, i=1,2,\cdots,n$,记 $\boldsymbol{D}=\mathrm{diag}(d_1,d_2,\cdots,d_n)$,

$$u_{ij}=\frac{u_{ij}^*}{d_i}, \quad i=1,2,\cdots,n; \quad j=i,i+1,\cdots,n, \quad \boldsymbol{U}=(u_{ij})_{n\times n}。$$

令 $\boldsymbol{U}^*=\boldsymbol{DU}$,于是 $\boldsymbol{A}=\boldsymbol{LU}^*=\boldsymbol{LDU}$。

线性方程组的求解可改写为

$$\boldsymbol{Ax}=\boldsymbol{b}\Leftrightarrow\begin{cases}\boldsymbol{Lz}=\boldsymbol{b}, \\ \boldsymbol{Dy}=\boldsymbol{z}, \\ \boldsymbol{Ux}=\boldsymbol{y}。\end{cases}$$

3.5.2 楚列斯基分解

定理 3.5.2 设 $\boldsymbol{A}$ 是对称正定矩阵,则存在三角分解 $\boldsymbol{A}=\boldsymbol{LL}^{\mathrm{T}}$,其中 $\boldsymbol{L}$ 是非奇异下三角矩阵,且当限定 $\boldsymbol{L}$ 的对角元素为正时,分解是唯一的。

证明 由于 $\boldsymbol{A}$ 对称正定,所以 $\boldsymbol{A}$ 的各阶顺序主子式大于 0。

由于 $\boldsymbol{A}=\boldsymbol{L}_1\boldsymbol{DU}_1$,则 $\boldsymbol{A}^{\mathrm{T}}=\boldsymbol{U}_1^{\mathrm{T}}\boldsymbol{DL}_1^{\mathrm{T}}=\boldsymbol{A}=\boldsymbol{L}_1\boldsymbol{DU}_1$。由 $\boldsymbol{L}_1\boldsymbol{DU}_1$ 分解的唯一性有 $\boldsymbol{U}_1^{\mathrm{T}}=\boldsymbol{L}_1$,$\boldsymbol{U}_1=\boldsymbol{L}_1^{\mathrm{T}}$。所以 $\boldsymbol{A}=\boldsymbol{L}_1\boldsymbol{DL}_1^{\mathrm{T}}$。

下面证 $\boldsymbol{D}$ 的对角元素为正,因为 $|\boldsymbol{L}_1|=1\neq 0$,所以 $\boldsymbol{L}_1^{\mathrm{T}}\boldsymbol{y}_i=\boldsymbol{e}_i$ 必有非零解 $\boldsymbol{y}_i\neq\boldsymbol{0}$,其中 $\boldsymbol{e}_i$

为第 i 个元素为1其余元素为0的向量，于是

$$\boldsymbol{y}_i^{\mathrm{T}}\boldsymbol{A}\boldsymbol{y}_i=\boldsymbol{y}_i^{\mathrm{T}}\boldsymbol{L}_1\boldsymbol{D}\boldsymbol{L}_1^{\mathrm{T}}\boldsymbol{y}_i=(\boldsymbol{L}_1^{\mathrm{T}}\boldsymbol{y}_i)^{\mathrm{T}}\boldsymbol{D}(\boldsymbol{L}_1^{\mathrm{T}}\boldsymbol{y}_i)=\boldsymbol{e}_i^{\mathrm{T}}\boldsymbol{D}\boldsymbol{e}_i=d_i。$$

这是一个二次型，由 $\boldsymbol{A}$ 对称正定知 $d_i>0(i=1,2,\cdots,n)$。取

$$\boldsymbol{D}^{\frac{1}{2}}=\mathrm{diag}(\sqrt{d_1},\sqrt{d_2},\cdots,\sqrt{d_n}),$$

则有

$$\boldsymbol{A}=\boldsymbol{L}_1\boldsymbol{D}\boldsymbol{L}_1^{\mathrm{T}}=\boldsymbol{L}_1\boldsymbol{D}^{\frac{1}{2}}\boldsymbol{D}^{\frac{1}{2}}\boldsymbol{L}_1^{\mathrm{T}}=(\boldsymbol{L}_1\boldsymbol{D}^{\frac{1}{2}})(\boldsymbol{L}_1\boldsymbol{D}^{\frac{1}{2}})^{\mathrm{T}}=\boldsymbol{L}\boldsymbol{L}^{\mathrm{T}}。$$

由证明过程容易看出 $\boldsymbol{A}=\boldsymbol{L}\boldsymbol{L}^{\mathrm{T}}$ 是唯一的。

形如 $\boldsymbol{A}=\boldsymbol{L}\boldsymbol{L}^{\mathrm{T}}$ 的分解称为对称正定矩阵的楚列斯基(Cholesky)分解。

3.5.3 平方根法和改进的平方根法

1. 平方根法

设

$$\begin{bmatrix} a_{11} & a_{12} & \cdots & a_{1n} \\ a_{21} & a_{22} & \cdots & a_{2n} \\ \vdots & \vdots & & \vdots \\ a_{n1} & a_{n2} & \cdots & a_{nn} \end{bmatrix}=\begin{bmatrix} l_{11} & 0 & \cdots & 0 \\ l_{21} & l_{22} & \cdots & 0 \\ \vdots & \vdots & & \vdots \\ l_{n1} & l_{n2} & \cdots & l_{nn} \end{bmatrix}\begin{bmatrix} l_{11} & l_{21} & \cdots & l_{n1} \\ 0 & l_{22} & \cdots & l_{n2} \\ \vdots & \vdots & & \vdots \\ 0 & 0 & \cdots & l_{nn} \end{bmatrix},$$

由矩阵乘法公式可得：

(1) 由 $a_{11}=l_{11}l_{11}, a_{i1}=l_{i1}l_{11}$，得 $l_{11}=\sqrt{a_{11}}, l_{i1}=\dfrac{a_{i1}}{l_{11}}$。

假设已经计算出了 $\boldsymbol{L}$ 的前 $k-1$ 列($1\leqslant k\leqslant n$)。

由 $a_{ik}=\sum\limits_{r=1}^{n}l_{ir}l_{kr}, i=1,2,\cdots,n.i\geqslant k$，由于 $r>k$ 时，$l_{kr}=0$，得

$$a_{ik}=\sum_{r=1}^{k-1}l_{ir}l_{kr}+l_{ik}l_{kk},\quad i=k,k+1,\cdots,n,k=1,2,\cdots,n。$$

(2) 当 $i=k$ 时，有 $l_{kk}=\left(a_{kk}-\sum\limits_{r=1}^{k-1}l_{kr}^2\right)^{\frac{1}{2}}$。

(3) $l_{ik}=\dfrac{a_{ik}-\sum\limits_{r=1}^{k-1}l_{ir}l_{kr}}{l_{kk}}, i=k+1,k+2,\cdots,n$。

$\boldsymbol{A}\boldsymbol{x}=\boldsymbol{b}$ 可化为 $\begin{cases}\boldsymbol{L}\boldsymbol{y}=\boldsymbol{b},\\ \boldsymbol{L}^{\mathrm{T}}\boldsymbol{x}=\boldsymbol{y}。\end{cases}$

(4) 解 $\boldsymbol{L}\boldsymbol{y}=\boldsymbol{b}$，得

$$\begin{cases} y_1=\dfrac{b_1}{l_{11}}, \\ y_k=\dfrac{b_k-\sum\limits_{r=1}^{k-1}l_{kr}y_r}{l_{kk}}, \quad k=2,3,\cdots,n。\end{cases}$$

(5) 解 $\boldsymbol{L}^{\mathrm{T}}\boldsymbol{x}=\boldsymbol{y}$,得

$$\begin{cases} x_n = \dfrac{y_n}{l_{nn}}, \\ x_k = \dfrac{y_k - \sum\limits_{r=k+1}^{n} l_{rk}x_r}{l_{kk}}, \quad k=n-1,\cdots,2,1。\end{cases}$$

平方根法的计算量是 $n^3/6$ 左右,只是高斯消元法或 LU 分解法计算量的一半,显然这是因为只计算 $\boldsymbol{L}$ 不计算 $\boldsymbol{U}$ 的缘故,并且比高斯消元法更稳定,不需要选主元。但美中不足之处需要进行 n 次开方运算。

平方根法的 MATLAB 程序如下:

```
function [L,x] =chol_pfgf(A,b)
%平方根法解线性方程组,输出 L 矩阵和解向量 x
%A 为对称正定矩阵,b 为常数向量。
n=length(A(:,1));
for k=1:n
    if (det(A(1:k,1:k))<=0)            %检查矩阵 A 是否为正定矩阵
        warning('矩阵 A 不是正定矩阵,请重新输入矩阵!')
        return
    end
end
for i=1:n     %分解矩阵 A=L*L'
    t=0;
    for s=1:i-1
        t=t+L(i,s)^2;
    end
    L(i,i)=sqrt(A(i,i)-t);
    for k=i+1:n
        u=0;
        for s=1:i-1
            u=u+L(i,s)*L(k,s);
        end
        L(k,i)=(A(k,i)-u)/L(i,i);
    end
end
%由 Ly=b,求 y
for i=1:n
    r=0;
    for k=1:i-1
        r=r+L(i,k)*y(k);
    end
    y(i)=(b(i)-r)/L(i,i);
end
%由 Lx=y,求 x。
for i=n:-1:1
    q=0;
```

```
    for k=i+1:n
        q=q+L(k,i) * x(k);
    end
    x(i)=(y(i)-q)/L(i,i);
end
```

例 3.5.1 用平方根法程序 whol_pfgf.m 解线性方程组

$$\begin{bmatrix} 4 & 2 & -4 & 0 & 2 & 4 & 0 & 0 \\ 2 & 2 & -1 & 2 & 1 & 3 & 2 & 0 \\ -4 & -1 & 14 & 1 & -8 & -3 & 5 & 6 \\ 0 & -2 & 1 & 6 & -1 & -4 & -3 & 3 \\ 2 & 1 & -8 & -1 & 22 & 4 & -10 & -3 \\ 4 & 3 & -3 & -4 & 4 & 11 & 1 & -4 \\ 0 & 2 & 5 & -3 & -10 & 1 & 14 & 2 \\ 0 & 0 & 6 & 3 & -3 & -4 & 2 & 19 \end{bmatrix} \begin{bmatrix} x_1 \\ x_2 \\ x_3 \\ x_4 \\ x_5 \\ x_6 \\ x_7 \\ x_8 \end{bmatrix} = \begin{bmatrix} 0 \\ -6 \\ 20 \\ 23 \\ 9 \\ -22 \\ -15 \\ 45 \end{bmatrix}。$$

解 编写如下 M 文件调用函数 whol_pfgf.m,并运行。

```
clear all,clc
A=[4 2 -4 0 2 4 0 0;2 2 -1 2 1 3 2 0;-4 -1 14 1 -8 -3 5 6;0 -2 1 6 -1 -4 -3 3;2 1 -8 -1 22 4
-10 -3;4 3 -3 -4 4 11 1 -4;0 2 5 -3 -10 1 14 2;0 0 6 3 -3 -4 2 19],
b=[0 -6 20 23 9 -22 -15 45]
[L,x]=chol_pfgf(A,b)
```

计算结果：

```
x= 121.1481  -140.1127   29.7515  -60.1528   10.9120  -26.7963  5.4259   -2.0185
```

2. 改进的平方根法

设

$$\boldsymbol{A} = \begin{bmatrix} l & 0 & \cdots & 0 \\ l_{21} & 1 & \cdots & 0 \\ \vdots & \vdots & & \vdots \\ l_{n1} & l_{n2} & \cdots & 1 \end{bmatrix} \begin{bmatrix} d_{11} & 0 & \cdots & 0 \\ 0 & d_{22} & \cdots & 0 \\ \vdots & \vdots & & \vdots \\ 0 & 0 & \cdots & d_{nn} \end{bmatrix} \begin{bmatrix} l & l_{21} & \cdots & l_{n1} \\ 0 & 1 & \cdots & l_{n2} \\ \vdots & \vdots & & \vdots \\ 0 & 0 & \cdots & 1 \end{bmatrix}$$

$$= \begin{bmatrix} d_{11} & 0 & \cdots & 0 \\ t_{21} & d_{22} & \cdots & 0 \\ \vdots & \vdots & & \vdots \\ t_{n1} & t_{n2} & \cdots & d_{nn} \end{bmatrix} \begin{bmatrix} 1 & l_{21} & \cdots & l_{n1} \\ 0 & 1 & \cdots & l_{n2} \\ \vdots & \vdots & & \vdots \\ 0 & 0 & \cdots & 1 \end{bmatrix}。$$

改进的平方根法计算量仍约为$\frac{n^3}{6}$,但回避了开平方运算,计算公式为：

(1) $d_1 = a_{11}$。

(2) 对 $i=2,3,\cdots,n$ 作

$$l_{ij}=\frac{a_{ij}-\sum_{r=1}^{j-1}l_{ir}d_r l_{jr}}{d_j},\quad j=1,2,\cdots,i-1,\quad d_i=a_{ii}-\sum_{r=1}^{i-1}l_{ir}^2 d_r。$$

(3) 解 $\boldsymbol{Ly}=\boldsymbol{b}$,得

$$\begin{cases}y_1=b_1,\\ y_i=b_i-\sum_{r=1}^{i-1}l_{ir}y_r,\quad i=2,3,\cdots,n。\end{cases}$$

(4) 解 $\boldsymbol{L}^{\mathrm{T}}=\boldsymbol{D}^{-1}\boldsymbol{y}$,得

$$\begin{cases}x_n=\dfrac{y_n}{d_n},\\ x_i=\dfrac{y_i}{d_i}-\sum_{r=i+1}^{n}l_{ri}x_r,\quad i=n-1,\cdots,2,1。\end{cases}$$

3.6 追 赶 法

设有三对角线性方程组

$$\boldsymbol{Ax}=\begin{bmatrix}b_1 & c_1 & & & \\ a_2 & b_2 & c_2 & & \\ & \ddots & \ddots & \ddots & \\ & & a_{n-1} & b_{n-1} & c_{n-1}\\ & & & a_n & b_n\end{bmatrix}\begin{bmatrix}x_1\\x_2\\ \vdots\\x_{n-1}\\x_n\end{bmatrix}=\begin{bmatrix}d_1\\d_2\\ \vdots\\d_{n-1}\\d_n\end{bmatrix}=\boldsymbol{d},$$

其中$|i-j|>1$时,$a_{ij}=0$,且满足如下的对角占优的条件:

(1) $|b_1|>|c_1|>0,|b_n|>|a_n|>0$;

(2) $|b_i|\geqslant|a_i|+|c_i|,a_ic_i\neq0,i=2,3,\cdots,n-1$。

由克劳特分解,设

$$\boldsymbol{A}=\begin{bmatrix}b_1 & c_1 & & & \\ a_2 & b_2 & c_2 & & \\ & \ddots & \ddots & \ddots & \\ & & a_{n-1} & b_{n-1} & c_{n-1}\\ & & & a_n & b_n\end{bmatrix}=\begin{bmatrix}\alpha_1 & & & & \\ \gamma_2 & \alpha_2 & & & \\ & \ddots & \ddots & & \\ & & \gamma_{n-1} & \alpha_{n-1} & \\ & & & \gamma_n & \alpha_n\end{bmatrix}\begin{bmatrix}1 & \beta_1 & & & \\ & 1 & \beta_2 & & \\ & & \ddots & \ddots & \\ & & & 1 & \beta_{n-1}\\ & & & & 1\end{bmatrix},$$

记为 $\boldsymbol{A}=\boldsymbol{LU}$,其中

$$\begin{cases}\gamma_i=a_i, & i=2,3,\cdots,n;\\ \alpha_1=b_1,\beta_1=\dfrac{c_1}{b_1}, & \\ \alpha_i=b_i-\gamma_i\beta_{i-1}=b_i-a_i\beta_{i-1}, & i=2,3,\cdots,n;\\ \beta_i=\dfrac{c_i}{\alpha_i}=\dfrac{c_i}{b_i-a_i\beta_{i-1}}, & i=2,3,\cdots,n-1。\end{cases}$$

解线性方程组 $\boldsymbol{Ax}=\boldsymbol{d}\Leftrightarrow\begin{cases}\boldsymbol{Ly}=\boldsymbol{d},\\ \boldsymbol{Ux}=\boldsymbol{y},\end{cases}$真正需要计算的是 β_i,而 α_i 可以由 b_i,a_i,β_{i-1} 产生。

由此得追赶法的计算公式。

(1) 计算 β_i

$$\begin{cases}\beta_1=\dfrac{c_1}{b_1},\\ \beta_i=\dfrac{c_i}{b_i-a_i\beta_{i-1}}, \quad i=2,3,\cdots,n-1。\end{cases}$$

(2) 解 $\boldsymbol{Ly}=\boldsymbol{d}$,得

$$\begin{cases}y_1=\dfrac{d_1}{\alpha_1}=\dfrac{d_1}{b_1},\\ y_i=\dfrac{d_i-\gamma_i y_{i-1}}{\alpha_i}=\dfrac{d_i-a_i y_{i-1}}{b_i-a_i\beta_{i-1}}, \quad i=2,3,\cdots,n。\end{cases}$$

(3) 解 $\boldsymbol{Ux}=\boldsymbol{y}$,得

$$\begin{cases}x_n=y_n,\\ x_i=y_i-\beta_i x_{i+1}, \quad i=n-1,n-2,\cdots,1。\end{cases}$$

实际计算中,线性方程组 $\boldsymbol{Ax}=\boldsymbol{d}$ 的阶数可能很高,应注意 $\boldsymbol{A}$ 的存贮技术。对已知数据只需用4个一维数组就可存完,整个运算可在4个一维数组中运行,在实际运算中可以节省大量的内存空间。

追赶法的MATLAB程序如下:

```
%Forward_Backward.m
function x=Forward_Backward(a,b,c,d)
%功能:用追赶法求解n阶三对角线性方程组。
% d为主对角线元素向量,a为次下对角线元素向量,c为次上对角线元素向量,b为右端向量,x为解向量。
n=length(d);
if d(1)==0
    warning('方法失败!')
    return
end
p(1)=d(1);q(1)=c(1)/d(1);
for i=2:n-1
    p(i)=d(i)-a(i)*q(i-1);
    if p(i)==0
        warning('方法失败!')
        return
    end
    q(i)=c(i)/p(i);
end
p(n)=d(n)-a(n)*q(n-1);
if p(n)==0
    warning('方法失败!')
    return
```

```
end
%解下三角方程组 Ly=b。
y(1)=b(1)/p(1);
for i=2:n
    y(i)=(b(i)-a(i) * y(i-1))/p(i);
end
%解单位上三角方程组 Ux=y。
x(n)=y(n);
for i=n-1:-1:1
    x(i)=y(i)-q(i) * x(i+1);
end
```

例 3.6.1 用追赶法程序 Forward_Backward.m 解三对角线性方程组

$$\begin{bmatrix} 2 & -1 & 0 & 0 & 0 \\ -1 & 2 & -1 & 0 & 0 \\ 0 & -1 & 2 & -1 & 0 \\ 0 & 0 & -1 & 2 & 1 \\ 0 & 0 & 0 & -1 & 2 \end{bmatrix} \begin{bmatrix} x_1 \\ x_2 \\ x_3 \\ x_4 \\ x_5 \end{bmatrix} = \begin{bmatrix} 1 \\ 0 \\ 0 \\ 0 \\ 0 \end{bmatrix}。$$

解 编写如下 M 文件调用函数 Forward_Backward.m，并运行。

```
clear all; clc
a=-ones(5,1);d=2 * ones(5,1);c=-ones(5,1); c(4)=1;b=zeros(5,1);b(1)=1;
x=Forward_Backward(a,b,c,d)
```

计算结果：

```
x=0.7857   0.5714   0.3571   0.1429   0.0714
```

追赶法的计算量很小，只有 $5(n-1)$ 次乘除法，而且追赶法的计算也不需要选主元。今后将学习的三次样条插值、常微分方程的边值问题等都将归结为求解系数矩阵为三对角矩阵的线性方程组。

3.7 范数与矩阵的条件数

3.7.1 范数

1. 向量范数

定义 3.7.1 若对 $\mathbb{R}^n$ 中的任意一向量 $\boldsymbol{x}$，均对应一个实数 $\|\boldsymbol{x}\|$，满足：

(1) 非负性 $\|\boldsymbol{x}\| \geqslant 0, \forall \boldsymbol{x} \in \mathbb{R}^n$，而且 $\|\boldsymbol{x}\| = 0 \Leftrightarrow \boldsymbol{x} = \boldsymbol{0}$；

(2) 齐次性 $\|k\boldsymbol{x}\| = |k| \|\boldsymbol{x}\|, \forall \boldsymbol{x} \in \mathbb{R}^n, \forall k \in \mathbb{R}$；

(3) 三角不等式 $\|\boldsymbol{x}+\boldsymbol{y}\| \leqslant \|\boldsymbol{x}\| + \|\boldsymbol{y}\|, \forall \boldsymbol{x}, \boldsymbol{y} \in \mathbb{R}^n$。

则称实数 $\|\boldsymbol{x}\|$ 为向量 $\boldsymbol{x}$ 的范数。

容易看出，实数的绝对值，复数的模，三维向量的模都满足以上 3 条。n 维向量的范数概念是向量长度的推广。

设 $\boldsymbol{x}=(x_1,x_2,\cdots,x_n)^{\mathrm{T}}$,常用的向量范数有

$$\|\boldsymbol{x}\|_1=\sum_{i=1}^{n}|x_i|,\quad \|\boldsymbol{x}\|_2=\left(\sum_{i=1}^{n}x_i^2\right)^{\frac{1}{2}},\quad \|\boldsymbol{x}\|_\infty=\max_{1\leqslant i\leqslant n}|x_i|。$$

容易验证,它们都满足向量范数定义中的3个条件。

例 3.7.1 设 $\boldsymbol{x}=(1,0.5,0,-0.3)^{\mathrm{T}}$,求 $\|\boldsymbol{x}\|_1$,$\|\boldsymbol{x}\|_2$,$\|\boldsymbol{x}\|_\infty$。

解 $\|\boldsymbol{x}\|_1=1+0.5+0+0.3=1.8$,$\|\boldsymbol{x}\|_2=\sqrt{1^2+0.5^2+0.3^2}\approx1.1576$,$\|\boldsymbol{x}\|_\infty=1$。

定义 3.7.2 若对 $\mathbb{R}^n$ 中的任意两个向量 $\boldsymbol{x}$ 和 $\boldsymbol{y}$ 均对应一个实数 $(\boldsymbol{x},\boldsymbol{y})$,满足:

(1) 非负性 $(\boldsymbol{x},\boldsymbol{x})\geqslant0$,$\forall\boldsymbol{x}\in\mathbb{R}^n$,且 $(\boldsymbol{x},\boldsymbol{x})=0\Leftrightarrow\boldsymbol{x}=\boldsymbol{0}$;

(2) 对称性 $(\boldsymbol{x},\boldsymbol{y})=(\boldsymbol{y},\boldsymbol{x})$,$\forall\boldsymbol{x},\boldsymbol{y}\in\mathbb{R}^n$;

(3) 齐次性 $(k\boldsymbol{x},\boldsymbol{y})=k(\boldsymbol{x},\boldsymbol{y})$,$\forall\boldsymbol{x},\boldsymbol{y}\in\mathbb{R}^n$,$\forall k\in\mathbb{R}$;

(4) 分配律 $(\boldsymbol{x},\boldsymbol{y}+\boldsymbol{z})=(\boldsymbol{x},\boldsymbol{y})+(\boldsymbol{x},\boldsymbol{z})$,$\forall\boldsymbol{x},\boldsymbol{y},\boldsymbol{z}\in\mathbb{R}^n$。

则称实数 $(\boldsymbol{x},\boldsymbol{y})$ 为向量 $\boldsymbol{x}$ 和 $\boldsymbol{y}$ 的内积。

常见的内积为 $(\boldsymbol{x},\boldsymbol{y})=x_1y_1+x_2y_2+\cdots+x_ny_n=\sum_{i=1}^{n}x_iy_i$。若 $\boldsymbol{x}=\boldsymbol{y}$,则有

$$(\boldsymbol{x},\boldsymbol{x})=x_1^2+x_2^2+\cdots+x_n^2=\|\boldsymbol{x}\|_2^2。$$

2. 矩阵范数

定义 3.7.3 若对任意的 n 阶矩阵 $\boldsymbol{A}$,均对应于一个实数 $\|\boldsymbol{A}\|$,满足:

(1) 非负性 $\|\boldsymbol{A}\|\geqslant0$,$\forall\boldsymbol{A}\in\mathbb{R}^{n\times n}$,且 $\|\boldsymbol{A}\|=0\Leftrightarrow\boldsymbol{A}=\boldsymbol{0}$;

(2) 齐次性 $\|k\boldsymbol{A}\|=|k|\,\|\boldsymbol{A}\|$,$\forall\boldsymbol{A}\in\mathbb{R}^{n\times n}$,$\forall k\in\mathbb{R}$;

(3) 三角不等式 $\|\boldsymbol{A}+\boldsymbol{B}\|\leqslant\|\boldsymbol{A}\|+\|\boldsymbol{B}\|$,$\forall\boldsymbol{A},\boldsymbol{B}\in\mathbb{R}^{n\times n}$;

(4) 乘法不等式 $\|\boldsymbol{AB}\|\leqslant\|\boldsymbol{A}\|\,\|\boldsymbol{B}\|$,$\forall\boldsymbol{A},\boldsymbol{B}\in\mathbb{R}^{n\times n}$。

则称 $\|\boldsymbol{A}\|$ 为矩阵 $\boldsymbol{A}$ 的范数。

定义 3.7.4 对于给定的向量范数 $\|\boldsymbol{x}\|$ 和矩阵范数 $\|\boldsymbol{A}\|$,若 $\|\boldsymbol{Ax}\|\leqslant\|\boldsymbol{A}\|\cdot\|\boldsymbol{x}\|$,则称向量范数 $\|\boldsymbol{x}\|$ 与矩阵范数 $\|\boldsymbol{A}\|$ 是相容的。

定义 3.7.5 称 $\|\boldsymbol{A}\|=\max\limits_{\substack{\boldsymbol{x}\neq\boldsymbol{0}\\ \boldsymbol{x}\in\mathbf{R}^n}}\dfrac{\|\boldsymbol{Ax}\|}{\|\boldsymbol{x}\|}=\max\limits_{\substack{\|\boldsymbol{x}\|=1\\ \boldsymbol{x}\in\mathbf{R}^n}}\|\boldsymbol{Ax}\|$ 为由向量范数诱导出的矩阵范数,也称为从属于向量范数的矩阵范数。

因为 $\|\boldsymbol{A}\|=\max\limits_{\substack{\boldsymbol{x}\neq\boldsymbol{0}\\ \boldsymbol{x}\in\mathbf{R}^n}}\dfrac{\|\boldsymbol{Ax}\|}{\|\boldsymbol{x}\|}$,得 $\|\boldsymbol{A}\|\geqslant\dfrac{\|\boldsymbol{Ax}\|}{\|\boldsymbol{x}\|}$,$\forall\boldsymbol{x}\neq\boldsymbol{0}$。由定义3.7.4知向量范数与由向量范数诱导出的矩阵范数是相容的。

常见的由向量范数诱导出的矩阵范数有

$$\|\boldsymbol{A}\|_1=\max_{1\leqslant j\leqslant n}\sum_{i=1}^{n}|a_{ij}|\quad(\text{最大列和范数}),$$

$$\|\boldsymbol{A}\|_2=\sqrt{\lambda_1}\quad(\lambda_1\ \text{是}\ \boldsymbol{A}^{\mathrm{T}}\boldsymbol{A}\ \text{的最大特征值}),$$

$$\|\boldsymbol{A}\|_\infty=\max_{1\leqslant i\leqslant n}\sum_{j=1}^{n}|a_{ij}|\quad(\text{最大行和范数})。$$

定义 3.7.6 若对给定的两种范数 $\|\cdot\|_\alpha$，$\|\cdot\|_\beta$ 有 $m\|\cdot\|_\alpha \leqslant \|\cdot\|_\beta \leqslant M\|\cdot\|_\alpha$，其中的 m,M 是正的常数，则称 $\|\cdot\|_\alpha$ 与 $\|\cdot\|_\beta$ 等价。

定理 3.7.1 (1) $\mathbb{R}^n$ 中任何两种向量范数均等价。

(2) $\mathbb{R}^{n\times n}$ 中任何两种矩阵范数均等价。

定义 3.7.7 若向量序列 $\{\boldsymbol{x}^{(k)}\}$ 满足

$$\lim_{k\to\infty} x_j^{(k)} = x_j, \quad j=1,2,\cdots,n,$$

则称向量序列 $\{\boldsymbol{x}^{(k)}\}$ 收敛于向量 $\boldsymbol{x}=(x_1,x_2,\cdots,x_n)$，记为 $\lim\limits_{k\to\infty}\boldsymbol{x}^{(k)}=\boldsymbol{x}$。

定理 3.7.2 $\lim\limits_{k\to\infty}\boldsymbol{x}^{(k)}=\boldsymbol{x} \Leftrightarrow \lim\limits_{k\to\infty}\|\boldsymbol{x}^{(k)}-\boldsymbol{x}\|=0 \Leftrightarrow \lim\limits_{k\to\infty}\|\boldsymbol{x}^{(k+1)}-\boldsymbol{x}^{(k)}\|=0$。

定义 3.7.8 若矩阵序列 $\{\boldsymbol{A}^{(k)}\}$ 满足

$$\lim_{k\to\infty} a_{ij}^{(k)} = a_{ij}, \quad i,j=1,2,\cdots,n,$$

则称矩阵序列 $\{\boldsymbol{A}^{(k)}\}$ 收敛于矩阵 $\boldsymbol{A}=(a_{ij})_{n\times n}$，记为 $\lim\limits_{k\to\infty}\boldsymbol{A}^{(k)}=\boldsymbol{A}$。

定理 3.7.3 $\lim\limits_{k\to\infty}\boldsymbol{A}^{(k)}=\boldsymbol{A} \Leftrightarrow \lim\limits_{k\to\infty}\|\boldsymbol{A}^{(k)}-\boldsymbol{A}\|=0 \Leftrightarrow \lim\limits_{k\to\infty}\|\boldsymbol{A}^{(k+1)}-\boldsymbol{A}^{(k)}\|=0$。

3. 谱半径

定义 3.7.9 设 n 阶方阵 $\boldsymbol{A}$ 的特征值为 $\lambda_j(j=1,2,\cdots,n)$，则称

$$\rho(\boldsymbol{A})=\max_{1\leqslant j\leqslant n}|\lambda_j|$$

为矩阵 $\boldsymbol{A}$ 的谱半径。

定理 3.7.4 方阵谱半径不大于方阵任意一种范数，即

$$\rho(\boldsymbol{A})\leqslant\|\boldsymbol{A}\|。$$

证明 设 λ_i 是 $\boldsymbol{A}$ 的任一特征值，$\boldsymbol{x}_i$ 为相应的特征向量，即 $\boldsymbol{A}\boldsymbol{x}_i=\lambda_i\boldsymbol{x}_i$。两边取范数有

$$|\lambda_i|\,\|\boldsymbol{x}_i\|\leqslant\|\boldsymbol{A}\|\,\|\boldsymbol{x}_i\|。$$

由 $\boldsymbol{x}_i\neq\boldsymbol{0}$，有 $\|\boldsymbol{x}_i\|>0$，故有 $|\lambda_i|\leqslant\|\boldsymbol{A}\|$，$i=1,2,\cdots,n$。所以

$$\rho(\boldsymbol{A})=\max_{1\leqslant i\leqslant n}|\lambda_i|\leqslant\|\boldsymbol{A}\|。$$

定理 3.7.5 $\lim\limits_{k\to\infty}\boldsymbol{A}^k=\boldsymbol{0}\Leftrightarrow\rho(\boldsymbol{A})<1$。

例 3.7.2 设 $\boldsymbol{A}=\begin{bmatrix}-2 & 1 & 0\\ 1 & -2 & 1\\ 0 & 1 & -2\end{bmatrix}$，求 $\|\boldsymbol{A}\|_1$，$\|\boldsymbol{A}\|_2$，$\|\boldsymbol{A}\|_\infty$，$\rho(\boldsymbol{A})$。

解 显然 $\|\boldsymbol{A}\|_1=4$，$\|\boldsymbol{A}\|_\infty=4$。而

$$\boldsymbol{A}^{\mathrm{T}}\boldsymbol{A}=\begin{bmatrix}5 & -4 & 1\\ -4 & 6 & -4\\ 1 & -4 & 5\end{bmatrix},$$

$$|\lambda\boldsymbol{I}-\boldsymbol{A}^{\mathrm{T}}\boldsymbol{A}|=\begin{vmatrix}\lambda-5 & 4 & -1\\ 4 & \lambda-6 & 4\\ -1 & 4 & \lambda-5\end{vmatrix}=(\lambda-4)(\lambda^2-12\lambda+4)=0,$$

得 $\lambda_1=4$，$\lambda_{2,3}=6\pm4\sqrt{2}$，故 $\|\boldsymbol{A}\|_2=\sqrt{6+4\sqrt{2}}=3.4142$。

$$|\lambda\boldsymbol{I}-\boldsymbol{A}|=\begin{vmatrix}\lambda+2 & -1 & 0\\ -1 & \lambda+2 & -1\\ 0 & -1 & \lambda+2\end{vmatrix}=(\lambda+2)(\lambda^2+4\lambda+2)=0,$$

得 $\lambda_1=-2,\lambda_{2,3}=-2\pm\sqrt{2}$，显然 $\lambda_3=-2-\sqrt{2}$ 的模最大。所以 $\rho(\boldsymbol{A})=|\lambda_3|=2+\sqrt{2}=3.4142$。

定理 3.7.6 若 $\boldsymbol{A}$ 是实对称矩阵，则有 $\rho(\boldsymbol{A})=\|\boldsymbol{A}\|_2$。

3.7.2 矩阵的条件数与误差分析

线性方程组 $\boldsymbol{Ax}=\boldsymbol{b}$ 的解是由系数矩阵 $\boldsymbol{A}$ 及右端常向量 $\boldsymbol{b}$ 所确定的。从实际问题中得到的线性方程组中，系数矩阵 $\boldsymbol{A}$ 的元素和向量 $\boldsymbol{b}$ 的元素，不可避免地会带有误差，必然也会对最终解向量 $\boldsymbol{x}$ 产生影响。

设 $\boldsymbol{A}$ 非奇异，$\boldsymbol{b}\neq\boldsymbol{0}$，则对线性方程组 $\boldsymbol{Ax}=\boldsymbol{b}$ 的解向量 $\boldsymbol{x}$ 有 $\|\boldsymbol{x}\|\neq\boldsymbol{0}$。

1. 右端常向量的扰动对解向量的影响

设 $\boldsymbol{Ax}=\boldsymbol{b}$ 中仅右端向量 $\boldsymbol{b}$ 有误差 $\boldsymbol{\delta}_b$，系数矩阵 $\boldsymbol{A}$ 是准确的，对应的解 $\boldsymbol{x}$ 产生误差 $\boldsymbol{\delta}_x$，则有

$$\boldsymbol{A}(\boldsymbol{x}+\boldsymbol{\delta}_x)=\boldsymbol{b}+\boldsymbol{\delta}_b,\quad 即\quad \boldsymbol{Ax}+\boldsymbol{A\delta}_x=\boldsymbol{b}+\boldsymbol{\delta}_b。$$

由于 $\boldsymbol{Ax}=\boldsymbol{b}$，所以 $\boldsymbol{A\delta}_x=\boldsymbol{\delta}_b$。$\boldsymbol{A}$ 非奇异，故有 $\boldsymbol{\delta}_x=\boldsymbol{A}^{-1}\boldsymbol{\delta}_b$，于是

$$\|\boldsymbol{\delta}_x\|\leqslant\|\boldsymbol{A}^{-1}\|\,\|\boldsymbol{\delta}_b\|。\tag{3.7.1}$$

由 $\|\boldsymbol{b}\|=\|\boldsymbol{Ax}\|\leqslant\|\boldsymbol{A}\|\,\|\boldsymbol{x}\|$，得

$$\|\boldsymbol{x}\|\geqslant\frac{\|\boldsymbol{b}\|}{\|\boldsymbol{A}\|}。\tag{3.7.2}$$

(3.7.1)式与(3.7.2)式两式相除，有 $\dfrac{\|\boldsymbol{\delta}_x\|}{\|\boldsymbol{x}\|}\leqslant\|\boldsymbol{A}\|\,\|\boldsymbol{A}^{-1}\|\dfrac{\|\boldsymbol{\delta}_b\|}{\boldsymbol{b}}$。

同理，由 $\boldsymbol{x}=\boldsymbol{A}^{-1}\boldsymbol{b}$ 和 $\boldsymbol{A\delta}_x=\boldsymbol{\delta}_b$，有

$$\|\boldsymbol{\delta}_b\|\leqslant\|\boldsymbol{A}\|\,\|\boldsymbol{\delta}_x\|,\quad \|\boldsymbol{x}\|\triangleq\|\boldsymbol{A}^{-1}\boldsymbol{b}\|\leqslant\|\boldsymbol{A}^{-1}\|\,\|\boldsymbol{b}\|。$$

故有

$$\frac{1}{\|\boldsymbol{A}\|\,\|\boldsymbol{A}^{-1}\|}\frac{\|\boldsymbol{\delta}_b\|}{\|\boldsymbol{b}\|}\leqslant\frac{\|\boldsymbol{\delta}_x\|}{\boldsymbol{x}}。$$

定义 3.7.10 若 n 阶方阵 $\boldsymbol{A}$ 非奇异，则称 $\|\boldsymbol{A}\|\,\|\boldsymbol{A}^{-1}\|$ 为 $\boldsymbol{A}$ 的条件数，记为 $\mathrm{cond}(\boldsymbol{A})$，即

$$\mathrm{cond}(\boldsymbol{A})=\|\boldsymbol{A}\|\,\|\boldsymbol{A}^{-1}\|。$$

范数选择的不相同，条件数也略有不同。常见的条件数有

$$\mathrm{cond}(\boldsymbol{A})_1=\|\boldsymbol{A}\|_1\|\boldsymbol{A}^{-1}\|_1,$$

$$\mathrm{cond}(\boldsymbol{A})_2=\|\boldsymbol{A}\|_2\|\boldsymbol{A}^{-1}\|_2,$$

$$\mathrm{cond}(\boldsymbol{A})_\infty=\|\boldsymbol{A}\|_\infty\|\boldsymbol{A}^{-1}\|_\infty。$$

2. 系数矩阵的扰动对解向量的影响

设 $\boldsymbol{Ax}=\boldsymbol{b}$ 中仅系数矩阵 $\boldsymbol{A}$ 有误差 $\boldsymbol{\delta}_A$，右端向量 $\boldsymbol{b}$ 是准确的，对应的解 $\boldsymbol{x}$ 产生的误差仍记为 $\boldsymbol{\delta}_x$，即

$$(\boldsymbol{A}+\boldsymbol{\delta}_A)(\boldsymbol{x}+\boldsymbol{\delta}_x)=\boldsymbol{b}。$$

这时有 $\dfrac{\|\boldsymbol{\delta}_x\|}{\|\boldsymbol{x}\|}\leqslant\dfrac{\mathrm{cond}(\boldsymbol{A})\dfrac{\boldsymbol{\delta}_A}{\boldsymbol{A}}}{1-\mathrm{cond}(\boldsymbol{A})\dfrac{\|\boldsymbol{\delta}_A\|}{\|\boldsymbol{A}\|}}$，其中 $\|\boldsymbol{\delta}_A\|\,\|\boldsymbol{A}^{-1}\|<1$。

3. 系数矩阵和右端常向量的扰动对解向量的影响

设 $\boldsymbol{Ax}=\boldsymbol{b}$ 中不仅系数矩阵 $\boldsymbol{A}$ 有误差 $\boldsymbol{\delta}_A$，右端向量 $\boldsymbol{b}$ 也有误差 $\boldsymbol{\delta}_b$，对应的解 $\boldsymbol{x}$ 产生的误差仍记为 $\boldsymbol{\delta}_x$，即 $(\boldsymbol{A}+\boldsymbol{\delta}_A)(\boldsymbol{x}+\boldsymbol{\delta}_x)=\boldsymbol{b}+\boldsymbol{\delta}_b$。此时有

$$\frac{\|\boldsymbol{\delta}_x\|}{\|\boldsymbol{x}\|}\leqslant\frac{\operatorname{cond}(\boldsymbol{A})}{1-\operatorname{cond}(\boldsymbol{A})\dfrac{\|\boldsymbol{\delta}_A\|}{\|\boldsymbol{A}\|}}\left(\frac{\|\boldsymbol{\delta}_A\|}{\|\boldsymbol{A}\|}+\frac{\|\boldsymbol{\delta}_b\|}{\|\boldsymbol{b}\|}\right),$$

其中 $\|\boldsymbol{\delta}_A\|\,\|\boldsymbol{A}^{-1}\|<1$。

定义 3.7.11 如果矩阵 $\boldsymbol{A}$ 或常数项 $\boldsymbol{b}$ 的微小变化，引起线性方程组 $\boldsymbol{Ax}=\boldsymbol{b}$ 解的巨大变化，则称此方程组为病态方程组，矩阵 $\boldsymbol{A}$ 称为病态矩阵（相对于线性方程组而言），否则称方程组为良态方程组，$\boldsymbol{A}$ 称为良态矩阵。

矩阵的病态性质是矩阵本身的特性，我们希望找到刻画矩阵“病态”性质的量。由于 $\operatorname{cond}(\boldsymbol{A})=\|\boldsymbol{A}\|\,\|\boldsymbol{A}^{-1}\|\geqslant\|\boldsymbol{AA}^{-1}\|=\|\boldsymbol{I}\|=1$，即 $\operatorname{cond}(\boldsymbol{A})$ 总是大于或等于 1 的数。从上面三种情况分析结果来看，条件数反映了线性方程组的“病态”性质。当 $\operatorname{cond}(\boldsymbol{A})$ 接近于 1 时，称方程组是良态的。当 $\operatorname{cond}(\boldsymbol{A})\gg 1$ 时，称方程组为病态的方程组。

例 3.7.3 n 阶希尔伯特矩阵是一个著名的病态矩阵。试求 $\operatorname{cond}_2(\boldsymbol{H}_2)$，$\operatorname{cond}_1(\boldsymbol{H}_2)$ 和 $\operatorname{cond}_\infty(\boldsymbol{H}_2)$，其中

$$\boldsymbol{H}_n=\begin{bmatrix}1 & \frac{1}{2} & \frac{1}{3} & \cdots & \frac{1}{n}\\ \frac{1}{2} & \frac{1}{3} & \frac{1}{4} & \cdots & \frac{1}{n+1}\\ \vdots & \vdots & \vdots & & \vdots\\ \frac{1}{n-1} & \frac{1}{n} & \frac{1}{n+1} & \cdots & \frac{1}{2n-2}\\ \frac{1}{n} & \frac{1}{n+1} & \frac{1}{n+2} & \cdots & \frac{1}{2n-1}\end{bmatrix}。$$

解 $\begin{vmatrix}1-\lambda & \frac{1}{2}\\ \frac{1}{2} & \frac{1}{3}-\lambda\end{vmatrix}=\lambda^2-\frac{4}{3}\lambda+\frac{1}{12}=0,\lambda=\frac{4\pm\sqrt{13}}{6}$。

因为 $\boldsymbol{H}_2$ 是对称矩阵，所以 $\|\boldsymbol{H}_2\|_2=\rho(\boldsymbol{H}_2)=\frac{4+\sqrt{13}}{6}$。

因为，$\boldsymbol{H}_2^{-1}=\begin{bmatrix}4 & -6\\ -6 & 12\end{bmatrix}$，所以，$|\boldsymbol{H}_2^{-1}-\lambda\boldsymbol{I}|=\begin{vmatrix}4-\lambda & -6\\ -6 & 12-\lambda\end{vmatrix}$，$\lambda=8\pm2\sqrt{13}$。

所以，$\|\boldsymbol{H}_2^{-1}\|_2=\rho(\boldsymbol{H}_2^{-1})=8+2\sqrt{13}$，故有

$$\operatorname{cond}_2(\boldsymbol{H}_2)=\|\boldsymbol{H}_2\|_2\,\|\boldsymbol{H}_2^{-1}\|_2=19.28。$$

又 $\|\boldsymbol{H}_2\|_1=\frac{3}{2}$，$\|\boldsymbol{H}_2^{-1}\|_1=18$，所以 $\operatorname{cond}_1(\boldsymbol{H}_2)=27$。

同样，也可以求出 $\operatorname{cond}_\infty(\boldsymbol{H}_2)=27$。

对病态线性方程组，无论采用什么方法求解，都将会产生很大的计算误差。而要判断一

个矩阵是否病态需要计算条件数 $\mathrm{cond}(\boldsymbol{A})=\|\boldsymbol{A}\|\|\boldsymbol{A}^{-1}\|$，而计算逆矩阵较为费事，根据实践经验，如下的一些现象可以作为判别病态矩阵的参考。

(1) 用列主元消元法解方程时出现小主元；

(2) 系数矩阵中某些行或列近似线性相关，或系数行列式的值接近于零；

(3) 系数矩阵元素间数量级相差很大，并且无一定规律。

对于病态线性方程组的求解需要十分小心，应该重新设计算法，避免出现病态情形。但若无法避免，一般可以采用下面方法改善和减轻病态矩阵的影响。

(1) 采用双精度的算术运算；

(2) 对线性方程组进行预处理，即适当选择非奇异对角阵 $\boldsymbol{D},\boldsymbol{C}$，把求解 $\boldsymbol{Ax}=\boldsymbol{b}$ 的问题转化为求解如下等价的线性方程组

$$\begin{cases}\boldsymbol{DACy}=\boldsymbol{Db},\\ \boldsymbol{y}=\boldsymbol{C}^{-1}\boldsymbol{x}。\end{cases}$$

例 3.7.4 设有线性方程组

$$\begin{bmatrix}1 & 10^4\\ 1 & 1\end{bmatrix}\begin{bmatrix}x_1\\ x_2\end{bmatrix}=\begin{bmatrix}10^4\\ 2\end{bmatrix},$$

简记为 $\boldsymbol{Ax}=\boldsymbol{b}$，计算 $\mathrm{cond}\,(\boldsymbol{A})_\infty$。并设法改变成等价线性方程组 $\widetilde{\boldsymbol{A}}\boldsymbol{x}=\widetilde{\boldsymbol{b}}$，使对应的条件数 $\mathrm{cond}\,(\widetilde{\boldsymbol{A}})_\infty$ 得到改善。

解 容易求得 $\mathrm{cond}\,(\boldsymbol{A})_\infty=\|\boldsymbol{A}\|_\infty\|\boldsymbol{A}^{-1}\|_\infty\approx10^4$。

取对角矩阵 $\boldsymbol{D}=\begin{bmatrix}10^{-4} & 0\\ 0 & 1\end{bmatrix}$，此时等价的线性方程组为 $\boldsymbol{DAx}=\boldsymbol{Db}$，即 $\widetilde{\boldsymbol{A}}\boldsymbol{x}=\widetilde{\boldsymbol{b}}$，其中，$\widetilde{\boldsymbol{A}}=\boldsymbol{DA}$，$\widetilde{\boldsymbol{b}}=\boldsymbol{Db}$。经计算得

$$\mathrm{cond}\,(\widetilde{\boldsymbol{A}})_\infty=\|\widetilde{\boldsymbol{A}}\|_\infty\|\widetilde{\boldsymbol{A}}^{-1}\|_\infty=\frac{4}{1-10^{-4}}\approx4。$$

可见，所作的预处理大大改善了系数矩阵的条件数，再用列主元消元法求解线性方程组 $\widetilde{\boldsymbol{A}}\boldsymbol{x}=\widetilde{\boldsymbol{b}}$，得到解 $\boldsymbol{x}=(1,1)^{\mathrm{T}}$，这是较好的近似解。

3.7.3 线性方程组近似解可靠性的判别

上面的讨论给出了线性方程组近似解相对误差的估计式，但是这种估计在很大程度上是属于理论性的，一般讲都是放大了的，而且由于求逆矩阵 $\boldsymbol{A}^{-1}$ 较为费事，同时扰动量 $\boldsymbol{\delta}_A$ 和 $\boldsymbol{\delta}_b$ 只是理论上的假设，在实际问题中它们是随机的量，得不到确切的值，因此上面给出的估计公式并不实用。实用的方法是利用求得的线性方程组 $\boldsymbol{Ax}=\boldsymbol{b}$ 的近似解 $\boldsymbol{x}$ 求出余量

$$\boldsymbol{r}=\boldsymbol{b}-\boldsymbol{Ax}。$$

如果 $\boldsymbol{r}=\boldsymbol{0}$，则 $\boldsymbol{x}$ 为精确解。一般来说 $\boldsymbol{r}\neq\boldsymbol{0}$，当 $\boldsymbol{r}$ 很小时，$\boldsymbol{x}$ 是否为线性方程组 $\boldsymbol{Ax}=\boldsymbol{b}$ 一个较好的近似解呢？下述定理给出了回答。

定理 3.7.7 设 $\boldsymbol{A}$ 是非奇异矩阵，$\boldsymbol{x}^*$ 是线性方程组 $\boldsymbol{Ax}=\boldsymbol{b}(\neq\boldsymbol{0})$ 的精确解，$\widetilde{\boldsymbol{x}}$ 是近似解，$\boldsymbol{r}=\boldsymbol{b}-\boldsymbol{A}\widetilde{\boldsymbol{x}}$，则

$$\frac{\|\boldsymbol{x}^*-\widetilde{\boldsymbol{x}}\|}{\|\boldsymbol{x}^*\|}\leqslant\mathrm{cond}(\boldsymbol{A})\frac{\|\boldsymbol{r}\|}{\|\boldsymbol{b}\|}。\tag{3.7.3}$$

证明 由 $\boldsymbol{A}(\boldsymbol{x}^*-\widetilde{\boldsymbol{x}})=\boldsymbol{r}$ 得 $\boldsymbol{x}^*-\widetilde{\boldsymbol{x}}=\boldsymbol{A}^{-1}\boldsymbol{r}$，于是

$$\|\boldsymbol{x}^*-\widetilde{\boldsymbol{x}}\|=\|\boldsymbol{A}^{-1}\boldsymbol{r}\|\leqslant\|\boldsymbol{A}^{-1}\|\,\|\boldsymbol{r}\|。$$

又

$$\|\boldsymbol{b}\|=\|\boldsymbol{A}\boldsymbol{x}^*\|\leqslant\|\boldsymbol{A}\|\,\|\boldsymbol{x}^*\|,$$

因此

$$\frac{\|\boldsymbol{x}^*-\widetilde{\boldsymbol{x}}\|}{\|\boldsymbol{x}^*\|}\leqslant\frac{\|\boldsymbol{A}^{-1}\|\,\|\boldsymbol{r}\|\,\|\boldsymbol{A}\|}{\|\boldsymbol{b}\|}=\mathrm{cond}(\boldsymbol{A})\frac{\|\boldsymbol{r}\|}{\|\boldsymbol{b}\|}。$$

(3.7.3)式说明，近似解 $\widetilde{\boldsymbol{x}}$ 的精度（误差限）不仅依赖于余量 $\boldsymbol{r}$，而且也依赖于系数矩阵 $\boldsymbol{A}$ 的条件数。当 $\boldsymbol{A}$ 是病态矩阵时，即使余量 $\boldsymbol{r}$ 很小，也不能保证 $\widetilde{\boldsymbol{x}}$ 是高精度的近似解。

3.8 小　　结

经典的高斯消元法是高斯在 1810 年提出的，矩阵是凯莱(Cayley)在 1855 年提出的，而将高斯消元法表示成矩阵分解则是在 20 世纪 40 年代由德怀尔(Dwyer)、冯·诺依曼(Von Neumann)等提出的。常用的矩阵三角分解法有杜利特尔方法、克劳特方法。

求解线性代数方程组的直接法并不都是实用方法，不同直接法的计算量可能有着十分惊人的差别！高斯顺序消元法虽然计算量很小，但对一般的未知元个数比较多的线性方程组来说，其计算结果可能并不可靠！本章所介绍的计算量不大而计算结果又可靠的实用直接法主要有高斯全主元素消元法和列主元三角分解法。求解对称正定方程组的平方根法也是一个计算量小而又不需要选主元的实用直接法。对于系数矩阵严格对角占优的 n 元三对角方程组，追赶法则因其计算过程稳定、乘除运算次数仅为 $O(n)$ 量级而在实际求解时广为使用。

线性方程组的性态主要用系数矩阵的条件数刻画。对于良态线性方程组，只要用计算量不大而计算过程稳定的方法求解即可得到满意的结果；但对于病态的线性方程组，其病态是方程组的固有性质，要得到满意的近似解比较困难。判断线性方程组是否病态以及方程组病态时如何求解，这是线性方程组求解中的一个难点。除了本书所介绍的方法之外，读者可以阅读其他相关文献，以了解更多的内容。

3.9 习　　题

1. 用高斯顺序消元法和高斯列主元消元法求解线性方程组

$$\begin{cases}3x_1-x_2+4x_3=7,\\-x_1+2x_2-2_3x=-1,\\2x_1-3x_2-2x_3=0。\end{cases}$$

2. 用矩阵的杜利特尔分解法求解线性方程组

$$\begin{bmatrix}6&2&1&-1\\2&4&1&0\\1&1&4&-1\\-1&0&-1&3\end{bmatrix}\begin{bmatrix}x_1\\x_2\\x_3\\x_4\end{bmatrix}=\begin{bmatrix}6\\-1\\5\\-5\end{bmatrix}。$$

3. 用平方根法求解线性方程组

$$\begin{bmatrix} 4 & -1 & 1 \\ -1 & 4.25 & 2.75 \\ 1 & 2.75 & 3.5 \end{bmatrix}\begin{bmatrix} x_1 \\ x_2 \\ x_3 \end{bmatrix}=\begin{bmatrix} 6 \\ -0.5 \\ 1.25 \end{bmatrix}。$$

4. 设 $\boldsymbol{A}$ 为 n 阶非奇异矩阵，且有杜利特尔分解 $\boldsymbol{A}=\boldsymbol{LU}$，求证 $\boldsymbol{A}$ 的所有顺序主子式不为零。

5. 设 $\boldsymbol{A}=(a_{ij})_{n\times n}$ 严格对角占优，证明 $\boldsymbol{A}$ 是非奇异矩阵。

6. 设矩阵 $\boldsymbol{A},\boldsymbol{B}\in\mathbb{R}^{n\times n}$ 均非奇异，$\|\cdot\|$ 是任一种矩阵范数，证明矩阵条件数具有如下性质：

(1) $\mathrm{cond}(\boldsymbol{A})\geqslant 1$，如果 $\boldsymbol{A}$ 为正交矩阵，则 $\mathrm{cond}(\boldsymbol{A})_2=1$；

(2) $\mathrm{cond}(k\boldsymbol{A})=\mathrm{cond}(\boldsymbol{A})$（$k\neq 0$ 是常数）；

(3) $\mathrm{cond}(\boldsymbol{AB})\leqslant\mathrm{cond}(\boldsymbol{A})\mathrm{cond}(\boldsymbol{B})$；

(4) 设 $\boldsymbol{A}$ 是实对称矩阵，则

$$\mathrm{cond}(\boldsymbol{A})_2=\frac{|\lambda_1|}{|\lambda_n|},$$

其中 λ_1 和 λ_n 分别是 $\boldsymbol{A}$ 的绝对值最大和绝对值最小的特征值。

3.10 数值实验题 3

1. 用高斯列主元消元法求解线性代数方程组

$$\begin{cases} 8.98x_1+1.65x_2+2.38x_3+3.11x_4-1.12x_5-0.05x_6=7.649, \\ 1.65x_1+7.02x_2+2.16x_3+1.77x_4-0.10x_5+1.19x_6=6.694, \\ 2.38x_1+2.16x_2+8.99x_3+1.23x_4+2.11x_5-1.03x_6=-38.636, \\ 3.11x_1+1.77x_2+1.23x_3+7.77x_4-0.02x_5+0.21x_6=21.175, \\ -1.12x_1-0.10x_2+2.11x_3-0.02x_4+9.97x_5-0.98x_6=12.17, \\ -0.05x_1+1.19x_2-1.03x_3+0.21x_4-0.98x_5+9.91x_6=-1.33。 \end{cases}$$

2. 设有常微分方程两点边值问题

$$\begin{cases} y''-x^2y'+xy=x^3, & 0<x<1, \\ y(0)=0, & y(1)=1。 \end{cases}$$

将区间[0,1]进行 20 等分，用如下数值微分公式($h=x_i-x_{i-1}=0.05$)

$$y'(x_i)\approx\frac{1}{2h}[y(x_{i+1})-y(x_{i-1})],\quad y''(x_i)\approx\frac{1}{h^2}[y(x_{i-1})-2y(x_i)+y(x_{i+1})],$$

将微分方程在内节点 $x_i=ih\,(i=1,2,\cdots,19)$ 离散化，列出内节点处解函数的近似值 $y_i\approx y(x_i)$ 所满足的线性方程组，并用追赶法求解。

应用案例：生产计划的安排

某企业需要生产 5 种零部件产品，每种产品要经过 5 种机器进行加工制作，具体加工制作时间见应表 3.1，已知机器 M_1 每星期最多可以使用 75h，机器 M_2 每星期最多可以使用 60h，机器 M_3 每星期最多可以使用 70h，机器 M_4 每星期最多可以使用 65h，机器 M_5 每星期最多可以使用 60h，假设该企业可以卖出每周所制造出来的所有产品，经营者不希望使昂贵的机器有空

闲时间，因此想知道在一周内每一种产品需要制造多少个才能使机器被充分利用。

应表 3.1 不同机器加工不同产品所需时间 h

	产品 A_1	产品 A_2	产品 A_3	产品 A_4	产品 A_5
机器 M_1	3	2	3	1	2
机器 M_2	2	2	1	3	2
机器 M_3	1	3	4	2	1
机器 M_4	2	1	2	3	3
机器 M_5	1	1	2	3	4

解 设 x_1,x_2,x_3,x_4,x_5 分别表示每周内制造出的产品 A_1,A_2,A_3,A_4,A_5 的个数，每一种机器一周内被充分使用意味着如下等式成立：

$$\begin{cases}3x_1+2x_2+3x_3+x_4+2x_5=75,\\2x_1+2x_2+x_3+3x_4+2x_5=60,\\x_1+3x_2+4x_3+2x_4+x_5=70,\\2x_1+x_2+2x_3+3x_4+3x_5=65,\\x_1+x_2+2x_3+3x_4+4x_5=60。\end{cases}$$

这是一个五元线性方程组，用高斯列主元消元法可求得该方程组的近似解为

$$x_1\approx 9.3,\quad x_2\approx 6.4,\quad x_3\approx 7.1,\quad x_4\approx 4.3,\quad x_5\approx 4.3。$$

所以，每周内需要制造出产品 A_1,A_2,A_3,A_4,A_5 的个数大约分别为 9,6,7,4,4。

应用案例：运输定价问题

某运输企业承接了一项运输业务，需要把某企业分布在 A,B,C 三城市的原材料运输到 D 城市组织生产。A,B,C 三城市材料必须经过水路、铁路及公路三种运输方式才能到达 D 城市，到 D 城市所需的具体里程数见应表 3.2。已知 A 城市到 D 城市最多可用费用 50 万元，B 城市到 D 城市最多可用费用 60 万元，C 城市到 D 城市最多可用费用 40 万元，假设该运输企业不计转场费用，经营者不希望失去这笔业务，因此想知道三种运输方式下每公里的费用必须控制在多少才能在现有费用下完成这笔运输业务。

应表 3.2 不同城市到 D 城市里程数 km

	公路	铁路	水路
A	100	300	200
B	150	280	300
C	80	230	360

解 设 x_1,x_2,x_3 分别表示公路、铁路及水路每公里的运输费用，假设把可用费用充分使用，则意味着如下等式成立：

$$\begin{cases}100x_1+300x_2+200x_3=50,\\150x_1+280x_2+300x_3=60,\\80x_1+230x_2+360x_3=40。\end{cases}$$

这是一个三元线性方程组,用高斯列主元消元法可求得该方程组的近似解为

$$x_1\approx0.2265,\quad x_2\approx0.0882,\quad x_3\approx0.0044。$$

所以,公路、铁路及水路每公里运输费用分别控制在0.2265万元,00882万元,0.0044万元以内,则可完成本次运输业务,如果费用无法控制在此范围内,则本次运输业务就会超出预算经费。

第4章

线性方程组的迭代解法

4.1 迭代法的一般形式

设线性方程组

$$\boldsymbol{A}\boldsymbol{x}=\boldsymbol{b}$$

的系数矩阵 $\boldsymbol{A}$ 非奇异，从而有一组唯一的解。构造等价的方程组

$$\boldsymbol{x}=\boldsymbol{B}\boldsymbol{x}+\boldsymbol{f},$$

建立迭代公式

$$\boldsymbol{x}^{(k+1)}=\boldsymbol{B}\boldsymbol{x}^{(k)}+\boldsymbol{f},\quad k=0,1,2,\cdots。$$

任取一个初值 $\boldsymbol{x}^{(0)}$，由迭代公式产生 $\boldsymbol{x}$ 近似解的向量序列 $\{\boldsymbol{x}^{(k)}\}$，若

$$\lim_{k\to\infty}\boldsymbol{x}^{(k)}=\boldsymbol{x}^*,$$

则有 $\boldsymbol{x}^*=\boldsymbol{B}\boldsymbol{x}^*+\boldsymbol{f}$，即 $\boldsymbol{x}^*$ 是 $\boldsymbol{A}\boldsymbol{x}=\boldsymbol{b}$ 的解。

定义 4.1.1 若对任意的初值 $\boldsymbol{x}^{(0)}$，迭代公式 $\boldsymbol{x}^{(k+1)}=\boldsymbol{B}\boldsymbol{x}^{(k)}+\boldsymbol{f}$ 产生的向量序列 $\{\boldsymbol{x}^{(k)}\}$ 均收敛，则称迭代公式是收敛的，否则称迭代公式是发散的。称 $\boldsymbol{B}$ 为迭代矩阵。

迭代公式 $\boldsymbol{x}^{(k+1)}=\boldsymbol{B}\boldsymbol{x}^{(k)}+\boldsymbol{f}$ 的构造形式不同，就可得到不同的迭代法。迭代法特别适合求解零元素较多的稀疏矩阵。用直接解法求解时，一次消元就可能使系数矩阵丧失其稀疏性，不能充分利用稀疏的特点。

4.2 几种常用的迭代公式

例 4.2.1 用迭代法求解线性方程组

$$\begin{cases}8x_1-3x_2+2x_3=20,\\4x_1+11x_2-x_3=33,\\6x_1+3x_2+12x_3=36。\end{cases}$$

解 从 3 个方程中分别解出 x_1,x_2,x_3，得

$$\begin{cases}x_1=\dfrac{1}{8}(3x_2-2x_3+20),\\[2ex]x_2=\dfrac{1}{11}(-4x_1+x_3+33),\\[2ex]x_3=\dfrac{1}{12}(-6x_1-3x_2+36),\end{cases}$$

构造迭代格式为

$$
\begin{cases}
x_1^{(k+1)}=\dfrac{1}{8}(3x_2^{(k)}-2x_3^{(k)}+20), \\
x_2^{(k+1)}=\dfrac{1}{11}(-4x_1^{(k)}-x_3^{(k)}+33), \qquad k=0,1,2,\cdots。 \\
x_3^{(k+1)}=\dfrac{1}{12}(-6x_1^{(k)}-3x_2^{(k)}+36),
\end{cases}
$$

取初值 $\boldsymbol{x}^{(0)}=(0,0,0)^{\mathrm{T}}$，得到迭代序列 $\{\boldsymbol{x}^{(k)}\}$ 如表 4.2.1 所示。

表 4.2.1 迭代法求解

k	0	1	2	3	4	5	6	7	8	9
x_1	0	2.5000	2.8750	3.1364	3.0240	3.0003	2.9938	2.9990	3.0002	3.0001
x_2	0	3.0000	2.3636	2.0455	1.9478	1.9840	2.0000	2.0026	2.0006	1.9999
x_3	0	3.0000	1.0000	0.97160	0.92040	1.0010	1.0039	1.0031	0.99985	0.99988

方程组的准确解为 $\boldsymbol{x}=(3,2,1)^{\mathrm{T}}$，从表 4.2.1 的计算结果可看出，向量序列 $\{\boldsymbol{x}^{(k)}\}$ 收敛于方程组的准确解。

4.2.1 雅可比方法

一般说来，对线性方程组

$$\sum_{j=1}^{n} a_{ij}x_j=b_i,\quad i=1,2,\cdots,n,$$

并设 $a_{ii}\neq 0$，从第 i 个方程解出 x_i 得等价的方程组

$$x_i=\frac{1}{a_{ii}}\left(b_i-\sum_{j=1}^{i-1}a_{ij}x_j-\sum_{j=i+1}^{n}a_{ij}x_j\right)=\frac{1}{a_{ii}}\left(b_i-\sum_{\substack{j=1\\ j\neq i}}^{n}a_{ij}x_j\right),\quad i=1,2,\cdots,n,$$

构造迭代公式为

$$x_i^{(k+1)}=\frac{1}{a_{ii}}\left(b_i-\sum_{j=1}^{i-1}a_{ij}x_j^{(k)}-\sum_{j=i+1}^{n}a_{ij}x_j^{(k)}\right),\quad i=1,2,\cdots,n;k=0,1,2,\cdots。$$

这种迭代格式称为雅可比迭代法，也称为简单迭代法。记

$$\boldsymbol{L}=\begin{bmatrix}0 & & & & \\ a_{21} & 0 & & & \\ a_{31} & a_{32} & 0 & & \\ \vdots & \vdots & \ddots & \ddots & \\ a_{n1} & a_{n2} & \cdots & a_{n-1,n} & 0\end{bmatrix},\quad \boldsymbol{D}=\begin{bmatrix}a_{11} & & & \\ & a_{22} & & & \\ & & a_{33} & & \\ & & & \ddots & \\ & & & & a_{nn}\end{bmatrix},$$

$$\boldsymbol{U}=\begin{bmatrix}0 & a_{12} & a_{13} & \cdots & a_{1n} \\ & 0 & a_{23} & \cdots & a_{2n} \\ & & 0 & \ddots & \vdots \\ & & & \ddots & a_{n,n-1} \\ & & & & 0\end{bmatrix},$$

于是由 $\boldsymbol{A}=\boldsymbol{L}+\boldsymbol{D}+\boldsymbol{U}$ 和 $\boldsymbol{Ax}=\boldsymbol{b}$ 有

$$(\boldsymbol{L}+\boldsymbol{D}+\boldsymbol{U})\boldsymbol{x}=\boldsymbol{b}\Rightarrow \boldsymbol{D}\boldsymbol{x}=-(\boldsymbol{L}+\boldsymbol{U})\boldsymbol{x}+\boldsymbol{b}。$$

因为 $a_{ii}\neq 0$,所以矩阵 $\boldsymbol{D}$ 非奇异,有 $\boldsymbol{x}=-\boldsymbol{D}^{-1}(\boldsymbol{L}+\boldsymbol{U})\boldsymbol{x}+\boldsymbol{D}^{-1}\boldsymbol{b}$,得雅可比迭代法的矩阵形式为

$$\boldsymbol{x}^{(k+1)}=\boldsymbol{B}_{\mathrm{J}}\boldsymbol{x}^{(k)}+\boldsymbol{f}_{\mathrm{J}},$$

其中

$$\boldsymbol{B}_{\mathrm{J}}=-\boldsymbol{D}^{-1}(\boldsymbol{L}+\boldsymbol{U})=\begin{bmatrix} 0 & -\dfrac{a_{12}}{a_{11}} & -\dfrac{a_{13}}{a_{11}} & \cdots & -\dfrac{a_{1,n-1}}{a_{11}} & -\dfrac{a_{1n}}{a_{11}} \\ -\dfrac{a_{21}}{a_{22}} & 0 & -\dfrac{a_{23}}{a_{22}} & \cdots & -\dfrac{a_{2,n-1}}{a_{22}} & -\dfrac{a_{2n}}{a_{22}} \\ \vdots & \vdots & \ddots & \cdots & \vdots & \vdots \\ \vdots & \vdots & \vdots & \cdots & \ddots & \vdots \\ -\dfrac{a_{n1}}{a_{nn}} & -\dfrac{a_{n2}}{a_{nn}} & \cdots & \cdots & -\dfrac{a_{n,n-1}}{a_{nn}} & 0 \end{bmatrix},\quad \boldsymbol{f}_{\mathrm{J}}=\boldsymbol{D}^{-1}\boldsymbol{b}。$$

雅可比方法的 MATLAB 程序如下:

```
% Jacobil.m
function x=Jacobi(A,b,x0,eps,N)
% 用雅可比迭代法解 n 元线性方程组 Ax=b。
n=length(b);x=ones(n,1);k=0;
while k<=N
    for i=1:n
        x(i)=(b(i)-A(i,[1:i-1,i+1:n]) * x0([1:i-1,i+1:n]))/A(i,i);
    end
    k=k+1;
    if norm(x-x0,inf)<eps,break;end
    x0=x;
end
if k>N
    warning('算法超出最大迭代次数!')
else
    disp(['迭代次数=',num2str(k)])
end
```

例 4.2.2 用雅可比迭代法程序 Jacobi.m,求解线性方程组

$$\begin{bmatrix} 10 & -1 & 2 & 0 \\ -1 & 11 & -1 & 3 \\ 2 & -1 & 10 & -1 \\ 0 & 3 & -1 & 8 \end{bmatrix}\begin{bmatrix} x_1 \\ x_2 \\ x_3 \\ x_4 \end{bmatrix}=\begin{bmatrix} 6 \\ 25 \\ -11 \\ 15 \end{bmatrix}。$$

解 编写 M 文件调用函数 Jacobi.m,并运行。

```
clc, clear all, format long
A=[10,-1,2,0;-1,11,-1,3;2,-1,10,-1;0,3,-1,8];b=[6;25;-11;15];x0=[0;0;0;0];
eps=1e-3;N=300;
x=Jacobi(A,b,x0,eps,N)
```

计算结果为

```
迭代次数=10
x= 1.000118598691415
1.999767947010035
-0.999828142874476
0.999785978460050
```

4.2.2 高斯—塞德尔迭代法

在例 4.2.1 的雅可比迭代法中,在计算 $x_2^{(k+1)}$ 时,要利用 $x_1^{(k)}$,但此时的 $x_1^{(k+1)}$ 已经计算出来了。此时,可以利用 $x_1^{(k+1)}$ 代替 $x_1^{(k)}$。一般地,计算 $x_i^{(k+1)}(2\leqslant i\leqslant n)$时,可使用 $x_p^{(k+1)}$ 代替 $x_p^{(k)}(i>p\geqslant 1)$,这样收敛可能会快一些,由此形成一种新的迭代法,称为高斯—塞德尔(Gauss-Seidel)迭代法。

例 4.2.3 用高斯—塞德尔迭代法计算例 4.2.1,并与例 4.2.1 的结果作比较。

解 迭代公式为

$$\begin{cases} x_1^{(k+1)}=\dfrac{1}{8}(3x_2^{(k)}-2x_3^{(k)}+20), \\ x_2^{(k+1)}=\dfrac{1}{11}(-4x_1^{(k+1)}-x_3^{(k)}+33), \qquad k=0,1,2,\cdots。 \\ x_3^{(k+1)}=\dfrac{1}{12}(-6x_1^{(k+1)}-3x_2^{(k+1)}+36), \end{cases}$$

用它计算得到的序列$\{\boldsymbol{x}^{(k)}\}$列表如表 4.2.2 所示。

表 4.2.2 高斯—塞德尔迭代法

k	0	1	2	3	4	5	6
x_1	0	2.5000	2.9773	3.0098	2.9998	2.9999	3.0000
x_2	0	2.0909	2.0289	1.9968	1.9997	2.0001	2.0000
x_3	0	1.2273	1.0041	0.9959	1.0002	1.0001	1.0000

可见高斯—塞德尔迭代法比雅可比迭代法收敛要快一些。

高斯—塞德尔迭代法的迭代公式如下:

$$x_i^{(k+1)}=\frac{1}{a_{ii}}\left(b_i-\sum_{j=1}^{i-1}a_{ij}x_j^{(k+1)}-\sum_{j=i+1}^{n}a_{ij}x_j^{(k)}\right),\quad i=1,2,\cdots,n;k=0,1,2,\cdots。$$

高斯—塞德尔迭代法的矩阵迭代形式为:由 $\boldsymbol{A}=\boldsymbol{L}+\boldsymbol{D}+\boldsymbol{U}$ 和 $\boldsymbol{Ax}=\boldsymbol{b}$ 得

$$\begin{aligned}(\boldsymbol{L}+\boldsymbol{D}+\boldsymbol{U})\boldsymbol{x}=\boldsymbol{b}\Rightarrow \boldsymbol{Dx}&=-\boldsymbol{Lx}-\boldsymbol{Ux}+\boldsymbol{b},\\ \boldsymbol{Dx}^{(k+1)}&=-\boldsymbol{Lx}^{(k+1)}-\boldsymbol{Ux}^{(k)}+\boldsymbol{b},\\ (\boldsymbol{D}+\boldsymbol{L})\boldsymbol{x}^{(k+1)}&=-\boldsymbol{Ux}^{(k)}+\boldsymbol{b},\\ \boldsymbol{x}^{(k+1)}&=-(\boldsymbol{D}+\boldsymbol{L})^{-1}\boldsymbol{Ux}^{(k)}+(\boldsymbol{D}+\boldsymbol{L})^{-1}\boldsymbol{b}。\end{aligned}$$

高斯—塞德尔迭代法的矩阵形式迭代公式为

$$\boldsymbol{x}^{(k+1)}=\boldsymbol{B}_s\boldsymbol{x}^{(k)}+\boldsymbol{f}_s,$$

其中 $\boldsymbol{B}_s=-(\boldsymbol{D}+\boldsymbol{L})^{-1}\boldsymbol{U}$,$\boldsymbol{f}_s=(\boldsymbol{D}+\boldsymbol{L})^{-1}\boldsymbol{b}$。

由数值实验可知，在一定的条件下，高斯—塞德尔迭代法比雅可比迭代法收敛的速度快。

高斯—塞德尔迭代法 MATLAB 程序如下：

```
% Gauss_Seidel.m
function x=Gauss_Seidel(A,b,x0,eps,N);n=length(b);x=ones(n,1);k=0;
while k<=N
    for i=1:n
        x(i)=(-A(i,[1:i-1])*x([1:i-1])-A(i,[i+1:n])*x0([i+1:n])+b(i))/A(i,i);
    end
    k=k+1;
    if norm(x-x0,inf)<eps,break;end
    x0=x;
end
if k>N
    warning('算法超出最大迭代次数!');
else
    disp(['迭代次数=',num2str(k)])
end
```

例 4.2.4 用高斯—塞德尔迭代法程序 Gauss_Seidel.m，求解例 4.2.2 的线性方程组。

解 编写如下 M 文件调用函数 Gauss_Seidel.m，并运行。

```
clc, clear all, format long
A=[10,-1,2,0;-1,11,-1,3;2,-1,10,-1;0,3,-1,8];b=[6;25;-11;15];x0=[0;0;0;0];
eps=1e-3;N=300;
x=Gauss_Seidel(A,b,x0,eps,N)
```

计算结果为

```
迭代次数=5
x= 1.000091280285995
   2.000021342246459
   -1.000031147183445
   0.999988103259647
```

4.2.3 逐次超松弛法

对于给定的迭代法，每步迭代所需的工作量是确定的。如果迭代法收敛速度缓慢，则需要比较多的迭代次数，由此导致算法计算量过大而失去使用价值，因此研究各种迭代法的加速技术具有重要意义。下面我们将介绍高斯—塞德尔方法的一种加速方法——逐次超松弛(successive over relaxation，SOR)方法，它是解大型稀疏线性方程组的有效方法之一。

假设 $\boldsymbol{x}^{(k+1)}$ 是已经得到的迭代值，用高斯—塞德尔方法得到其中间量 $\tilde{x}_i^{(k+1)}$：

$$\tilde{x}_i^{(k+1)}=\frac{1}{a_{ii}}\left(b_i-\sum_{j=1}^{i-1}a_{ij}x_j^{(k+1)}-\sum_{j=i+1}^{n}a_{ij}x_j^{(k)}\right),$$

改写为

$$x_i^{(k+1)}=x_i^{(k)}+\frac{1}{a_{ii}}\left(b_i-\sum_{j=1}^{i-1}a_{ij}x_j^{(k+1)}-\sum_{j=i}^{n}a_{ij}x_j^{(k)}\right)。$$

记 $\Delta x_i^{(k)}=x_i^{(k+1)}-x_i^{(k)}=\frac{1}{a_{ii}}\left(b_i-\sum_{j=1}^{i-1}a_{ij}x_j^{(k+1)}-\sum_{j=i}^{n}a_{ij}x_j^{(k)}\right)$，则

$$x_i^{(k+1)}=x_i^{(k)}+\Delta x_i^{(k)}=x_i^{(k)}+\frac{1}{a_{ii}}\left(b_i-\sum_{j=1}^{i-1}a_{ij}x_j^{(k+1)}-\sum_{j=i}^{n}a_{ij}x_j^{(k)}\right)。$$

为加快收敛，在增量 $\Delta x_i^{(k)}$ 前加一个因子 ω（称为松弛因子），得

$$\begin{aligned}x_i^{(k+1)}&=x_i^{(k)}+\omega\Delta x_i^{(k)}=x_i^{(k)}+\frac{\omega}{a_{ii}}\left(b_i-\sum_{j=1}^{i-1}a_{ij}x_j^{(k+1)}-\sum_{j=i}^{n}a_{ij}x_j^{(k)}\right)\\&=(1-\omega)x_i^{(k)}+\frac{\omega}{a_{ii}}\left(b_i-\sum_{j=1}^{i-1}a_{ij}x_j^{(k+1)}-\sum_{j=i+1}^{n}a_{ij}x_j^{(k)}\right)。\end{aligned}$$

称此迭代公式为逐次超松弛法（简称 SOR 方法）。

当 $0<\omega<1$ 时，称为低松弛法。

当 $\omega=1$ 时，就是高斯—塞德尔迭代法。

当 $1<\omega<2$ 时，称为超松弛法。

SOR 方法的矩阵形式为

$$\boldsymbol{D}\boldsymbol{x}^{(k+1)}=(1-\omega)\boldsymbol{D}\boldsymbol{x}^{(k)}+\omega(\boldsymbol{b}-\boldsymbol{L}\boldsymbol{x}^{(k+1)}-\boldsymbol{U}\boldsymbol{x}^{(k)}),$$

$$(\boldsymbol{D}+\omega\boldsymbol{L})\boldsymbol{x}^{(k+1)}=[(1-\omega)\boldsymbol{D}-\omega\boldsymbol{U}]\boldsymbol{x}^{(k)}+\omega\boldsymbol{b},$$

故 SOR 方法的矩阵形式迭代公式为

$$\boldsymbol{x}^{(k+1)}=\boldsymbol{B}_\omega\boldsymbol{x}^{(k)}+\boldsymbol{f}_\omega,$$

其中，$\boldsymbol{B}_\omega=(\boldsymbol{D}+\omega\boldsymbol{L})^{-1}[(1-\omega)\boldsymbol{D}-\omega\boldsymbol{U}]$，$\boldsymbol{f}_\omega=\omega(\boldsymbol{D}+\omega\boldsymbol{L})^{-1}\boldsymbol{b}$。

SOR 方法的 MATLAB 程序如下：

```
% SOR.m
function x=SOR(A,b,omega,x0,eps,N);n=length(x0);x=ones(n,1);k=0;
while k<=N
    for i=1:n
        x(i)=omega*(-A(i,1:i-1)*x(1:i-1)-A(i,i+1:n)*x0(i+1:n)+b(i))/A(i,i)+
(1-omega)*x0(i);
    end
    k=k+1;
    if norm(x-x0,inf)<eps,break;end
    x0=x;
end
if k>N
    Warning('算法超出最大迭代次数!');
else
    disp(['迭代次数=',num2str(k)])
    x
end
```

例 4.2.5 用 SOR 方法程序 SOR.m 和高斯—塞德尔迭代法程序解线性方程组

$$\begin{bmatrix} 5 & 1 & -1 & -2 \\ 2 & 8 & 1 & 3 \\ 1 & -2 & -4 & -1 \\ -1 & 3 & 2 & 7 \end{bmatrix}\begin{bmatrix} x_1 \\ x_2 \\ x_3 \\ x_4 \end{bmatrix}=\begin{bmatrix} -2 \\ -6 \\ 6 \\ 12 \end{bmatrix}。$$

取初始向量 $\boldsymbol{x}^{(0)}=[0,0,0,0]^{\mathrm{T}}$，$\omega=1.15$，$\varepsilon=10^{-5}$，$N=300$。

解 （1）编写如下 M 文件调用函数 SOR.m，并运行。

```
clc,  clear all,  format long
A=[5,1,-1,-2;2,8,1,3;1,-2,-4,-1;-1,3,2,7]; b=[-2;-6;6;12];
omega=1.15; x0=[0;0;0;0];eps=1e-5;N=300;
x=SOR(A,b,omega,x0,eps,N)
```

计算结果为

```
迭代次数=8
x= 0.999996315914706
  -1.99997375285969
  -1.000001113014060
  2.999999137630378
```

（2）编写如下 M 文件调用 Gauss-Seidel.m，并运行。

```
clc, clear all, format long
A=[5,1,-1,-2;2,8,1,3;1,-2,-4,-1;-1,3,2,7]; b=[-2;-6;6;12];
x0=[0;0;0;0];eps=1e-5;N=300;
x=Gauss_Seidel(A,b,x0,eps,N)
```

计算结果为

```
迭代次数=14
x =
  0.999996637507769
  -1.999997506074542
  -1.000001276738721
  2.999998815601262
```

达到同样的精度，高斯—塞德尔迭代法需要迭代 14 步。而取 $\omega=1.15$ 的 SOR 方法只需要迭代 8 步。可见，选择适当的松弛因子，SOR 方法收敛速度明显加快。

4.3 迭代法的收敛条件

在对本小节内容讨论之前，首先把第 3 章的两个结论引用如下，它在后面定理的讨论中将有重要的应用。

（1）$\rho(\boldsymbol{A})\leqslant\|\boldsymbol{A}\|$；

（2）$\lim\limits_{k\to\infty}\boldsymbol{A}^k=\boldsymbol{0}\Leftrightarrow\rho(\boldsymbol{A})<1$。

设$\lim\limits_{k\to\infty}\boldsymbol{x}^{(k)}=\boldsymbol{x}^*$，引进误差向量$\boldsymbol{\varepsilon}^{(k)}=\boldsymbol{x}^{(k)}-\boldsymbol{x}^*$，则

$$\boldsymbol{\varepsilon}^{(k+1)}=\boldsymbol{x}^{(k+1)}-\boldsymbol{x}^*=(\boldsymbol{B}\boldsymbol{x}^{(k)}+\boldsymbol{f})-(\boldsymbol{B}\boldsymbol{x}^*+\boldsymbol{f})=\boldsymbol{B}(\boldsymbol{x}^{(k)}-\boldsymbol{x}^*)=\boldsymbol{B}\boldsymbol{\varepsilon}^{(k)},$$

从而有$\boldsymbol{\varepsilon}^{(k)}=\boldsymbol{B}\boldsymbol{\varepsilon}^{(k-1)}=\cdots=\boldsymbol{B}^k\boldsymbol{\varepsilon}^{(0)}$。

基本定理 设迭代格式$\boldsymbol{x}^{(k+1)}=\boldsymbol{B}\boldsymbol{x}^{(k)}+\boldsymbol{f}$收敛，则

$$\lim_{k\to\infty}\boldsymbol{x}^{(k)}=\boldsymbol{x}^*\Leftrightarrow\lim_{k\to\infty}\boldsymbol{\varepsilon}^{(k)}=\boldsymbol{0}\Leftrightarrow\lim_{k\to\infty}\boldsymbol{B}^k=\boldsymbol{0}。$$

定理 4.3.1 对任意初始向量$\boldsymbol{x}^{(0)}$和$\boldsymbol{f}$，由$\boldsymbol{x}^{(k+1)}=\boldsymbol{B}\boldsymbol{x}^{(k)}+\boldsymbol{f}$产生的迭代序列$\{\boldsymbol{x}^{(k)}\}$收敛的充要条件是$\rho(\boldsymbol{B})<1$。

证 必要性和充分性由基本定理和上述两个结论容易证明。

定理 4.3.1 是充分必要条件，既可以判别迭代法收敛，也可以判别迭代法不收敛的情况。从基本定理和定理 4.3.1 可以看到，迭代法收敛与否与迭代矩阵$\boldsymbol{B}$的性态有关，与初始向量$\boldsymbol{x}^{(0)}$和右端向量$\boldsymbol{f}$无关。由于$\rho(\boldsymbol{B})$的计算常常比解线性方程组本身更困难，而由结论(1)又有$\rho(\boldsymbol{B})\leqslant\|\boldsymbol{B}\|$，所以当$\|\boldsymbol{B}\|<1$时，必有$\rho(\boldsymbol{B})<1$，于是有下述结论。

定理 4.3.2 若$\|\boldsymbol{B}\|<1$，则由迭代格式$\boldsymbol{x}^{(k+1)}=\boldsymbol{B}\boldsymbol{x}^{(k)}+\boldsymbol{f}$和任意初始向量$\boldsymbol{x}^{(0)}$产生的迭代序列$\{\boldsymbol{x}^{(k)}\}$收敛于准确解$\boldsymbol{x}^*$，且有误差估计：

(1) $\|\boldsymbol{x}^{(k)}-\boldsymbol{x}^*\|\leqslant\dfrac{\|\boldsymbol{B}\|}{1-\|\boldsymbol{B}\|}\|\boldsymbol{x}^{(k)}-\boldsymbol{x}^{(k-1)}\|$；

(2) $\|\boldsymbol{x}^{(k)}-\boldsymbol{x}^*\|\leqslant\dfrac{\|\boldsymbol{B}^k\|}{1-\|\boldsymbol{B}\|}\|\boldsymbol{x}^{(1)}-\boldsymbol{x}^{(0)}\|$。

定理 4.3.2 是迭代法收敛的充分条件，它只能判别收敛的情况，当$\|\boldsymbol{B}\|\geqslant1$时，不能由此断定迭代法不收敛。常用$\|\boldsymbol{B}\|_1<1$或$\|\boldsymbol{B}\|_\infty<1$判别迭代法收敛。常用定理 4.3.2 中的结论(1)来设置迭代终止的判别条件，即只要相邻两次的迭代结果之差达到误差精度时，迭代终止。由定理 4.3.2 中的结论(2)可知，$\|\boldsymbol{B}\|$的值越小，收敛就越快。在计算出$\boldsymbol{x}^{(1)}$后，结合精度要求，可以用$\|\boldsymbol{B}\|$的值来近似估计迭代的次数，不过这种估计偏保守，次数一般偏大。

例 4.3.1 判别例 4.2.1 的雅可比迭代法和高斯—塞德尔迭代法的收敛性。

$$\boldsymbol{A}=\begin{bmatrix}8&-3&2\\4&11&-1\\6&3&12\end{bmatrix}。$$

解

(1) $$\boldsymbol{B}_\mathrm{J}=-\boldsymbol{D}^{-1}(\boldsymbol{L}+\boldsymbol{U})=\begin{bmatrix}0&\dfrac{3}{8}&-\dfrac{2}{8}\\-\dfrac{4}{11}&0&\dfrac{1}{11}\\-\dfrac{6}{12}&-\dfrac{3}{12}&0\end{bmatrix},$$

$$\|\boldsymbol{B}_\mathrm{J}\|_\infty=\max\left\{\frac{5}{8},\frac{5}{11},\frac{9}{12}\right\}=\frac{9}{12}<1,$$

故雅可比迭代法收敛。

(2) $$\boldsymbol{B}_{\mathrm{S}}=-(\boldsymbol{D}+\boldsymbol{L})^{-1}\boldsymbol{U}=\begin{bmatrix}0 & \frac{3}{8} & -\frac{2}{8}\\ 0 & -\frac{3}{22} & \frac{2}{11}\\ 0 & -\frac{27}{176} & \frac{7}{88}\end{bmatrix},$$

$$\|\boldsymbol{B}_{\mathrm{S}}\|_{\infty}=\max\left\{\frac{5}{8},\frac{7}{22},\frac{41}{176}\right\}=\frac{5}{8}<1,$$

故高斯—塞德尔迭代法收敛。

由于 $\|\boldsymbol{B}_{\mathrm{S}}\|_{\infty}<\|\boldsymbol{B}_{\mathrm{J}}\|_{\infty}$，所以高斯—塞德尔迭代法比雅可比迭代法收敛快。

例 4.3.2 判别雅可比迭代法的收敛性，其中线性方程组为

$$\begin{bmatrix}3 & -1 & 0\\ 7 & 4 & 2\\ 0 & 3 & 1\end{bmatrix}\begin{bmatrix}x_1\\ x_2\\ x_3\end{bmatrix}=\begin{bmatrix}3\\ 5\\ 1\end{bmatrix}。$$

解

$$\boldsymbol{B}_{\mathrm{J}}=-\boldsymbol{D}^{-1}(\boldsymbol{L}+\boldsymbol{U})=\begin{bmatrix}0 & \frac{1}{3} & 0\\ -\frac{7}{4} & 0 & -\frac{1}{2}\\ 0 & -3 & 0\end{bmatrix},$$

$$\|\boldsymbol{B}_{\mathrm{J}}\|_{1}=\max\left\{\frac{7}{4},\frac{10}{3},\frac{1}{2}\right\}=\frac{10}{3}>1,\quad \|\boldsymbol{B}_{\mathrm{J}}\|_{\infty}=\max\left\{\frac{1}{3},\frac{9}{4},3\right\}=3>1。$$

但 $|\boldsymbol{B}_{\mathrm{J}}-\lambda\boldsymbol{I}|=-\lambda^3+\frac{11}{12}\lambda\Rightarrow\rho(\boldsymbol{B}_{\mathrm{J}})=\sqrt{\frac{11}{12}}<1$，故雅可比迭代法收敛。

前面主要讨论了如何利用迭代矩阵判别迭代法的收敛性。在应用中，对某些特殊的系数矩阵，可以直接根据系数矩阵的特点判定迭代法的收敛性。现讨论如下。

定义 4.3.1 若矩阵 $\boldsymbol{A}=(a_{ij})_{n\times n}$ 满足

$$|a_{ii}|\geqslant\sum_{\substack{j=1\\ j\neq i}}^{n}|a_{ij}|,\quad i=1,2,\cdots,n,$$

且至少成立一个严格不等式，则称 $\boldsymbol{A}$ 是对角占优的。

定义 4.3.2 若矩阵 $\boldsymbol{A}=(a_{ij})_{n\times n}$ 满足

$$|a_{ii}|>\sum_{\substack{j=1\\ j\neq i}}^{n}|a_{ij}|,\quad i=1,2,\cdots,n,$$

则称 $\boldsymbol{A}$ 是严格对角占优的。

定义 4.3.3 若矩阵 $\boldsymbol{A}$ 通过行交换和相应的列交换，能够变成

$$\begin{pmatrix}\boldsymbol{A}_{11} & \boldsymbol{A}_{12}\\ \boldsymbol{0} & \boldsymbol{A}_{22}\end{pmatrix}$$

的形式，其中 $\boldsymbol{A}_{11}$ 和 $\boldsymbol{A}_{22}$ 为方阵，则称 $\boldsymbol{A}$ 是可约的，否则称 $\boldsymbol{A}$ 是不可约的。

定理 4.3.3 (1) 若矩阵 $\boldsymbol{A}$ 严格对角占优，则 $\boldsymbol{A}$ 非奇异。

(2) 若 $\boldsymbol{A}$ 不可约，且具有对角占优，则 $\boldsymbol{A}$ 非奇异。

定理 4.3.4 若 $\boldsymbol{A}$ 是严格对角占优或 $\boldsymbol{A}$ 是不可约对角占优，则解线性方程组 $\boldsymbol{Ax}=\boldsymbol{b}$ 的雅可比迭代法和高斯—塞德尔迭代法均收敛。

例 4.3.3 对线性方程组

$$\begin{cases}8x_1-3x_2+2x_3=20,\\4x_1+11x_2-x_3=33,\\6x_1+3x_2+12x_3=36,\end{cases}$$

判断迭代法的收敛性。

解 由于其系数矩阵 $\boldsymbol{A}=\begin{bmatrix}8&-3&2\\4&11&-1\\6&3&12\end{bmatrix}$ 是严格对角占优的。故用于该线性方程组的雅可比迭代法和高斯—塞德尔迭代法均收敛。

定理 4.3.5 SOR 方法收敛的必要条件是 $0<\omega<2$。

证明 设迭代矩阵 $\boldsymbol{B}_\omega$ 的特征值为 $\lambda_1,\lambda_2,\cdots,\lambda_n$，则

$$|\det\boldsymbol{B}_\omega|=|\lambda_1\lambda_2\cdots\lambda_n|\leqslant[\rho(\boldsymbol{B}_\omega)]^n,$$

如果 SOR 方法收敛，则有

$$|\det\boldsymbol{B}_\omega|^{\frac{1}{n}}\leqslant\rho(\boldsymbol{B}_\omega)<1。$$

而

$$\begin{aligned}\det\boldsymbol{B}_\omega&=\det(\boldsymbol{D}+\omega\boldsymbol{L})^{-1}\det[(1-\omega)\boldsymbol{D}-\omega\boldsymbol{U}]\\&=\frac{(1-\omega)^n a_{11}a_{22}\cdots a_{nn}}{a_{11}a_{22}\cdots a_{nn}}=(1-\omega)^n,\end{aligned}$$

所以 $|1-\omega|<1\Rightarrow 0<\omega<2$。

由定理 4.3.5 的证明可知，松弛因子 ω 的选取将影响 $\rho(\boldsymbol{B}_\omega)$ 的大小。使 $\rho(\boldsymbol{B}_\omega)$ 最小的 ω 值称为最佳松弛因子，记为 ω_{opt}。ω_{opt} 的选取是一个相当复杂和困难的问题，目前还没有完善的方法，只是针对一些特殊矩阵有部分结果。

定理 4.3.6 若 $\boldsymbol{A}$ 是对称正定矩阵，且是三对角阵，则最佳松弛因子为

$$\omega_{\text{opt}}=\frac{2}{1+\sqrt{1-[\rho(\boldsymbol{B}_{\text{J}})]^2}},$$

其中 $\boldsymbol{B}_{\text{J}}$ 是雅可比迭代法的迭代矩阵。

应用中常采取试算方法来确定最佳松弛因子，加速收敛的效果也随问题而有所改变。对有的问题，可加速很多倍，对有的问题则加速不明显。

定理 4.3.7 如果 $\boldsymbol{A}$ 是实对称正定矩阵，且 $0<\omega<2$，则 SOR 方法收敛。

由定理 4.3.7 的结论，若 $\boldsymbol{A}$ 是实对称正定矩阵，则高斯—塞德尔方法收敛。而无法从系数矩阵 $\boldsymbol{A}$ 直接判定雅可比迭代法的敛散性，即此时雅可比迭代法不一定收敛。

定理 4.3.8 如果 $\boldsymbol{A}$ 是严格对角占优矩阵，则当 $0<\omega\leqslant1$ 时 SOR 方法收敛。

例 4.3.4 若线性方程组的系数矩阵为

$$\boldsymbol{A}=\begin{bmatrix}4&2&1\\2&2&1\\1&1&1\end{bmatrix},$$

试判断它对各种迭代法的收敛性。

解 $\boldsymbol{A}$ 对称，且 $4>0$，$\begin{vmatrix}4&2\\2&2\end{vmatrix}=4>0$，$\begin{vmatrix}4&2&1\\2&2&1\\1&1&1\end{vmatrix}=2>0$，故 $\boldsymbol{A}$ 对称正定。所以高斯—塞德尔迭代法及 SOR 方法($0<\omega<2$)都收敛，但 $\boldsymbol{A}$ 不是对角占优阵，就无法判断雅可比迭代法的收敛性，只有用迭代矩阵 $\boldsymbol{B}_{\mathrm{J}}$ 的谱半径判定。

$$\boldsymbol{B}_{\mathrm{J}}=\begin{bmatrix}0&-0.5&-0.25\\-1&0&-0.5\\-1&-1&0\end{bmatrix},\quad |\lambda\boldsymbol{I}-\boldsymbol{B}_{\mathrm{J}}|=\begin{vmatrix}\lambda&0.5&0.25\\1&\lambda&0.5\\1&1&\lambda\end{vmatrix}=\lambda^3-1.25\lambda+0.5=0,$$

$$\lambda_1=0.5,\lambda_{2,3}=\frac{-1\pm\sqrt{17}}{4},\quad \rho(\boldsymbol{B}_{\mathrm{J}})=\left|\frac{-1-\sqrt{17}}{4}\right|=1.2808>1,$$

所以对雅可比迭代法不收敛。

例 4.3.5 设有线性方程组

$$\begin{cases}x_1+2x_2=-1,\\3x_1+x_2=2。\end{cases}$$

判别其雅可比迭代法和高斯—塞德尔迭代法的收敛性。

解 $\boldsymbol{B}_{\mathrm{J}}=\begin{bmatrix}0&-2\\-3&0\end{bmatrix}$，$\boldsymbol{B}_{\mathrm{S}}=\begin{bmatrix}0&-2\\0&6\end{bmatrix}$，$\rho(\boldsymbol{B}_{\mathrm{J}})=\sqrt{6}>1$，$\rho(\boldsymbol{B}_{\mathrm{S}})=6>1$。

所以，解此方程组的雅可比迭代法和高斯—塞德尔迭代法均不收敛。但交换线性方程组中两个方程的顺序得

$$\begin{cases}3x_1+x_2=2,\\x_1+2x_2=-1。\end{cases}$$

此方程组的系数矩阵为

$$\begin{bmatrix}3&1\\1&2\end{bmatrix},$$

这是严格对角占优的矩阵，所以解新方程组的雅可比迭代法和高斯—塞德尔迭代法均收敛。

4.4 小　　结

一般来说，对于大型稀疏线性方程组的求解，主要以迭代法为主。关于简单迭代法的收敛性，有的简单迭代对任意初始向量收敛，而有的简单迭代则对任意初始向量(解向量除外)都不收敛。

简单迭代法收敛的快慢，本质上依赖于迭代矩阵谱半径 $\rho(\boldsymbol{B})$ 的大小。当 $\rho(\boldsymbol{B})$ 小于 1 时，其值越小，收敛越快；当 $\rho(\boldsymbol{B})$ 等于 0 时，简单迭代理论上经有限步运算即可得到精确解。

在迭代法的收敛性条件中，有的是充要条件，有的是充分条件。一般来说，用充分条件判断收敛性比较简单，但充分条件不满足时不能断定迭代就一定不收敛，这时应转而考虑使用充要条件来判断。本章所介绍的充要条件主要是谱半径 $\rho(\boldsymbol{B})<1$，它的使用难点在于，求迭代矩阵 $\boldsymbol{B}$ 的特征值一般比较困难。

在常用的三个迭代法(雅可比，高斯—塞德尔，SOR)中，很难说哪一个方法一定最好，

高斯—塞德尔迭代法常常比雅可比迭代法收敛快，但并不是任何时候高斯—塞德尔迭代都比雅可比迭代收敛快，甚至有雅可比迭代收敛而高斯—塞德尔迭代不收敛的例子。当松弛因子 ω 取适当值时，SOR 方法收敛很快，否则可能收敛很慢。在实际计算中可通过前边若干步的试算，确定最佳松弛因子 ω_{opt} 的一个近似值 ω_{opt}^* 来进行迭代。

除了本章介绍的三种基本的迭代法以外，还有分块迭代法、共轭梯度法等。这方面的详细内容，读者可以去阅读相关文献，丰富知识，拓展视野。

4.5　习　　题

1. 设有线性方程组

$$\begin{cases} 5x_1+2x_2+x_3=-12, \\ -x_1+4x_2+2x_3=20, \\ 2x_1-3x_2+10x_3=3。\end{cases}$$

(1) 证明解此方程组的雅可比迭代法与高斯—塞德尔迭代法对任意初始向量都收敛；

(2) 取初始向量 $\boldsymbol{x}^{(0)}=(-3,1,1)^{\mathrm{T}}$，分别用雅可比迭代法与高斯—塞德尔迭代法求解该方程组，要求 $\|\boldsymbol{x}^{(k+1)}-\boldsymbol{x}^{(k)}\|_\infty \leqslant 10^{-3}$。

2. 取 $\omega=0.8$，初始向量 $\boldsymbol{x}^{(0)}=(0,0,0)^{\mathrm{T}}$，用 SOR 方法解线性方程组

$$\begin{bmatrix} 4 & -1 & 0 \\ -1 & 4 & -1 \\ 0 & -1 & 4 \end{bmatrix}\begin{bmatrix} x_1 \\ x_2 \\ x_3 \end{bmatrix}=\begin{bmatrix} 1 \\ 4 \\ -3 \end{bmatrix},$$

要求 $\|\boldsymbol{x}^{(k+1)}-\boldsymbol{x}^{(k)}\|_\infty \leqslant 10^{-4}$。

3. 设有线性方程组

$$\begin{cases} x_1+2x_2-2x_3=-3, \\ x_1+x_2+x_3=1, \\ 2x_1+2x_2+x_3=1。\end{cases}$$

证明解此方程组的雅可比迭代法对任意初始向量 $\boldsymbol{x}^{(0)}$ 收敛，而高斯—塞德尔迭代法不是对任意 $\boldsymbol{x}^{(0)}$ 收敛。并取 $\boldsymbol{x}^{(0)}=(0,0,0)^{\mathrm{T}}$，用雅可比迭代法进行求解，要求 $\|\boldsymbol{x}^{(k+1)}-\boldsymbol{x}^{(k)}\|_\infty \leqslant 10^{-5}$。

4. 设有线性方程组

$$\begin{bmatrix} 2 & -1 & 1 \\ 1 & 1 & 1 \\ 1 & 1 & -2 \end{bmatrix}\begin{bmatrix} x_1 \\ x_2 \\ x_3 \end{bmatrix}=\begin{bmatrix} 3 \\ 2 \\ -1 \end{bmatrix}。$$

证明雅可比迭代法求解此方程组不是对任意初始向量都收敛，而高斯—塞德尔迭代法对任意初始向量都收敛。

5. 设 $\boldsymbol{B}\in\mathbb{R}^{n\times n}$，$\lambda_i(i=1,2,\cdots,n)$ 是 $\boldsymbol{B}$ 的特征值。试证：如果 $|\lambda_i|>1, i=1,2,\cdots,n$，则简单迭代格式

$$\boldsymbol{x}^{(k+1)}=\boldsymbol{B}\boldsymbol{x}^{(k)}+\boldsymbol{g}, \quad k=0,1,2,\cdots$$

对任意初始向量 $\boldsymbol{x}^{(0)}$（解向量除外）都不收敛。

6. 设 $\boldsymbol{A},\boldsymbol{B}\in\mathbb{R}^{n\times n}$，$\boldsymbol{A}$ 非奇异，考虑线性方程组

$$\begin{cases}\boldsymbol{Ax}+\boldsymbol{By}=\boldsymbol{b}_1\\\boldsymbol{Bx}+\boldsymbol{Ay}=\boldsymbol{b}_2\end{cases}$$

其中 $\boldsymbol{b}_1,\boldsymbol{b}_2\in\mathbb{R}^n$ 是已知向量，$\boldsymbol{x},\boldsymbol{y}\in\mathbb{R}^n$ 是待求向量。

(1) 导出下述迭代格式对任意初始向量 $\boldsymbol{x}^{(0)}$ 和 $\boldsymbol{y}^{(0)}$ 都收敛的充要条件

$$\begin{cases}\boldsymbol{Ax}^{(k+1)}=-\boldsymbol{By}^{(k)}+\boldsymbol{b}_1,\\\boldsymbol{Ay}^{(k+1)}=-\boldsymbol{Bx}^{(k)}+\boldsymbol{b}_2,\end{cases}\quad k=0,1,2,\cdots;$$

(2) 导出下述迭代格式对任意初始向量 $\boldsymbol{x}^{(0)}$ 和 $\boldsymbol{y}^{(0)}$ 都收敛的充要条件

$$\begin{cases}\boldsymbol{Ax}^{(k+1)}=-\boldsymbol{By}^{(k)}+\boldsymbol{b}_1,\\\boldsymbol{Ay}^{(k+1)}=-\boldsymbol{Bx}^{(k+1)}+\boldsymbol{b}_2,\end{cases}\quad k=0,1,2,\cdots;$$

(3) 比较上面两种迭代的收敛速度。

4.6 数值实验题

1. 分别取松弛因子 0.5,1,1.7，用 SOR 方法求解如下 50 阶线性方程组：

$$\begin{bmatrix}5&-1&-1&&&&\\-1&5&-1&-1&&&\\-1&-1&5&-1&-1&&\\&\ddots&\ddots&\ddots&\ddots&\ddots&\\&&-1&-1&5&-1&-1\\&&&-1&-1&5&-1\\&&&&-1&-1&5\end{bmatrix}\begin{bmatrix}x_1\\x_2\\x_3\\\vdots\\x_{48}\\x_{49}\\x_{50}\end{bmatrix}=\begin{bmatrix}1\\2\\2\\\vdots\\2\\2\\1\end{bmatrix}。$$

当 $\|\boldsymbol{x}^{(k+1)}-\boldsymbol{x}^{(k)}\|_\infty\leqslant10^{-4}$ 时停止迭代，并比较三种情况下满足精度要求的迭代次数。

2. 在船舶结构和航空结构中广泛出现弹性薄板的弯曲问题。设有边长为 a 抗弯刚度为 D 的周边固支的正方形薄板(如图 4.6.1 所示)，该板承受着横向均布载荷 q。对薄板作 $h=\frac{1}{20}a$ 的正方形网格剖分($i,j=0,1,\cdots,20$)。当 $a=2,q=5,D=2\times10^6$ 时(略去单位)，试用差分法求各节点(x_i,y_j)处挠度 ω 的近似值 $\omega_{ij}(i,j=1,2,\cdots,19)$。

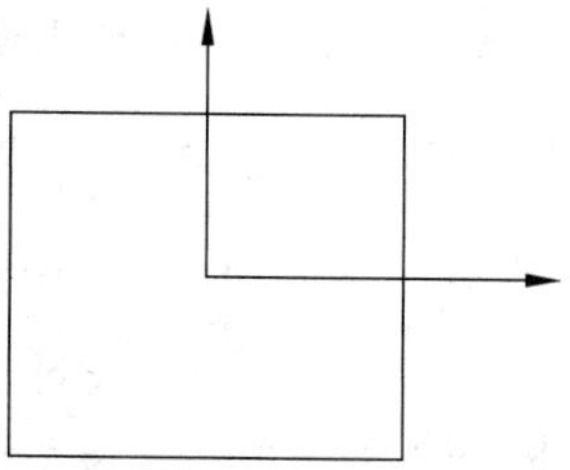

图 4.6.1

提示：(1) 如图 4.6.1 建立直角坐标系。挠度函数(位移函数)$\omega=\omega(x,y)$满足的微分方程为双调和方程

$$\nabla^2\omega=-\frac{q}{D},\quad -1<x,y<1,$$

其中 $\nabla^2=\dfrac{\partial^2}{\partial x^2}+\dfrac{\partial^2}{\partial y^2}$ 为拉普拉斯算子。由于薄板的四边是固定支撑状态，因而有边界条件

$$\omega=0,\quad \frac{\partial\omega}{\partial x}=\frac{\partial\omega}{\partial y}=0,\quad x=\pm1,y=\pm1,$$

即在边界上各点的挠度和转角均为零。

(2) 用差分法将微分方程和转角边界条件在节点离散化，其中一阶、二阶导数的近似可使用如下数值微分公式

$$f'(x_i) \approx \frac{1}{2h}[f(x_{i+1}) - f(x_{i-1})],$$

$$f''(x_i) \approx \frac{1}{h^2}[f(x_{i-1}) - 2f(x_i) + f(x_{i+1})]。$$

(3) 根据对称性，可取板的$\frac{1}{4}$部分进行研究。

应用案例：薄板的热传导

考虑一个薄铁板的热传导问题。假设其热传导过程已经达到稳态，因此在均匀的网格点上，各点的温度可以近似看为该点上下左右 4 个点的温度的平均值。设该平板周边节点处的温度如应图 4.1 所示(数字的单位为℃)。试确定该铁板中央 9 个点处的近似温度 T_{ij}。

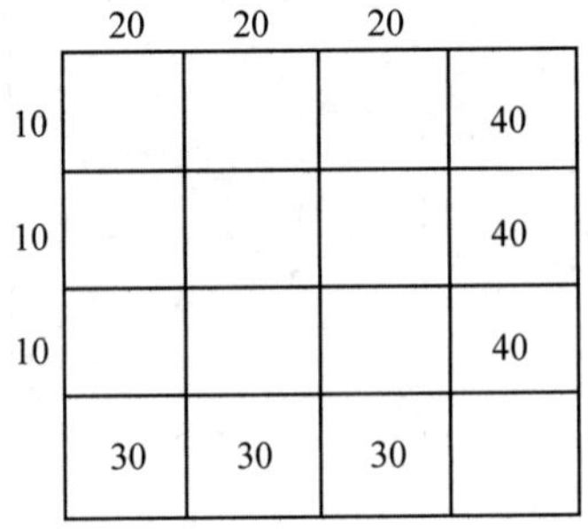

应图 4.1

解 依据题意可列出温度 T_{ij} 所满足的线性方程组

$$\begin{cases} T_{ij} = \dfrac{1}{4}(T_{i-1,j} + T_{i+1,j} + T_{i,j-1} + T_{i,j+1}), & i,j=1,2,3; \\ T_{i,0}=10, \quad T_{i,4}=40, & i=1,2,3; \\ T_{0,j}=30, \quad T_{4,j}=20, & j=1,2,3。\end{cases}$$

这是一个 9 元稀疏线性方程组，用高斯—塞德尔迭代法求解，取初始向量

$$\boldsymbol{T}^{(0)} = (10,10,10,10,10,10,10,10,10)^{\mathrm{T}},$$

迭代误差限 $\varepsilon=0.001$。经 15 步迭代，满足误差要求的近似温度为

$$T_{11}=17.320, \quad T_{12}=21.784, \quad T_{13}=27.321,$$

$$T_{21}=17.499, \quad T_{22}=22.499, \quad T_{23}=27.499,$$

$$T_{31}=20.178, \quad T_{32}=23.213, \quad T_{33}=20.178。$$

第5章

方阵特征值和特征向量

对于 n 阶方阵 $\boldsymbol{A}$，若存在常数 λ 和 n 维非零向量 $\boldsymbol{x}$，满足

$$\boldsymbol{A}\boldsymbol{x}=\lambda\boldsymbol{x},$$

则称 λ 为矩阵 $\boldsymbol{A}$ 的一个特征值，称 $\boldsymbol{x}$ 为矩阵 $\boldsymbol{A}$ 对应于特征值 λ 的特征向量。在线性代数中，若 λ 是 $\boldsymbol{A}$ 的特征值，则有

$$\det(\lambda\boldsymbol{I}-\boldsymbol{A})=0,$$

称为矩阵 $\boldsymbol{A}$ 的特征方程，故特征值也称为特征根。特征值具有唯一性，特征向量不唯一，若 $\boldsymbol{x}$ 是特征向量，则对任意非零实数 k，$k\boldsymbol{x}$ 也是特征向量。当 n 较大时，要求一个方阵的行列式计算量很大，而且求特征方程的根也相当困难。因此，本章将讨论近似求解矩阵特征值及特征向量的数值方法。为便于后文应用方便，先引入三个定理。

定理 5.0.1 若 $\lambda_1,\lambda_2,\cdots,\lambda_n$ 是 $\boldsymbol{A}$ 的特征值，$p(x)$ 是 x 的某一多项式，则矩阵 $p(\boldsymbol{A})$ 的特征值为 $p(\lambda_1),p(\lambda_2),\cdots,p(\lambda_n)$，特别地：

(1) $\boldsymbol{A}^k$ 的特征值为 $\lambda_1^k,\lambda_2^k,\cdots,\lambda_n^k$，

(2) 若 $\boldsymbol{A}$ 可逆，则 $\lambda_1\lambda_2\cdots\lambda_n\neq 0$，且 $\dfrac{1}{\lambda_1},\dfrac{1}{\lambda_2},\cdots,\dfrac{1}{\lambda_n}$ 是 $\boldsymbol{A}^{-1}$ 的特征值，而相应的特征向量不变。

定理 5.0.2 若存在矩阵 $\boldsymbol{P}$ 满足 $|\boldsymbol{P}|\neq 0$，$\boldsymbol{B}=\boldsymbol{P}^{-1}\boldsymbol{A}\boldsymbol{P}$，称 $\boldsymbol{A}$，$\boldsymbol{B}$ 相似，相似矩阵具有相同的特征值。

定理 5.0.3 若 $\boldsymbol{A}$ 为实对称矩阵，则 $\boldsymbol{A}$ 的所有特征值均为实数，不同特征值对应的特征向量正交，且存在正交矩阵 $\boldsymbol{Q}$，使

$$\boldsymbol{Q}^{\mathrm{T}}\boldsymbol{A}\boldsymbol{Q}=\mathrm{diag}(\lambda_1,\lambda_2,\cdots,\lambda_n),$$

其中 $\boldsymbol{Q}$ 的第 j 列是 λ_j 所对应的特征向量，且 $\boldsymbol{Q}^{\mathrm{T}}\boldsymbol{Q}=\boldsymbol{I}$。

5.1 幂法与反幂法

5.1.1 幂法

幂法主要用于求矩阵按模最大的特征值（称为主特征值）和相应的特征向量。

定理 5.1.1 设矩阵 $\boldsymbol{A}$ 具有 n 个线性无关的特征向量 $\boldsymbol{x}_1,\boldsymbol{x}_2,\cdots,\boldsymbol{x}_n$，其相应的特征值 $\lambda_1,\lambda_2,\cdots,\lambda_n$ 满足 $|\lambda_1|>|\lambda_2|\geqslant|\lambda_3|\geqslant\cdots\geqslant|\lambda_n|$，则对任取的一初始非零向量 $\boldsymbol{v}_0$ 由

$$\boldsymbol{v}_k=\boldsymbol{A}\boldsymbol{v}_{k-1}=\cdots=\boldsymbol{A}^k\boldsymbol{v}_0,\quad k=1,2,\cdots$$

产生的向量序列 $\{\boldsymbol{v}_k\}$ 满足：

(1) $\lim\limits_{k\to\infty}\dfrac{\boldsymbol{v}_k}{\lambda_1^k}=a_1\boldsymbol{x}_1$,

(2) $\lim\limits_{k\to\infty}\dfrac{(\boldsymbol{v}_{k+1})_m}{(\boldsymbol{v}_k)_m}=\lambda_1$,

其中 $\boldsymbol{x}_i$ 是 λ_i 所对应的特征向量,$(\boldsymbol{v}_k)_m$ 表示 $\boldsymbol{v}_k$ 的第 m 个分量。

证明 由于 $\boldsymbol{x}_1,\boldsymbol{x}_2,\cdots,\boldsymbol{x}_n$ 线性无关,故 n 维向量 $\boldsymbol{v}_0$ 必可由它们线性表示,设

$$\boldsymbol{v}_0=a_1\boldsymbol{x}_1+a_2\boldsymbol{x}_2+\cdots+a_n\boldsymbol{x}_n,\quad a_1\neq 0,$$

$$\begin{aligned}\boldsymbol{v}_k=\boldsymbol{A}^k\boldsymbol{v}_0&=a_1\boldsymbol{A}^k\boldsymbol{x}_1+a_2\boldsymbol{A}^k\boldsymbol{x}_2+\cdots+a_n\boldsymbol{A}^k\boldsymbol{x}_n\\&=a_1\lambda_1^k\boldsymbol{x}_1+a_2\lambda_2^k\boldsymbol{x}_2+\cdots+a_n\lambda_n^k\boldsymbol{x}_n\\&=\lambda_1^k\left[a_1\boldsymbol{x}_1+a_2\left(\frac{\lambda_2}{\lambda_1}\right)^k\boldsymbol{x}_2+\cdots+a_n\left(\frac{\lambda_n}{\lambda_1}\right)^k\boldsymbol{x}_n\right]。\end{aligned}$$

由 $a_1\neq0$,而当 k 充分大时有 $\left|\dfrac{\lambda_2}{\lambda_1}\right|<1,\cdots,\left|\dfrac{\lambda_n}{\lambda_1}\right|<1$,故

$$\lim_{k\to\infty}\frac{\boldsymbol{v}_k}{\lambda_1^k}=\lim_{k\to\infty}\frac{\lambda_1^k\left[a_1\boldsymbol{x}_1+\sum\limits_{i=2}^{n}a_i\left(\dfrac{\lambda_i}{\lambda_1}\right)^k\boldsymbol{x}_i\right]}{\lambda_1^k}=\lim_{k\to\infty}\left[a_1\boldsymbol{x}_1+\sum_{i=2}^{n}a_i\left(\frac{\lambda_i}{\lambda_1}\right)^k\boldsymbol{x}_i\right]=a_1\boldsymbol{x}_1,$$

$$\lim_{k\to\infty}\frac{(\boldsymbol{v}_{k+1})_m}{(\boldsymbol{v}_k)_m}=\lim_{k\to\infty}\frac{\left\{\lambda_1^{k+1}\left[a_1\boldsymbol{x}_1+\sum\limits_{i=2}^{n}a_i\left(\dfrac{\lambda_i}{\lambda_1}\right)^{k+1}\boldsymbol{x}_i\right]\right\}_m}{\left\{\lambda_1^{k}\left[a_1\boldsymbol{x}_1+\sum\limits_{i=2}^{n}a_i\left(\dfrac{\lambda_i}{\lambda_1}\right)^{k}\boldsymbol{x}_i\right]\right\}_m}=\lambda_1\frac{(a_1\boldsymbol{x}_1)_m}{(a_1\boldsymbol{x}_1)_m}=\lambda_1。$$

定理结论(1)的收敛速度由比值 $\left|\dfrac{\lambda_2}{\lambda_1}\right|$ 确定,比值越小收敛速度就越快,比值越接近于 1,收敛速度就越慢。

当矩阵的按模最大特征值是重根时,定理的结论仍然成立。

设 λ_1 为 r 重根,$\lambda_1=\lambda_2=\cdots=\lambda_r$,且 $|\lambda_r|>|\lambda_{r+1}|\geqslant\cdots\geqslant|\lambda_n|$,则

$$\boldsymbol{v}_k=\boldsymbol{A}^k\boldsymbol{v}_0=\lambda_1^k\left[\sum_{i=1}^{r}a_i\boldsymbol{x}_i+\sum_{j=r+1}^{n}a_j\left(\frac{\lambda_j}{\lambda_1}\right)^k\boldsymbol{x}_j\right],$$

$$\lim_{k\to\infty}\frac{\boldsymbol{v}_k}{\lambda_1^k}=\lim_{k\to\infty}\frac{\lambda_1^k\left[\sum\limits_{i=1}^{r}a_i\boldsymbol{x}_i+\sum\limits_{j=r+1}^{n}a_j\left(\dfrac{\lambda_j}{\lambda_1}\right)^k\boldsymbol{x}_j\right]}{\lambda_1^k}=\sum_{i=1}^{r}a_i\boldsymbol{x}_i,$$

$$\lim_{k\to\infty}\frac{(\boldsymbol{v}_{k+1})_m}{(\boldsymbol{v}_k)_m}=\lim_{k\to\infty}\frac{\left\{\lambda_1^{k+1}\left[\sum\limits_{i=1}^{r}a_i\boldsymbol{x}_i+\sum\limits_{j=r+1}^{n}a_j\left(\dfrac{\lambda_j}{\lambda_1}\right)^{k+1}\boldsymbol{x}_j\right]\right\}_m}{\left\{\lambda_1^{k}\left[\sum\limits_{i=1}^{r}a_i\boldsymbol{x}_i+\sum\limits_{j=r+1}^{n}a_j\left(\dfrac{\lambda_j}{\lambda_1}\right)^{k}\boldsymbol{x}_j\right]\right\}_m}=\lambda_1\frac{\left[\sum\limits_{i=1}^{r}a_i\boldsymbol{x}_i\right]_m}{\left[\sum\limits_{i=1}^{r}a_i\boldsymbol{x}_i\right]_m}=\lambda_1。$$

在定理的证明中,需要假设 $a_1\neq0$,但实际应用中选择 $\boldsymbol{v}_0$ 时判断此条件较为不方便。但这不影响由幂法产生的向量序列的收敛性,因为若选择的 $\boldsymbol{v}_0$ 即使有 $a_1=0$,由于计算误差的影响,将会使在迭代在某一步会产生的 $\boldsymbol{v}_k$,它在 $\boldsymbol{x}_1$ 方向上的分量不为零,以后的迭代仍会收敛。

在定理的证明中,我们假设 $\boldsymbol{A}$ 具有 n 个线性无关的特征向量,当 $\boldsymbol{A}$ 不具有 n 个线性无关的特征向量时,幂法不适用,但事前判断这一点较为困难。所以在应用幂法时,如发现不

收敛或收敛很慢时，则需考虑可能出现了此种情况，需改变初始值重新计算或用其他方法求解。

实际运算时有$\lim\limits_{k\to\infty}\boldsymbol{v}_k=\lim\limits_{k\to\infty}\left[(\lambda_1)^k a_1\boldsymbol{x}_1+\sum\limits_{i=2}^{n}(\lambda_i)^k a_i\boldsymbol{x}_i\right]$，可以看出，当$|\lambda_1|>1$时，迭代向量$\{\boldsymbol{v}_k\}$的表达式$\boldsymbol{v}_k=(\lambda_1)^\beta a_1\boldsymbol{x}_1+\sum\limits_{i=2}^{n}(\lambda_i)^k a_i\boldsymbol{x}_i$中的第一项将随着$|\lambda_1|^k$变得很大而发散。当$|\lambda_1|<1$时，迭代向量$\{\boldsymbol{v}_k\}$的表达式中的各项将随着$|\lambda_1|^k$变得很小，$\boldsymbol{v}_k$成为零向量。为克服此弊端，确保实际运算中极限存在且非零，需要在每一步迭代时进行"归一化"处理，就得到改进的幂法。

5.1.2 改进的幂法

设$\boldsymbol{v}$为非零向量，将其规范化得到向量$\boldsymbol{u}=\dfrac{\boldsymbol{v}}{\max(\boldsymbol{v})}$，其中$\max(\boldsymbol{v})$表示向量$\boldsymbol{v}$的绝对值（或模）为最大的分量值，即为向量$\boldsymbol{v}$的$\infty$-范数。因此有计算公式。

$$\boldsymbol{u}_0=\frac{\boldsymbol{v}_0}{\max(\boldsymbol{v}_0)},$$

$$\boldsymbol{v}_1=\boldsymbol{A}\boldsymbol{u}_0=\frac{\boldsymbol{A}\boldsymbol{v}_0}{\max(\boldsymbol{v}_0)},\quad \boldsymbol{u}_1=\frac{\boldsymbol{v}_1}{\max(\boldsymbol{v}_1)}=\frac{\boldsymbol{A}\boldsymbol{v}_0}{\max(\boldsymbol{A}\boldsymbol{v}_0)};$$

$$\boldsymbol{v}_2=\boldsymbol{A}\boldsymbol{u}_1=\frac{\boldsymbol{A}^2\boldsymbol{v}_0}{\max(\boldsymbol{A}\boldsymbol{v}_0)},\quad \boldsymbol{u}_2=\frac{\boldsymbol{v}_2}{\max(\boldsymbol{v}_2)}=\frac{\boldsymbol{A}^2\boldsymbol{v}_0}{\max(\boldsymbol{A}^2\boldsymbol{v}_0)};$$

$$\vdots \qquad\qquad \vdots$$

$$\boldsymbol{v}_k=\boldsymbol{A}\boldsymbol{u}_{k-1}=\frac{\boldsymbol{A}^k\boldsymbol{v}_0}{\max(\boldsymbol{A}^{k-1}\boldsymbol{v}_0)},\quad \boldsymbol{u}_k=\frac{\boldsymbol{v}_k}{\max(\boldsymbol{v}_k)}=\frac{\boldsymbol{A}^k\boldsymbol{v}_0}{\max(\boldsymbol{A}^k\boldsymbol{v}_0)}。$$

因此有

$$\lim_{k\to\infty}\boldsymbol{v}_k=\lim_{k\to\infty}\frac{\lambda_1^k\left[a_1\boldsymbol{x}_1+\sum\limits_{i=2}^{n}a_i\left(\dfrac{\lambda_i}{\lambda_1}\right)^k\boldsymbol{x}_i\right]}{\max\left\{\lambda_1^{k-1}\left[a_1\boldsymbol{x}_1+\sum\limits_{i=2}^{n}a_i\left(\dfrac{\lambda_i}{\lambda_1}\right)^{k-1}\boldsymbol{x}_i\right]\right\}}=\frac{\lambda_1\boldsymbol{x}_1}{\max(\boldsymbol{x}_1)},$$

$$\lim_{k\to\infty}\max(\boldsymbol{v}_k)=\lambda_1,$$

$$\lim_{k\to\infty}\boldsymbol{u}_k=\lim_{k\to\infty}\frac{\lambda_1^k\left[a_1\boldsymbol{x}_1+\sum\limits_{i=2}^{n}a_i\left(\dfrac{\lambda_i}{\lambda_1}\right)^k\boldsymbol{x}_i\right]}{\max\left\{\lambda_1^k\left[a_1\boldsymbol{x}_1+\sum\limits_{i=2}^{n}a_i\left(\dfrac{\lambda_i}{\lambda_1}\right)^k\boldsymbol{x}_i\right]\right\}}=\frac{\boldsymbol{x}_1}{\max(\boldsymbol{x}_1)}。$$

改进的幂法求n阶矩阵$\boldsymbol{A}$的主特征值及相应的特征向量，利用MATLAB编写M文件Power.m如下。

```
function [k, mu_array, x_array]=Power(A,x0)
eps=1e-5;N=300;n=size(A,1);x=x0; x_array=[x'];
mu_array= []; [ x_inf_norm,p]=max(abs(x));
x_p= x(p);x= x/x_p;x_array= [ x_array;x'];
for k= 1:N
```

```
    y=A*x; y_p=y(p); mu= y_p;mu_array=[mu_array;mu];
    [y_inf_norm,p]=max(abs(y));y_p=y(p);
    if y_p== 0
      fprintf( '0 eigenvalue - select another initial vector and begin again\n');
      return
    end
    ERR=norm(x-y/y_p,Inf);x=y/y_p;x_array=[x_array;x'];
    if ERR<eps
      return
    else
      if k==N
warning('算法超出最大迭代次数!')
      end
    end
end
```

例 5.1.1 用改进的幂法计算矩阵

$$\boldsymbol{A}=\begin{bmatrix} 0 & 1 & 0 \\ 0 & 0 & 1 \\ -6 & -11 & -6 \end{bmatrix}$$

的主特征值及相应的特征向量。

解 首先,利用线性代数的方法,可以求得矩阵 **A** 的三个不同的特征值分别为 -3,-2,-1。因此,模数最大的特征值为 $\lambda_1=-3$,其对应的∞范数为 1 的特征向量为$\left(\frac{1}{9},-\frac{1}{3},1\right)^{\mathrm{T}}$。

利用改进的幂法 Power.m 求解,取初始向量 $\boldsymbol{x}_0=(1,1,1)^{\mathrm{T}}$,MATLAB 编写 M 文件 Example5_1_1.m 如下:

```
A= [0,1,0;0,0,1;-6,-11,-6];x0= [1;1;1];
[k,mu_array,x_array]= Power(A,x0)
```

运行程序得到结果如表 5.1.1 所示。从表中可看出,经过 23 迭代,得到了特征值及相应特征向量的较好近似。

表 5.1.1 幂法特征值和特征向量

k	x_1^k	x_2^k	x_3^k	μ_1^k
0	1	1	1	
1	−0.043478261	−0.043478261	1	1
2	0.008264463	−0.190082645	1	−5.260869565
3	0.048016701	−0.252609603	1	−3.958677686
⋮	⋮	⋮	⋮	⋮
21	0.111078102	−0.333293722	1	−3.000356546
22	0.111089106	−0.333306928	1	−3.000237669
23	0.111096442	−0.333315731	1	−3.000158434

例 5.1.2 求矩阵

$$A=\begin{bmatrix}2 & 4 & 6\\ 3 & 9 & 15\\ 4 & 16 & 36\end{bmatrix}$$

按模最大的特征值及相应的特征向量。

解 用改进的幂法计算。计算结果见表 5.1.2，其中，按模最大的特征值为 $\lambda_1=43.88$，对应的特征向量为 $\boldsymbol{x}_1=(0.1859,0.4460,1)$。

表 5.1.2 按模最大的特征值及特征向量

k	$\boldsymbol{v}_k$			$\boldsymbol{u}_k$		
0	1	1	1	1	1	1
1	12.00	27.00	56.00	0.2143	0.4821	1
2	8.357	19.98	44.57	0.1875	0.4483	1
3	8.168	19.60	43.92	0.1860	0.4463	1
4	8.157	19.57	43.88	0.1859	0.4460	1
5	8.157	19.57	43.88	0.1859	0.4460	1

5.1.3 反幂法

反幂法可以用来求矩阵 $\boldsymbol{A}$ 的按模最小的特征值及其相应的特征向量，也可以求与一个给定的数最接近的特征值及相应的特征向量。

设 $\boldsymbol{A}$ 是非奇异矩阵，其特征值的次序为 $|\lambda_1|\geqslant|\lambda_2|\geqslant\cdots\geqslant|\lambda_{n-1}|>|\lambda_n|$，相应的特征向量为 $\boldsymbol{x}_1,\boldsymbol{x}_2,\cdots,\boldsymbol{x}_n$，则 $\boldsymbol{A}^{-1}$ 的特征值满足

$$\frac{1}{|\lambda_n|}>\frac{1}{|\lambda_{n-1}|}\geqslant\cdots\geqslant\frac{1}{|\lambda_1|}。$$

只要求出 $\boldsymbol{A}^{-1}$ 的按模最大的特征值及其相应的特征向量，也就求出了 $\boldsymbol{A}$ 的按模最小的特征值及其相应的特征向量。

任取初始非零向量 $\boldsymbol{v}_0$，构造向量序列

$$\boldsymbol{u}_0=\frac{\boldsymbol{v}_0}{\max(\boldsymbol{v}_0)},$$

$$\boldsymbol{v}_k=\boldsymbol{A}^{-1}\boldsymbol{u}_{k-1},\quad \boldsymbol{u}_k=\frac{\boldsymbol{v}_k}{\max(\boldsymbol{v}_k)},\quad k=1,2,\cdots,$$

$$\lim_{k\to\infty}\boldsymbol{u}_k=\frac{\boldsymbol{x}_n}{\max(\boldsymbol{x}_n)},\quad \lim_{k\to\infty}\max(\boldsymbol{v}_k)=\frac{1}{\lambda_n}。$$

注：$\boldsymbol{v}_k$ 可用解线性方程组

$$\boldsymbol{A}\boldsymbol{v}_k=\boldsymbol{u}_{k-1}$$

来完成，该方程组是同一个系数矩阵的一系列方程组，为节约计算工作量，可采用三角分解法来求解。

反幂法也可用来计算矩阵 $\boldsymbol{A}$ 对应于一个给定的近似特征值的特征向量。设 $\bar{\lambda}$ 是矩阵

A 的特征值λ_i 的一个近似值，满足

$$|\lambda_i - \bar{\lambda}| < |\lambda_j - \bar{\lambda}|, \quad i \neq j。$$

设矩阵 $A - \bar{\lambda} I$ 是非奇异矩阵，对矩阵 $A - \bar{\lambda} I$ 利用反幂法求出其按模最小特征值 $\frac{1}{\lambda_i - \bar{\lambda}}$，及相应的特征向量 x_i。

反幂法求 n 阶矩阵A 的最接近q 的特征值及相应的特征向量，利用 MATLAB 编写 M 文件 Inverse_Power.m 如下。

```
function [k, mu_array, lambda_array, x_array]= Inverse_Power(A,x0,q,eps,N)
n=size(A,1);I=eye(n);x=x0; x_array=[x'];
mu_array= [];lambda_array=[];[x_inf_norm,p]=max(abs(x));
x_p=x(p);x=x/x_p;x_array=[x_array;x'];
for k= 1:N
  y=(A-q * I)\x;
  if abs(det(A-q * I))<=1.0e-20;
    fprintf('q is an eigenvalue\n');
  return
  end
  y_p=y(p); mu=y_p;lambda=1/mu+q;
  mu_array=[mu_array;mu];lambda_array=[ lambda_array; lambda];
  [y_inf_norm,p]=max(abs(y));y_p=y(p);ERR=norm(x-y/y_p,Inf);
  x=y/y_p; x_array=[x_array;x'];
  if ERR<eps
    return
  else
    if k==N
      warning('Maximum number of iterations exceeded!')
    end
  end
end
```

例 5.1.3 用反幂法计算矩阵

$$A = \begin{bmatrix} 0 & 1 & 0 \\ 0 & 0 & 1 \\ -6 & -11 & -6 \end{bmatrix}$$

的模数最小的特征值及相应的特征向量，并计算与-3.5 最接近的特征值及相应的特征向量。

解 由例 5.1.1 已知，矩阵A 有三个特征值，分别为-3，-2，-1。下面利用反幂法计算。

首先计算模数最小的特征值及相应的特征向量。利用 MATLAB 编写 M 文件 Example5_1_3a.m 如下：

```
eps= 1e- 5;N= 300;q= 0;
A=[0 1 0; 0 0 1; -6 -11 -6];x0= [1,1,1]';
[k,mu_array,lambda_array,x_array]= Inverse_Power(A,x0,q,eps,N)
```

运行程序得到结果如表 5.1.3 所示，其中，最后一列表示逼近特征值的序列。从表 5.1.3 可看出，经过 19 次迭代，得到了模数最小特征值 $\lambda_3=-1$ 及其特征向量的较好近似。

表 5.1.3 模数最小的特征值及特征向量

k	x_1^k	x_2^k	x_3^k	μ_k	$\frac{1}{\mu_k}+q$
0	1	1	1		
1	1	−0.333333333	−0.333333333	−3	−0.333333333
2	1	−0.692307692	0.230769231	−1.444444444	−0.692307692
⋮	⋮	⋮	⋮	⋮	⋮
17	1	−0.999989835	0.999969513	−1.000010165	−0.999989835
18	1	−0.999994916	0.999984751	−1.000005084	−0.999994916
19	1	−0.999997458	0.999992374	−1.000002542	−0.999997458

下面计算与−3.5 最接近的特征值及相应的特征向量。利用 MATLAB 编写 M 文件 Example5_1_3b.m 如下：

```
eps= 1e- 5;N= 300;q= -3.5;
A=[0,1,0; 0,0,1; -6,-11,-6];x0= [1,1,1]';
[k, mu_array, lambda_array, x_array]= Inverse_Power(A,x0,q,eps,N)
```

运行程序得到结果如表 5.1.4 所示，其中，最后一列表示逼近特征值的序列。从表 5.1.4 可看出，经过 10 次迭代，得到了模数最小特征值 $\lambda_3=-3$ 及其特征向量的较好近似。

表 5.1.4 接近模数−3.5 的特征值及特征向量

k	x_1^k	x_2^k	x_3^k	μ_k	$\frac{1}{\mu_k}+q$
0	1	1	1		
1	0.087452471	−0.27756654	1	3.066666667	−3.173913043
2	0.099268155	−0.315068493	1	2.701647655	−3.129855508
⋮	⋮	⋮	⋮	⋮	⋮
9	0.111102849	−0.333323373	1	2.000239988	−3.000059990
10	0.111108344	−0.333330003	1	2.000080108	−3.000020026

5.2 雅可比方法

雅可比方法用来求实对称矩阵的所有特征值和相应的特征向量。若 $\boldsymbol{A}$ 为实对称矩阵，则 $\boldsymbol{A}$ 的所有特征值均为实数，不同特征值对应的特征向量正交，且存在正交矩阵 $\boldsymbol{Q}$，使

$$\boldsymbol{Q}^{\mathrm{T}}\boldsymbol{A}\boldsymbol{Q}=\mathrm{diag}(\lambda_1,\lambda_2,\cdots,\lambda_n),$$

其中 $\boldsymbol{Q}$ 的第 j 列是 λ_j 所对应的特征向量，且 $\boldsymbol{Q}^{\mathrm{T}}\boldsymbol{Q}=\boldsymbol{I}$。

5.2.1 平面旋转矩阵

例 5.2.1 将双曲线 $xy=1$ 转化为标准形式。

解 进行坐标轴旋转，取

$$\begin{bmatrix}u\\v\end{bmatrix}=\begin{bmatrix}\cos\dfrac{\pi}{4} & \sin\dfrac{\pi}{4}\\ -\sin\dfrac{\pi}{4} & \cos\dfrac{\pi}{4}\end{bmatrix}\begin{bmatrix}x\\y\end{bmatrix},$$

$$\begin{bmatrix}x\\y\end{bmatrix}=\begin{bmatrix}\cos\dfrac{\pi}{4} & -\sin\dfrac{\pi}{4}\\ \sin\dfrac{\pi}{4} & \cos\dfrac{\pi}{4}\end{bmatrix}\begin{bmatrix}u\\v\end{bmatrix}\Rightarrow\begin{cases}x=\dfrac{\sqrt{2}}{2}u-\dfrac{\sqrt{2}}{2}v,\\ y=\dfrac{\sqrt{2}}{2}u+\dfrac{\sqrt{2}}{2}v,\end{cases}$$

$$xy=1\Rightarrow u^2-v^2=(\sqrt{2})^2。$$

5.2.2 n 阶实对称矩阵的对角化

雅可比方法就是寻找一系列正交矩阵$\{\boldsymbol{S}_k\}$，使

$$\lim_{k\to\infty}\boldsymbol{S}_1\boldsymbol{S}_2\cdots\boldsymbol{S}_k=\boldsymbol{Q}。$$

这样就有

$$\boldsymbol{T}_k=\boldsymbol{S}_k^{\mathrm{T}}\boldsymbol{S}_{k-1}^{\mathrm{T}}\cdots\boldsymbol{S}_1^{\mathrm{T}}\boldsymbol{A}\boldsymbol{S}_1\cdots\boldsymbol{S}_{k-1}\boldsymbol{S}_k=\boldsymbol{S}_k^{\mathrm{T}}\boldsymbol{T}_{k-1}\boldsymbol{S}_k\to\mathrm{diag}(\lambda_1,\lambda_2,\cdots,\lambda_n)。$$

$\{\boldsymbol{T}_k\}$是相似矩阵序列，分别用 $t_{ij}^{(k)}$，$s_{ij}^{(k)}$ 表示 $\boldsymbol{T}_k$ 和 $\boldsymbol{S}_k$ 的元素。

定义 5.2.1 对于 n 阶实对称矩阵 $\boldsymbol{A}$，若有一系列正交矩阵$\{\boldsymbol{S}_i\}$，$i=1,2,\cdots,k$，$\boldsymbol{T}_k=\boldsymbol{S}_k^{\mathrm{T}}\boldsymbol{S}_{k-1}^{\mathrm{T}}\cdots\boldsymbol{S}_1^{\mathrm{T}}\boldsymbol{A}\boldsymbol{S}_1\cdots\boldsymbol{S}_{k-1}\boldsymbol{S}_k$，记

$$v_k=\sum_{i=1}^{n}\sum_{\substack{j=1\\ j\neq i}}^{n}(t_{ij}^{(k)})^2,\quad w_k=\sum_{i=1}^{n}\sum_{j=1}^{n}(t_{ij}^{(k)})^2,\quad k=1,2,\cdots$$

选择矩阵序列$\{\boldsymbol{T}_k\}$的准则为：

(1) $w_{k+1}=w_k$，$v_{k+1}<v_k$，$\forall k$；

(2) $\lim\limits_{k\to\infty}v_k=0$。

若$\{\boldsymbol{T}_k\}$满足以上两个条件，则有

$$\lim_{k\to\infty}\boldsymbol{T}_k=\mathrm{diag}(\lambda_1,\lambda_2,\cdots,\lambda_n)。$$

称此过程为实对称矩阵对角化的雅可比方法。

所以$\{\boldsymbol{T}_k\}$的选择取决于矩阵$\{\boldsymbol{S}_k\}$的选择，现选择平面旋转矩阵 $\boldsymbol{S}_k=\boldsymbol{S}(p,q)$它的几何意义是由 $\boldsymbol{S}(p,q)$定义的线性变换，使 n 维空间的第 p 个坐标轴和第 q 个坐标轴所构成的坐标平面旋转了 θ_k 的角度

$$\boldsymbol{S}_k=\boldsymbol{S}(p,q)=\begin{array}{c}\begin{array}{ccc} & p\text{列} \qquad\quad & q\text{列}\end{array}\\ \left[\begin{array}{ccccccc}1 & & & & & & \\ & \ddots & & & & & \\ & & \cos\theta_k & \cdots & \sin\theta_k & & \\ & & \vdots & \ddots & \vdots & & \\ & & -\sin\theta_k & \cdots & \cos\theta_k & & \\ & & & & & \ddots & \\ & & & & & & 1\end{array}\right]\end{array}\begin{array}{l} \\ \\ \\ p\text{行}\\ \\ q\text{行}\\ \\ \\ \end{array}。$$

$\boldsymbol{S}(p,q)$是正交矩阵，且变换$\boldsymbol{S}(p,q)^{\mathrm{T}}\boldsymbol{A}\boldsymbol{S}(p,q)$只改变了矩阵$\boldsymbol{A}$的第$p$行、第$q$行和第$p$列、第$q$列的元素，而矩阵$\boldsymbol{A}$的其他元素保持不变。也称$\boldsymbol{S}(p,q)$为吉文斯(Givens)矩阵。

由$\boldsymbol{T}_k=\boldsymbol{S}_k^{\mathrm{T}}\boldsymbol{T}_{k-1}\boldsymbol{S}_k$，有计算公式

$$\begin{cases}t_{pj}^{(k)}=t_{pj}^{(k-1)}\cos\theta_k-t_{qj}^{(k-1)}\sin\theta_k,\\ t_{qj}^{(k)}=t_{pj}^{(k-1)}\sin\theta_k+t_{qj}^{(k-1)}\cos\theta_k, \quad j\neq p,q,\\ t_{ip}^{(k)}=t_{ip}^{(k-1)}\cos\theta_k-t_{iq}^{(k-1)}\sin\theta_k,\\ t_{iq}^{(k)}=t_{ip}^{(k-1)}\sin\theta_k+t_{iq}^{(k-1)}\cos\theta_k, \quad i\neq p,q,\\ t_{pp}^{(k)}=t_{pp}^{(k-1)}\cos^2\theta_k+t_{qq}^{(k-1)}\sin^2\theta_k-2t_{pq}^{(k-1)}\sin\theta_k\cos\theta_k,\\ t_{qq}^{(k)}=t_{pp}^{(k-1)}\sin^2\theta_k+t_{qq}^{(k-1)}\cos^2\theta_k-2t_{pq}^{(k-1)}\sin\theta_k\cos\theta_k,\\ t_{pq}^{(k)}=t_{qp}^{(k)}=\dfrac{1}{2}(t_{pp}^{(k-1)}-t_{qq}^{(k-1)})\sin2\theta_k+t_{pq}^{(k-1)}\cos2\theta_k,\\ t_{ij}^{(k)}=t_{ij}^{(k-1)}, \quad i\neq p,q;j\neq p,q。\end{cases}$$

适当的选择θ_k使$t_{pq}^{(k)}=0$，只需取

$$a=\cot2\theta_k=\frac{t_{qq}^{(k-1)}-t_{pp}^{(k-1)}}{2t_{pq}^{(k-1)}}, \quad -\frac{\pi}{2}\leqslant2\theta_k\leqslant\frac{\pi}{2}。$$

设$t=\tan\theta_k$，由恒等式$\tan^2\theta_k+2\tan\theta_k\cot2\theta_k-1=0$，得

$$t^2+2at-1=0,$$

$$t=\begin{cases}\dfrac{1}{a+\sqrt{1+a^2}}, & a\geqslant0,\\ \dfrac{1}{a-\sqrt{1+a^2}}, & a<0\end{cases}$$

$$=\pm\frac{1}{|a|+\sqrt{1+a^2}},$$

其中，当$a\geqslant0$时，取+；当$a<0$时，取−。于是有

$$\cos\theta_k=\frac{1}{\sqrt{1+t^2}}, \quad \sin\theta_k=t\cos\theta_k。$$

定理 5.2.1 按上述计算公式构造的线性变换满足

$$w_k=w_{-1}, v_k<v_{k-1}, \quad 且 \quad \lim_{k\to\infty}\boldsymbol{T}_k=\mathrm{diag}(\lambda_1,\lambda_2,\cdots,\lambda_n)。$$

5.2.3 经典的雅可比方法

经典的雅可比方法的特点是每次变换将绝对值最大的非对角元素化为零。按前述的计算公式做一次计算，可将矩阵$\boldsymbol{A}$中的一对非主对角元素a_{pq}和a_{qp}化为零，但在下一次计算中，前面已经化为零的元素，又可能变为非零元素。所以需要多次循环计算才能达到预定的精度。

计算步骤为：

(1) 首先在$\boldsymbol{A}$中选择绝对值最大的非对角线元素，设

$$|t_{i_1j_1}|=\max_{i\neq j}|a_{ij}|\neq0,$$

选择平面旋转矩阵 $\boldsymbol{S}_1=\boldsymbol{S}(i_1,j_1)$使 $\boldsymbol{T}_1=\boldsymbol{S}_1^{\mathrm{T}}\boldsymbol{A}\boldsymbol{S}_1$ 的非对角线元素

$$t_{i_1j_1}^{(1)}=t_{j_1i_1}^{(1)}=0;$$

(2) 再在 $\boldsymbol{T}_1$ 中选择绝对值最大的非对角线元素,设

$$t_{i_2j_2}^{(1)}=\max_{i\neq j}|t_{ij}^{(1)}|\neq 0,$$

又选择平面旋转矩阵 $\boldsymbol{S}_2=\boldsymbol{S}(i_2,j_2)$使 $\boldsymbol{T}_2=\boldsymbol{S}_2^{\mathrm{T}}\boldsymbol{T}_1\boldsymbol{S}_2$的非对角线元素

$$t_{i_2j_2}^{(2)}=t_{j_2i_2}^{(2)}=0。$$

此时的 $t_{i_2j_2}^{(2)}=t_{j_2i_2}^{(2)}$ 在下一步又可能变换成了非零元素。

(3) 重复以上过程,直到满足预定精度为止。

例 5.2.2 用雅可比方法计算矩阵

$$\boldsymbol{A}=\begin{bmatrix}1.00 & 1.00 & 0.50\\ 1.00 & 1.00 & 0.25\\ 0.50 & 0.25 & 1.00\end{bmatrix}$$

的所有特征值和特征向量,精确到 0.0005。

解 (1) 先将矩阵 $\boldsymbol{A}$ 中的 a_{12},a_{21} 化为 0:

$$a_1=\frac{a_{22}-a_{11}}{2a_{12}}=0\Rightarrow t_1=1,\quad \theta_1=\frac{\pi}{4}\Rightarrow\cos\theta_1=\sin\theta_1=\frac{\sqrt{2}}{2},$$

$$\boldsymbol{S}_1=\begin{bmatrix}0.70711 & 0.70711 & 0\\ -0.70711 & 0.70711 & 0\\ 0 & 0 & 1\end{bmatrix},\quad \boldsymbol{T}_1=\boldsymbol{S}_1^{\mathrm{T}}\boldsymbol{A}\boldsymbol{S}_1=\begin{bmatrix}0 & 0 & 0.17678\\ 0 & 2 & 0.53038\\ 0.17678 & 0.53038 & 2\end{bmatrix}。$$

(2) 将矩阵 $\boldsymbol{T}_1$ 中的 $t_{23}^{(1)},t_{32}^{(1)}$ 化为 0:

$$a_2=\frac{t_{33}^{(1)}-t_{22}^{(1)}}{2t_{23}^{(1)}}=0\Rightarrow t_2=1,\quad \theta_2=\frac{\pi}{4}\Rightarrow\cos\theta_2=\sin\theta_2=\frac{\sqrt{2}}{2},$$

$$\boldsymbol{S}_2=\begin{bmatrix}1 & 0 & 0\\ 0 & 0.70711 & 0.70711\\ 0 & -0.70711 & 0.70711\end{bmatrix},\quad \boldsymbol{T}_2=\boldsymbol{S}_2^{\mathrm{T}}\boldsymbol{T}_1\boldsymbol{S}_2=\begin{bmatrix}0 & -0.12500 & 0.12500\\ -0.12500 & 1.4697 & 0\\ 0.12500 & 0 & 2.5304\end{bmatrix}。$$

(3) 将矩阵 $\boldsymbol{T}_2$ 中的 $t_{12}^{(2)},t_{21}^{(2)}$ 化为 0:

$$a_3=\frac{t_{22}^{(2)}-t_{11}^{(2)}}{2t_{12}^{(2)}}=-5.8788\Rightarrow t_3=\frac{1}{-5.8788-\sqrt{1+(-5.8788)^2}},$$

$$\cos\theta_3=\frac{1}{\sqrt{1+t_3^2}}=0.99645,\quad \sin\theta_3=t_3\cos\theta_3=-0.084145,$$

$$\boldsymbol{S}_3=\begin{bmatrix}0.99645 & -0.84145 & 0\\ 0.84145 & 0.99645 & 0\\ 0 & 0 & 1\end{bmatrix},$$

$$\boldsymbol{T}_3=\boldsymbol{S}_3^{\mathrm{T}}\boldsymbol{T}_2\boldsymbol{S}_3=\begin{bmatrix}-0.010556 & 0 & 0.12456\\ 0 & 1.4802 & -0.010518\\ 0.12456 & -0.010518 & 2.5304\end{bmatrix}。$$

继续以上计算过程有

$$\boldsymbol{T}_5=\begin{bmatrix}-0.016647 & 0.000409 & 0.000005\\ 0.000409 & 1.4801 & 0\\ 0.000005 & 0 & 2.5336\end{bmatrix},$$

$$\boldsymbol{Q}=\boldsymbol{S}_1\boldsymbol{S}_2\boldsymbol{S}_3\boldsymbol{S}_4\boldsymbol{S}_5=\begin{bmatrix}0.72135 & 0.44404 & 0.53584\\ -0.68616 & 0.56234 & 0.46147\\ -0.093844 & -0.69757 & 0.71033\end{bmatrix}。$$

因为$|0.000409|<0.0005$,故得$\boldsymbol{A}$的精确到0.0005的3个特征值$\lambda_1=-0.016647,\lambda_2=1.4801,\lambda_3=2.5336$。同时也求出了以下3个精确到0.0005的特征向量

$$\boldsymbol{x}_1=\begin{bmatrix}0.72135\\ -0.68616\\ -0.093844\end{bmatrix},\quad \boldsymbol{x}_2=\begin{bmatrix}0.44404\\ 0.56234\\ -0.69757\end{bmatrix},\quad \boldsymbol{x}_3=\begin{bmatrix}0.53584\\ 0.46147\\ 0.71033\end{bmatrix}。$$

5.2.4 雅可比过关法

经典的雅可比方法每次选取的是矩阵中绝对值最大的非对角元素作为消元对象,需要在所有的非对角线元素中进行比较选择,计算工作量相当大。雅可比过关法也称为“阀”雅可比方法,是一种改进方法。

计算

$$v_0=\sum_{i=1}^{n}\sum_{\substack{j=1\\ j\neq i}}^{n}a_{ij}^2。$$

(1) 设置阀值,也称为“关”

$$v_1=\frac{\sum_{i=1}^{n}\sum_{\substack{j=1\\ j\neq i}}^{n}a_{ij}^2}{n}=\frac{v_0}{n}。$$

扫描矩阵所有非对角线元素,对绝对值小于阀值v_1的元素,就让其过“关”,暂不作处理。对绝对值大于等于阀值v_1的元素,就构造平面旋转矩阵,并利用旋转变换将其变为零。多次扫描非对角元素,直到所有的非对角线元素的绝对值都小于阀值v_1为止。

(2) 缩小阀值

$$v_2=\frac{v_1}{n}=\frac{\sum_{i=1}^{n}\sum_{\substack{j=1\\ j\neq i}}^{n}a_{ij}^2}{n^2}。$$

多次扫描矩阵从(1)所得矩阵的非对角线元素,并做相应的平面旋转变换。直到所有的非对角线元素的绝对值都小于阈值v_2为止。

(3) 设置阀值v_k

$$v_k=\frac{v_{k-1}}{n}=\frac{v_0}{n^k}=\frac{\sum_{i=1}^{n}\sum_{\substack{j=1\\ j\neq i}}^{n}a_{ij}^2}{n^k}\leqslant\varepsilon,$$

其中ε为给定的误差精度。多次扫描矩阵从$(k-1)$步变换所得矩阵的非对角线元素,并做相应的平面旋转变换。直到所有的非对角线元素的绝对值都小于阀值v_k为止。

经过以上的计算过程，得到一个近似的对角矩阵，其主对角线元素就是所求矩阵特征值的近似值，所有平面旋转变换矩阵的乘积所得矩阵的列向量就是所求矩阵特征向量的近似值。

5.3 豪斯霍尔德方法

豪斯霍尔德(Householder)方法有着更为广泛的应用。本小节主要讨论利用豪斯霍尔德变换将对称矩阵相似约化为对称三对角矩阵，以及将一般的非对称矩阵相似约化为上豪斯霍尔德矩阵。约化的主要目的是应用下一节介绍的 QR 方法进一步求矩阵的所有特征值。

5.3.1 豪斯霍尔德变换

定义 5.3.1 设 $\boldsymbol{u}\in\mathbb{R}^n$，满足 $\|\boldsymbol{u}\|_2=1$，则 n 阶矩阵

$$\boldsymbol{H}=\boldsymbol{I}-2\boldsymbol{u}\boldsymbol{u}^{\mathrm{T}}$$

称为豪斯霍尔德变换矩阵，简称豪斯霍尔德矩阵，也称为镜像变换矩阵。

定理 5.3.1 豪斯霍尔德矩阵具有下列基本性质：

(1) $\boldsymbol{H}$ 是对称矩阵，即 $\boldsymbol{H}^{\mathrm{T}}=\boldsymbol{I}-2(\boldsymbol{u}\boldsymbol{u}^{\mathrm{T}})^{\mathrm{T}}=\boldsymbol{H}$。

(2) $\boldsymbol{H}$ 是正交矩阵，即 $\boldsymbol{H}^{\mathrm{T}}\boldsymbol{H}=(\boldsymbol{I}-2(\boldsymbol{u}\boldsymbol{u}^{\mathrm{T}})^{\mathrm{T}})(\boldsymbol{I}-2\boldsymbol{u}\boldsymbol{u}^{\mathrm{T}})=\boldsymbol{I}$。

(3) 设 $\boldsymbol{x}\in\mathbb{R}^n$，$\boldsymbol{y}=\boldsymbol{H}\boldsymbol{x}$，则 $\|\boldsymbol{y}\|_2=\|\boldsymbol{x}\|_2$。

(4) 设 $\boldsymbol{x},\boldsymbol{y}\in\mathbb{R}^n$，且 $\|\boldsymbol{y}\|_2=\|\boldsymbol{x}\|_2$，则存在一个豪斯霍尔德矩阵 $\boldsymbol{H}$，使得 $\boldsymbol{H}\boldsymbol{x}=\boldsymbol{y}$。

证明 性质(1)(2)显然成立。下证(3)和(4)。

(3) 因为

$$\|\boldsymbol{y}\|_2=\boldsymbol{y}^{\mathrm{T}}\boldsymbol{y}=(\boldsymbol{H}\boldsymbol{x})^{\mathrm{T}}(\boldsymbol{H}\boldsymbol{x})=\boldsymbol{x}^{\mathrm{T}}\boldsymbol{H}^{\mathrm{T}}\boldsymbol{H}\boldsymbol{x}=\boldsymbol{x}^{\mathrm{T}}\boldsymbol{x}=\|\boldsymbol{x}\|_2,$$

故(3)成立。

(4) 若 $\boldsymbol{x}=\boldsymbol{y}$，可取 $\boldsymbol{u}$ 满足 $\|\boldsymbol{u}\|_2=1$ 及 $\boldsymbol{u}^{\mathrm{T}}\boldsymbol{x}=0$，则有

$$\boldsymbol{H}\boldsymbol{x}=(\boldsymbol{I}-2\boldsymbol{u}\boldsymbol{u}^{\mathrm{T}})\boldsymbol{x}=\boldsymbol{x}-2\boldsymbol{u}\boldsymbol{u}^{\mathrm{T}}\boldsymbol{x}=\boldsymbol{x}=\boldsymbol{y},$$

因此 $\boldsymbol{H}=\boldsymbol{I}-2\boldsymbol{u}\boldsymbol{u}^{\mathrm{T}}$ 是一个豪斯霍尔德矩阵，且满足 $\boldsymbol{H}\boldsymbol{x}=\boldsymbol{y}$。

若 $\boldsymbol{x}\neq\boldsymbol{y}$，取 $\boldsymbol{u}=\dfrac{\boldsymbol{x}-\boldsymbol{y}}{\|\boldsymbol{x}-\boldsymbol{y}\|_2}$，则 $\|\boldsymbol{u}\|_2=1$，故对应的豪斯霍尔德矩阵为

$$\boldsymbol{H}=\boldsymbol{I}-2\boldsymbol{u}\boldsymbol{u}^{\mathrm{T}}=\boldsymbol{I}-2\frac{\boldsymbol{x}-\boldsymbol{y}}{\|\boldsymbol{x}-\boldsymbol{y}\|_2}\cdot\frac{\boldsymbol{x}^{\mathrm{T}}-\boldsymbol{y}^{\mathrm{T}}}{\|\boldsymbol{x}-\boldsymbol{y}\|_2},$$

从而

$$\boldsymbol{H}\boldsymbol{x}=\boldsymbol{x}-2\boldsymbol{u}\boldsymbol{u}^{\mathrm{T}}\boldsymbol{x}=\boldsymbol{x}-2\frac{(\boldsymbol{x}-\boldsymbol{y})(\boldsymbol{x}^{\mathrm{T}}-\boldsymbol{y}^{\mathrm{T}})}{\|\boldsymbol{x}-\boldsymbol{y}\|_2^2}\boldsymbol{x}=\boldsymbol{x}-2\frac{(\boldsymbol{x}-\boldsymbol{y})(\boldsymbol{x}^{\mathrm{T}}\boldsymbol{x}-\boldsymbol{y}^{\mathrm{T}}\boldsymbol{x})}{\|\boldsymbol{x}-\boldsymbol{y}\|_2^2}。\tag{5.3.1}$$

又由于 $\|\boldsymbol{x}\|_2=\|\boldsymbol{y}\|_2$，即 $\boldsymbol{x}^{\mathrm{T}}\boldsymbol{x}=\boldsymbol{y}^{\mathrm{T}}\boldsymbol{y}$，则有

$$\|\boldsymbol{x}-\boldsymbol{y}\|_2^2=(\boldsymbol{x}-\boldsymbol{y})^{\mathrm{T}}(\boldsymbol{x}-\boldsymbol{y})=2(\boldsymbol{x}^{\mathrm{T}}\boldsymbol{x}-\boldsymbol{y}^{\mathrm{T}}\boldsymbol{x}),$$

代入(5.3.1)式，于是得到

$$\boldsymbol{H}\boldsymbol{x}=\boldsymbol{x}-(\boldsymbol{x}-\boldsymbol{y})=\boldsymbol{y}。$$

故性质(4)成立。

性质(3)的意义在于对于任意 $\boldsymbol{x}\in\mathbb{R}^n$,经豪斯霍尔德变换作用,欧几里得长度保持不变,而只改变向量的方向,它在计算上的意义是能用来约化矩阵。

下面考查镜像映射的几何意义如图 5.3.1 所示。

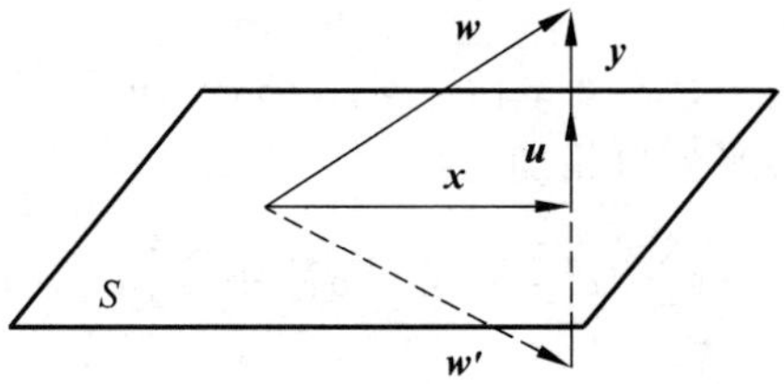

图 5.3.1

考虑以 $\boldsymbol{u}$ 为法向量且过原点 O 的超平面 S: $\boldsymbol{u}^{\mathrm{T}}\boldsymbol{x}=0$。设任意向量 $\boldsymbol{w}\in\mathbb{R}^n$,则 $\boldsymbol{w}=\boldsymbol{x}+\boldsymbol{y}$,其中 $\boldsymbol{x}\in S$,$\boldsymbol{y}\in S^{\perp}$($S^{\perp}$ 是 S 的垂直平面),于是 $\boldsymbol{Hx}=(\boldsymbol{I}-2\boldsymbol{uu}^{\mathrm{T}})\boldsymbol{x}=\boldsymbol{x}-2\boldsymbol{uu}^{\mathrm{T}}\boldsymbol{x}=\boldsymbol{x}$ 易知 $\boldsymbol{Hy}=-\boldsymbol{y}$,从而对任意向量 $\boldsymbol{w}\in\mathbb{R}^n$,总有 $\boldsymbol{Hw}=\boldsymbol{x}-\boldsymbol{y}=\boldsymbol{w}'$,其中 $\boldsymbol{w}'$(虚线向量)为 $\boldsymbol{w}$ 关于平面 S 的镜面反射。

5.3.2 用豪斯霍尔德矩阵作正交变换约化矩阵

首先讨论用豪斯霍尔德矩阵作正交相似变换,约化对称矩阵 $\boldsymbol{A}$ 为对称三对角矩阵。

设矩阵 $\boldsymbol{A}=[a_{ij}]_{n\times n}$ 为对称矩阵。首先要找一个变换矩阵 $\boldsymbol{H}^{(1)}$ 使得

$$\boldsymbol{A}^{(2)}=\boldsymbol{H}^{(1)}\boldsymbol{A}\boldsymbol{H}^{(1)},$$

且满足

$$a_{j1}^{(2)}=0,\quad \forall j=3,4,\cdots,n。\tag{5.3.2}$$

由对称性可知,$a_{1j}^{(2)}=0$,$\forall j=3,4,\cdots,n$。

设 $\boldsymbol{H}^{(1)}=\boldsymbol{I}-2\boldsymbol{uu}^{\mathrm{T}}$,下面确定 $\boldsymbol{u}=[u_1,u_2,\cdots,u_n]^{\mathrm{T}}$ 使得 $\|\boldsymbol{u}\|_2=1$,且满足(5.3.2)式及 $a_{11}^{(2)}=a_{11}$。令 $u_1=0$ 即可确保 $a_{11}^{(2)}=a_{11}$,接下来,为保证(5.3.2)式成立,我们希望

$$\boldsymbol{H}^{(1)}[a_{11},a_{21},a_{31},\cdots,a_{n1}]^{\mathrm{T}}=[a_{11},\alpha,0,\cdots,0]^{\mathrm{T}},\tag{5.3.3}$$

其中,α 是一个待定的数。记

$$\hat{\boldsymbol{u}}=[u_2,\cdots,u_n]^{\mathrm{T}}\in\mathbb{R}^{n-1},\quad \hat{\boldsymbol{y}}=[a_{21},a_{31},\cdots,a_{n1}]^{\mathrm{T}}\in\mathbb{R}^{n-1},$$

及 $n-1$ 阶豪斯霍尔德矩阵

$$\hat{\boldsymbol{H}}=\boldsymbol{I}_{n-1}-2\hat{\boldsymbol{u}}\hat{\boldsymbol{u}}^{\mathrm{T}}$$

因此,(5.3.3)式可写为

$$\boldsymbol{H}^{(1)}\begin{bmatrix}a_{11}\\a_{21}\\a_{31}\\\vdots\\a_{n1}\end{bmatrix}=\begin{bmatrix}1&\boldsymbol{0}_{1\times(n-1)}\\\boldsymbol{0}_{(n-1)\times 1}&\hat{\boldsymbol{H}}\end{bmatrix}\begin{bmatrix}a_{11}\\\hat{\boldsymbol{y}}\end{bmatrix}=\begin{bmatrix}a_{11}\\\hat{\boldsymbol{H}}\hat{\boldsymbol{y}}\end{bmatrix}=\begin{bmatrix}a_{11}\\\alpha\\0\\\vdots\\0\end{bmatrix},$$

其中

$$\hat{\boldsymbol{H}}\hat{\boldsymbol{y}}=(\boldsymbol{I}_{n-1}-2\hat{\boldsymbol{u}}\hat{\boldsymbol{u}}^{\mathrm{T}})\hat{\boldsymbol{y}}=\hat{\boldsymbol{y}}-2(\hat{\boldsymbol{u}}^{\mathrm{T}}\hat{\boldsymbol{y}})\hat{\boldsymbol{u}}=[\alpha,0,\cdots,0]^{\mathrm{T}}。\tag{5.3.4}$$

令 $r=\hat{\boldsymbol{u}}^{\mathrm{T}}\hat{\boldsymbol{y}}$，则

$$[\alpha,0,\cdots,0]^{\mathrm{T}}=[a_{21}-2ru_2,a_{31}-2ru_3,\cdots,a_{n1}-2ru_n]^{\mathrm{T}}。$$

由上式对应分量相等，可得

$$2ru_2=a_{21}-\alpha \tag{5.3.5}$$

及

$$2ru_j=a_{j1},\quad \forall j=3,\cdots,n。 \tag{5.3.6}$$

把(5.3.5)式及(5.3.6)式两边平方再相加，得

$$4r^2\sum_{j=2}^{n}u_j^2=(a_{21}-\alpha)^2+\sum_{j=3}^{n}a_{j1}^2。$$

由于 $\|\boldsymbol{u}\|_2=1$ 及 $u_1=0$，有 $\sum\limits_{j=2}^{n}u_j^2=1$，故结合上式可得

$$4r^2=\sum_{j=2}^{n}a_{j1}^2-2\alpha a_{21}+\alpha^2。 \tag{5.3.7}$$

另外，由(5.3.4)式及 $\hat{\boldsymbol{H}}$ 正交可得

$$\alpha^2=[\alpha,0,\cdots,0][\alpha,0,\cdots,0]^{\mathrm{T}}=(\hat{\boldsymbol{H}}\hat{\boldsymbol{y}})^{\mathrm{T}}\hat{\boldsymbol{H}}\hat{\boldsymbol{y}}=\hat{\boldsymbol{y}}^{\mathrm{T}}\hat{\boldsymbol{H}}^{\mathrm{T}}\hat{\boldsymbol{H}}\hat{\boldsymbol{y}}=\hat{\boldsymbol{y}}^{\mathrm{T}}\hat{\boldsymbol{y}}=\sum_{j=2}^{n}a_{j1}^2。$$

此式代入(5.3.7)式，得

$$2r^2=\sum_{j=2}^{n}a_{j1}^2-\alpha a_{21}。$$

为使得仅当 $a_{21}=a_{31}=\cdots=a_{n1}=0$ 时有 $2r^2=0$，则取

$$\alpha=-\operatorname{sgn}(a_{21})\left(\sum_{j=2}^{n}a_{j1}^2\right)^{1/2},$$

从而有

$$2r^2=\sum_{j=2}^{n}a_{j1}^2-|a_{21}|\left(\sum_{j=2}^{n}a_{j1}^2\right)^{1/2}。$$

在上述选取下，求解(5.3.5)式和(5.3.6)式得

$$u_2=\frac{a_{21}-\alpha}{2r}\quad 及\quad u_j=\frac{a_{j1}}{2r},\quad \forall j=3,\cdots,n。$$

综上，构成豪斯霍尔德矩阵 $\boldsymbol{H}^{(1)}$ 的向量 $\boldsymbol{u}$ 可选取如下

$$\alpha=-\operatorname{sgn}(a_{21})\left(\sum_{j=2}^{n}a_{j1}^2\right)^{1/2},\quad r=\left(\frac{1}{2}\alpha^2-\frac{1}{2}a_{21}\alpha\right)^{1/2},$$

$$u_1=0,\quad u_2=\frac{a_{21}-\alpha}{2r},\quad u_j=\frac{a_{j1}}{2r},\quad \forall j=3,\cdots,n。$$

根据上述选取，可得

$$\boldsymbol{A}^{(2)}=\boldsymbol{H}^{(1)}\boldsymbol{A}\boldsymbol{H}^{(1)}=\begin{bmatrix} a_{11}^{(2)} & a_{12}^{(2)} & 0 & \cdots & 0 \\ a_{21}^{(2)} & a_{22}^{(2)} & a_{23}^{(2)} & \cdots & a_{2n}^{(2)} \\ 0 & a_{32}^{(2)} & a_{33}^{(2)} & \cdots & a_{3n}^{(2)} \\ \vdots & \vdots & \vdots & & \vdots \\ 0 & a_{n2}^{(2)} & a_{n3}^{(2)} & \cdots & a_{nn}^{(2)} \end{bmatrix},$$

其中 $a_{11}^{(2)}=a_{11}$，$a_{21}^{(2)}=a_{12}^{(2)}=\alpha$。

在确定 $\boldsymbol{H}^{(1)}$ 并计算 $\boldsymbol{A}^{(2)}$ 后，对 $k=2,3,\cdots,n-2$ 重复上述过程如下：

$$\alpha=-\operatorname{sgn}(a_{k+1,k}^{(k)})\left(\sum_{j=k+1}^{n}(a_{jk}^{(k)})^2\right)^{1/2},\quad r=\left(\frac{1}{2}\alpha^2-\frac{1}{2}\alpha a_{k+1,k}^{(k)}\right)^{1/2},$$

$$u_1^{(k)}=u_2^{(k)}=\cdots=u_k^{(k)}=0,\quad u_{k+1}^{(k)}=\frac{a_{k+1,k}^{(k)}-\alpha}{2r},$$

$$u_j^{(k)}=\frac{a_{jk}^{(k)}}{2r},\quad \forall j=k+2,k+3,\cdots,n。$$

因此可得

$$\boldsymbol{A}^{(k+1)}=\begin{bmatrix}
a_{11}^{(k+1)} & a_{12}^{(k+1)} & 0 & \cdots & \cdots & \cdots & \cdots & 0\\
a_{21}^{(k+1)} & a_{22}^{(k+1)} & \ddots & \ddots & & & & \vdots\\
0 & \ddots & \ddots & \ddots & \ddots & & & \vdots\\
\vdots & \ddots & \ddots & \ddots & \ddots & 0 & \cdots & 0\\
\vdots & & \ddots & a_{k+1,k}^{(k+1)} & a_{k+1,k+1}^{(k+1)} & a_{k+1,k+2}^{(k+1)} & \cdots & a_{k+1,n}^{(k+1)}\\
\vdots & & & 0 & \vdots & \ddots & & \vdots\\
\vdots & & & \vdots & \vdots & \ddots & \ddots & \vdots\\
0 & \cdots & \cdots & 0 & a_{n,k+1}^{(k+1)} & \cdots & \cdots & a_{nn}^{(k+1)}
\end{bmatrix}。$$

最后，当 $k=n-2$ 时，将得到一个对称三对角矩阵 $\boldsymbol{A}^{(n-1)}$ 如下：

$$\boldsymbol{A}^{(n-1)}=\boldsymbol{H}^{(n-2)}\boldsymbol{H}^{(n-3)}\cdots\boldsymbol{H}^{(1)}\boldsymbol{A}\boldsymbol{H}^{(1)}\cdots\boldsymbol{H}^{(n-3)}\boldsymbol{H}^{(n-2)}。$$

例 5.3.1 利用豪斯霍尔德变换将对称矩阵

$$\boldsymbol{A}=\begin{bmatrix}4&1&-2&2\\1&2&0&1\\-2&0&3&-2\\2&1&-2&-1\end{bmatrix}$$

化为对称三对角矩阵。

解 第一步：计算

$$\alpha=-(1)\left(\sum_{j=2}^{4}a_{j1}^2\right)^{1/2}=-3,\quad r=\left[\frac{1}{2}(-3)^2-\frac{1}{2}\times1\times(-3)\right]^{1/2}=\sqrt{6},$$

$$\boldsymbol{u}=\left[0,\frac{\sqrt{6}}{3},-\frac{\sqrt{6}}{6},\frac{\sqrt{6}}{6}\right]^{\mathrm{T}}。$$

则有

$$\boldsymbol{H}^{(1)}=\begin{bmatrix}1&0&0&0\\0&1&0&0\\0&0&1&0\\0&0&0&1\end{bmatrix}-2\begin{bmatrix}0\\\frac{\sqrt{6}}{3}\\-\frac{\sqrt{6}}{6}\\\frac{\sqrt{6}}{6}\end{bmatrix}\begin{bmatrix}0&\frac{\sqrt{6}}{3}&-\frac{\sqrt{6}}{6}&\frac{\sqrt{6}}{6}\end{bmatrix}=\begin{bmatrix}1&0&0&0\\0&-\frac{1}{3}&\frac{2}{3}&-\frac{2}{3}\\0&\frac{2}{3}&\frac{2}{3}&\frac{1}{3}\\0&-\frac{2}{3}&\frac{1}{3}&\frac{2}{3}\end{bmatrix},$$

$$A^{(2)}=H^{(1)}AH^{(1)}=\begin{bmatrix}4 & -3 & 0 & 0\\ -3 & \frac{10}{3} & 1 & \frac{4}{3}\\ 0 & 1 & \frac{5}{3} & -\frac{4}{3}\\ 0 & \frac{4}{3} & -\frac{4}{3} & -1\end{bmatrix}。$$

第二步：计算

$$\alpha=-\frac{5}{3},\quad r=\frac{2\sqrt{5}}{3},\quad \boldsymbol{u}=\begin{bmatrix}0 & 0 & 2\sqrt{5} & \frac{\sqrt{5}}{5}\end{bmatrix}^{\mathrm{T}}。$$

则有

$$H^{(2)}=\begin{bmatrix}1 & 0 & 0 & 0\\ 0 & 1 & 0 & 0\\ 0 & 0 & -\frac{3}{5} & -\frac{4}{5}\\ 0 & 0 & -\frac{4}{5} & \frac{3}{5}\end{bmatrix},$$

$$A^{(3)}=H^{(2)}A^{(2)}H^{(2)}=\begin{bmatrix}4 & -3 & 0 & 0\\ -3 & \frac{10}{3} & -\frac{5}{3} & 0\\ 0 & -\frac{5}{3} & -\frac{33}{25} & \frac{68}{75}\\ 0 & 0 & \frac{68}{75} & \frac{149}{75}\end{bmatrix}。$$

因此，即 $A^{(3)}$ 为所求的对称三对角矩阵。

下面给出豪斯霍尔德方法的步骤及程序。

算法 5.3.1 用豪斯霍尔德矩阵作正交相似变换，约化对称矩阵 A 为对称三对角阵。

步骤 1 给定 n 阶对称矩阵 A。

步骤 2 对 $k=1,2,\cdots,n-2$ 时，执行子步骤 2.1～步骤 2.11。

步骤 2.1 令 $q=\sum_{j=k+1}^{n}(a_{jk}^{(k)})^2$；

步骤 2.2 若 $a_{k+1,k}^{(k)}=0$，则令 $\alpha=-q^{\frac{1}{2}}$，否则令 $\alpha=-\frac{q^{\frac{1}{2}}a_{k+1,k}^{(k)}}{|a_{k+1,k}^{(k)}|}$；

步骤 2.3 令 $\mathrm{RSQ}=a^2-aa_{k+1,k}^{(k)}$（注：$\mathrm{RSQ}=2r^2$）；

步骤 2.4 令 $v_k=0,v_{k+1}=a_{k+1,k}^{(k)}-\alpha$，

对 $j=k+2,\cdots,n$，令 $y_j=a_{jk}^{(k)}$ $\left[注：\boldsymbol{u}=\left(\frac{1}{\sqrt{2\mathrm{RSQ}}}\right)\boldsymbol{v}=\frac{1}{2r}\boldsymbol{v}\right]$；

步骤 2.5 对 $j=k,k+1,\cdots,n$，令 $s_j=\frac{1}{\mathrm{RSQ}}\sum_{i=k+1}^{n}a_{ji}^{(k)}v_i$

$\left[注：\boldsymbol{s}=\left(\frac{1}{\mathrm{RSQ}}\right)A^{(k)}\boldsymbol{v}=\frac{1}{2r^2}A^{(k)}\boldsymbol{v}=\frac{1}{r}A^{(k)}\boldsymbol{u}\right]$；

步骤 2.6　令 $\mathrm{PROD}=\sum_{i=k+1}^{n} v_i s_i\left(注：\mathrm{PROD}=\boldsymbol{v}^{\mathrm{T}}\boldsymbol{s}=\frac{1}{2r^2}\boldsymbol{v}^{\mathrm{T}}\boldsymbol{A}^{(k)}\boldsymbol{v}\right)$；

步骤 2.7　对 $j=k,k+1,\cdots,n$，令 $z_j=s_j-\left(\frac{\mathrm{PROD}}{2\mathrm{RSQ}}\right)v_j$

$\left(注：\boldsymbol{z}=\boldsymbol{s}-\frac{1}{2\mathrm{RSQ}}\boldsymbol{v}^{\mathrm{T}}\boldsymbol{s}\boldsymbol{v}=\boldsymbol{s}-\frac{1}{4r^2}\boldsymbol{v}^{\mathrm{T}}\boldsymbol{s}\boldsymbol{v}\right),\boldsymbol{s}-\boldsymbol{u}\boldsymbol{u}^{\mathrm{T}}\boldsymbol{s}=\frac{1}{r}\boldsymbol{A}^{(k)}\boldsymbol{u}-\boldsymbol{u}\boldsymbol{u}^{\mathrm{T}}\ \frac{1}{r}\boldsymbol{A}^{(k)}\boldsymbol{u}$；

步骤 2.8　对 $l=k+1,k+2,\cdots,n-1$，执行步骤 2.8.1～步骤 2.8.2：

（注：计算 $\boldsymbol{A}^{(k+1)}=\boldsymbol{A}^{(k)}-\boldsymbol{v}\boldsymbol{z}^{\mathrm{T}}-\boldsymbol{z}\boldsymbol{v}^{\mathrm{T}}=(\boldsymbol{I}-2\boldsymbol{u}\boldsymbol{u}^{\mathrm{T}})\boldsymbol{A}^{(k)}(\boldsymbol{I}-2\boldsymbol{u}\boldsymbol{u}^{\mathrm{T}})$）

步骤 2.8.1　对 $j=l+1,\cdots,n$，令

$a_{jl}^{(k+1)}=a_{jl}^{(k)}-v_l z_j-v_j z_l, a_{lj}^{(k+1)}=a_{jl}^{(k+1)}$；

步骤 2.8.2　令 $a_{jl}^{(k+1)}=a_{jl}^{(k)}-2v_l z_l$；

步骤 2.9　令 $a_{nn}^{(k+1)}=a_{nn}^{(k)}-2v_n z_n$；

步骤 2.10　对 $j=k+2,\cdots,n$，令 $a_{kj}^{(k+1)}=a_{jk}^{(k+1)}=0$；

步骤 2.11　令 $a_{k+1,k}^{(k+1)}=a_{k+1,k}^{(k)}-v_{k+1}z_k, a_{k,k+1}^{(k+1)}=a_{k+1,k}^{(k+1)}$（注：$\boldsymbol{A}^{(k+1)}$ 的其他元素与 $\boldsymbol{A}^{(k)}$ 相同）。

步骤 3　输出矩阵 $\boldsymbol{A}^{(n-1)}$，算法终止。

对算法 5.3.1，利用 MATLAB 编写 M 文件 Householder.m 如下。

```
function tridiag_matrix= Householder(A)
n= size(A,1); v= zeros(n,1);s= v;z=v;
for k= 1:n-2
  q= sum(A(k+1:n ,k).^2);
  if A(k+ 1,k)== 0
    alpha= -sqrt(q);
  else
    alpha= -(sqrt(q) * A(k+1,k))/abs(A(k+1,k));
  end
  RSQ= alpha^2- alpha * A(k+1,k);
  v(k)= 0;v(k+1)= A(k+1,k)- alpha;
  for j= k+2:n
    v(j)=A(j,k);
  end
  for j=k:n
    s(j)=(1/RSQ) * sum(A(j,k+1:n).* v(k+1:n)');
  end
  PROD= sum(v(k+1:n).* s(k+1:n));
  for j= k:n
    z(j)=s(j)-(PROD/(2 * RSQ)) * v(j);
  end
  for l= k+1:n-1
    for j=l+1:n
      A(j,l)=A(j,l)-v(l) * z(j)-v(j) * z(l);
      A(l,j)= A(j,l);
```

```
    end
    A(l,l)= A(l,l)-2 * v(l) * z(l);
  end
  A(n,n)= A(n,n)- 2 * v(n) * z(n);
  for j= k+2:n
    A(k,j)=0;A(j,k)=0;
  end
  A(k+1,k)= A(k+1,k)- v(k+1) * z(k);
  A(k,k+1)=A(k+1,k);
end
tridiag_matrix=A;
```

例 5.3.2 调用上述程序,将对称矩阵

$$\boldsymbol{A}=\begin{bmatrix} 4 & 1 & -2 & 2 \\ 1 & 2 & 0 & 1 \\ -2 & 0 & 3 & -2 \\ 2 & 1 & -2 & -1 \end{bmatrix}$$

化为对称三对角矩阵。

解 编写如下 M 文件调用函数 Householder.m,并运行。

```
% Example5_3_2
A=[ 4,1,-2,2; 1,2,0,1; -2,0,3,-2; 2,1,-2,-1 ];
tridiag_matrix=Householder(A)
```

运行得到结果:

```
tridiag_matrix =
  4.0000  -3.0000   0        0
 -3.0000   3.3333  -1.6667  0
  0       -1.6667  -1.3200  0.9067
  0        0        0.9067  1.9867
```

算法 5.3.1 利用豪斯霍尔德矩阵作正交相似变换,将一个对称矩阵 $\boldsymbol{A}$ 化为对称三角阵。对一般非对称矩阵 $\boldsymbol{A}$,利用豪斯霍尔德矩阵作正交相似变换能够将 $\boldsymbol{A}$ 化为一个上海森伯格(Hessenberg)矩阵,亦称为拟上三角矩阵,指的是次对角线以下的元素全为零的矩阵,即

$$\begin{bmatrix} * & * & \cdots & * \\ * & * & \cdots & * \\ & \ddots & \ddots & * \\ & & * & * \end{bmatrix}。$$

由于缺乏对称性,我们需要对前面算法作适当修改,得到如下算法。

算法 5.3.2 用豪斯霍尔德矩阵作正交相似变换,约化矩阵 $\boldsymbol{A}$ 为上海森伯格矩阵。

步骤 1 给定 n 阶矩阵 $\boldsymbol{A}$。

步骤 2 对 $k=1,2,\cdots,n-2$ 时,执行子步骤 2.1~步骤 2.8:

步骤 2.1~步骤 2.4 (与算法 5.3.1 的步骤 2.1~步骤 2.4 一致,略);

步骤 2.5 对 $j=1,2,\cdots,n$，令 $s_j=\left(\frac{1}{\mathrm{RSQ}}\right)\sum_{i=k+1}^{n}a_{ji}^{(k)}v_i$，$y_j=\left(\frac{1}{\mathrm{RSQ}}\right)\sum_{i=k+1}^{n}a_{ij}^{(k)}v_i$；

步骤 2.6（与算法 5.3.1 的步骤 2.6 一致，略）；

步骤 2.7 对 $j=1,2,\cdots,n$，令 $z_j=s_j-\left(\frac{\mathrm{PROD}}{\mathrm{RSQ}}\right)v_j$；

步骤 2.8 对 $l=k+1,k+2,\cdots,n$，执行步骤 2.8.1～步骤 2.8.2：

步骤 2.8.1 对 $j=1,2,\cdots,k$，令 $a_{jl}^{(k+1)}=a_{jl}^{(k)}-z_jv_l$，$a_{lj}^{(k+1)}=a_{lj}^{(k)}-y_jv_l$；

步骤 2.8.2 $j=k+1,\cdots,n$，令 $a_{jl}^{(k+1)}=a_{jl}^{(k)}-z_jv_l-y_lv_j$；

步骤 3 输出矩阵 $\boldsymbol{A}^{(n-1)}$；终止。

对算法 5.3.2 利用 MATLAB 编写 M 文件 Hessenberg.m 如下：

```
function Hbg_matrix=Hessenberg(A)
n= size(A,1); v= zeros(n,1);s= v; z=v; y= v;
for k= 1:n-2
  q= sum(A(k+1:n ,k) .^2);
  if A(k+1,k)==0
    alpha= -sqrt(q);
  else
    alpha= -(sqrt(q) * A(k+1,k))/abs(A(k+1,k));
  end
  RSQ= alpha^2- alpha * A(k+1,k);
  v(k)= 0;v(k+1)= A(k+1,k)- alpha;
  for j= k+2:n
    v(j)=A(j,k);
  end
  for j=1:n
    s(j)=(1/RSQ) * sum(A(j,k+1:n) .* v(k+1:n)');
    y(j)=(1/RSQ) * sum(A(k+1:n,j) .* v(k+1:n));
  end
  PROD= sum(v(k+1:n) .* s(k+1:n));
  for j= 1:n
    z(j)=s(j)-(PROD/(RSQ)) * v(j);
  end
  for l= k+1:n
    for j=1:k
      A(j,l)=A(j,l)- z(j) * v(l);
      A(l,j)= A(l,j)-y(j) * v(l);
    end
    for j= k+ 1:n
      A(j,l)= A(j,l)- z(j) * v(l)- y(l) * v(j);
    end
  end
end
Hbg_matrix=A;
```

例 5.3.3 利用算法 5.3.2 将矩阵

$$\boldsymbol{A}=\begin{bmatrix}1&2&3&4\\3&4&1&2\\4&1&2&3\\2&3&4&1\end{bmatrix}$$

化为上海森伯格矩阵。

解 编写如下 M 文件调用函数 Hessenberg.m,并运行。

```
% Example5_3_3
A=[ 1,2,3,4; 3,4,1,2; 4,1,2,3; 2,3,4,1 ];
Hbg_matrix=Hessenberg (A)
```

运行得到:

```
Hbg_matrix =
  1.0000  -4.8281   2.1574   1.0175
 -5.3852   6.2759  -1.7979   0.5586
  0.0000  -3.0838  -1.4804  -0.9560
 -0.0000  -0.0000  -0.7703   2.2046
```

5.4 QR 方法

在 5.1 节中讨论的方法只能求矩阵的一个特征值及其对应的特征向量,5.2 节中讨论了求实对称矩阵的所有特征值及特征向量,而许多实际问题通常要求一般矩阵的所有的特征值及特征向量。本节介绍的 QR 方法是一种变换方法,是计算矩阵全部特征值的最有效方法之一,可以用来求一般矩阵的所有特征值。目前,QR 方法主要用来计算上海森伯格矩阵以及对称三对角矩阵的全部特征值。QR 方法具有收敛快,算法稳定等特点。

5.4.1 矩阵的正交三角分解

任何一个 n 阶实矩阵 $\boldsymbol{A}$ 总可分解成 $\boldsymbol{A}=\boldsymbol{QR}$,其中 $\boldsymbol{Q}$ 为正交矩阵,$\boldsymbol{R}$ 为上三角矩阵。

设 $\boldsymbol{A}_1=\boldsymbol{A}$,可以构造豪斯霍尔德矩阵 $\boldsymbol{H}_1$,使

$$\boldsymbol{A}_2=\boldsymbol{H}_1\boldsymbol{A}_1=\begin{bmatrix}a_1&*&\cdots&*\\0&*&\cdots&*\\\vdots&\vdots&&\vdots\\0&*&\cdots&*\end{bmatrix}。$$

又可以构造豪斯霍尔德 矩阵 $\boldsymbol{H}_2$,使

$$\boldsymbol{A}_3=\boldsymbol{H}_2\boldsymbol{A}_2=\begin{bmatrix}a_1&*&*&\cdots&*\\0&a_2&*&\cdots&*\\0&0&*&\cdots&*\\\vdots&\vdots&\vdots&&\vdots\\0&0&*&\cdots&*\end{bmatrix}。$$

作 $n-1$ 次变换后，$\boldsymbol{A}$ 化为上三角矩阵 $\boldsymbol{A}_n$

$$\boldsymbol{A}_n=\boldsymbol{H}_{n-1}\boldsymbol{H}_{n-2}\cdots\boldsymbol{H}_2\boldsymbol{H}_1\boldsymbol{A}=\begin{bmatrix} a_1 & * & * & \cdots & * \\ & a_2 & * & \cdots & * \\ & & \ddots & \ddots & \vdots \\ & & & a_{n-1} & * \\ & & & & a_n \end{bmatrix}。$$

记 $\boldsymbol{Q}=\boldsymbol{H}_1\boldsymbol{H}_2\cdots\boldsymbol{H}_{n-1}$，$\boldsymbol{R}=\boldsymbol{A}_n$，则 $\boldsymbol{A}=\boldsymbol{QR}$。

因 $\boldsymbol{Q}$ 是正交矩阵的乘积，所以也是正交矩阵，$\boldsymbol{R}$ 是上三角矩阵，这种分解称为 $\boldsymbol{A}$ 的正交三角分解，简称 QR 分解。

5.4.2 QR 方法

QR 方法是目前求矩阵所有特征值的最有效方法。

令 $\boldsymbol{A}_1=\boldsymbol{A}$，对 $\boldsymbol{A}_1$ 作分解 $\boldsymbol{A}_1=\boldsymbol{F}_1\boldsymbol{R}_1$，其中 $\boldsymbol{F}_1$ 非奇异，反序相乘有 $\boldsymbol{A}_2=\boldsymbol{R}_1\boldsymbol{F}_1$。

又对 $\boldsymbol{A}_2$ 作分解 $\boldsymbol{A}_2=\boldsymbol{F}_2\boldsymbol{R}_2$，其中 $\boldsymbol{F}_2$ 非奇异，反序相乘有 $\boldsymbol{A}_3=\boldsymbol{R}_2\boldsymbol{F}_2$。则 $\boldsymbol{A}_3=\boldsymbol{R}_2\boldsymbol{F}_2=\boldsymbol{F}_2^{-1}\boldsymbol{A}_2\boldsymbol{F}_2$。

这样可产生一个矩阵序列 $\{\boldsymbol{A}_k\}$：

$$\begin{cases} \boldsymbol{A}_1=\boldsymbol{A}, \\ \boldsymbol{A}_k=\boldsymbol{F}_k\boldsymbol{R}_k, \qquad k=1,2,\cdots。 \\ \boldsymbol{A}_{k+1}=\boldsymbol{R}_k\boldsymbol{F}_k, \end{cases}$$

容易证明 $\{\boldsymbol{A}_k\}$ 是相似矩阵序列，因此它们具有相同的特征值，且

$$\boldsymbol{A}_{k+1}=\boldsymbol{F}_k^{-1}\boldsymbol{A}_k\boldsymbol{F}_k=(\boldsymbol{F}_1\boldsymbol{F}_2\cdots\boldsymbol{F}_k)^{-1}\boldsymbol{A}(\boldsymbol{F}_1\boldsymbol{F}_2\cdots\boldsymbol{F}_k)。$$

这说明 $\boldsymbol{A}_{k+1}$ 与 $\boldsymbol{A}_k$ 相似，也说明 $\boldsymbol{A}_{k+1}$ 与 $\boldsymbol{A}$ 有相同的特征值。当矩阵序列收敛到上三角矩阵（或分块上三角矩阵）时，我们就可以较容易地得到原矩阵 $\boldsymbol{A}$ 的特征值。

在实际计算中，若 $\boldsymbol{A}$ 为一般的实矩阵，则 QR 方法收敛速度较慢，因此通常先利用 5.3 节中介绍的豪斯霍尔德方法相似约化为对称三对角矩阵，或者上海森伯格矩阵，然后进一步利用 QR 方法求解，这样收敛会较快。所以，下面我们主要针对矩阵 $\boldsymbol{A}$ 为对称三对角的情形描述矩阵的 QR 分解，以及 QR 方法求矩阵的所有特征值。

定理 5.4.1 若 $k\to\infty$ 时，乘积矩阵 $\{\boldsymbol{F}_1\boldsymbol{F}_2\cdots\boldsymbol{F}_k\}$ 收敛于一个非奇异矩阵 $\boldsymbol{F}$，并且每一个 $\boldsymbol{R}_k$ 均为一个上三角矩阵，则 $\{\boldsymbol{A}_k\}$ 收敛于一个上三角矩阵 $\boldsymbol{R}$，且 $\boldsymbol{A}$ 的特征值就为 $\boldsymbol{R}$ 的对角线元素。

证明 由于 $\{\boldsymbol{F}_1\boldsymbol{F}_2\cdots\boldsymbol{F}_k\}$ 收敛，则有极限

$$\lim_{k\to\infty}\boldsymbol{F}_k=\lim_{k\to\infty}(\boldsymbol{F}_1\boldsymbol{F}_2\cdots\boldsymbol{F}_{k-1})^{-1}(\boldsymbol{F}_1\cdots\boldsymbol{F}_{k-1}\boldsymbol{F}_k)=\boldsymbol{I},$$

$$\begin{aligned}\boldsymbol{R}&=\lim_{k\to\infty}\boldsymbol{R}_k=\lim_{k\to\infty}\boldsymbol{A}_{k+1}\boldsymbol{F}_k^{-1}\\&=\lim_{k\to\infty}(\boldsymbol{F}_1\cdots\boldsymbol{F}_{k-1}\boldsymbol{F}_k)^{-1}\boldsymbol{A}(\boldsymbol{F}_1\cdots\boldsymbol{F}_{k-1}\boldsymbol{F}_k)\boldsymbol{F}_k^{-1}=\boldsymbol{F}^{-1}\boldsymbol{AF}。\end{aligned}$$

又由于每一个 $\boldsymbol{R}_k$ 均为上三角矩阵，故 $\boldsymbol{R}$ 也为上三角矩阵，因此

$$\lim_{k\to\infty}\boldsymbol{A}_k=\lim_{k\to\infty}\boldsymbol{F}_k\boldsymbol{R}_k=\boldsymbol{R}。$$

(1) 当取 $\boldsymbol{F}_k$ 为下三角矩阵 $\boldsymbol{L}$，$\boldsymbol{R}_k$ 为上三角矩阵时，就得到矩阵的 LR 分解，常用杜利特

尔方法和楚列斯基方法进行分解。

(2) 当取 $\boldsymbol{F}_k$ 为正交矩阵 $\boldsymbol{Q}$，$\boldsymbol{R}_k$ 为上三角矩阵时，就得到矩阵的 QR 分解，常用吉文斯方法、豪斯霍尔德方法进行分解。

算法 5.4.1 QR 方法

步骤 1 给定，$a_1^{(1)},\cdots,a_n^{(1)},b_2^{(1)},\cdots,b_n^{(1)}$，容限 ε，最大迭代次数 N，令 $n=N$，置 $k=1$。

SHIFT=0(平移常数累计初始化)。

步骤 2 对 $k\leqslant N$ 时，执行步骤 2.1～步骤 2.17 (步骤 2.1～步骤 2.5 为终止性判定)。

步骤 2.1 若 $|b_n^{(k)}|\leqslant\varepsilon$，则令 $\lambda=a_n^{(k)}+\text{SHIFT}$；输出 λ，并令 $n=n-1$；

步骤 2.2 若 $|b_2^{(k)}|\leqslant\varepsilon$，则令 $\lambda=a_1^{(k)}+\text{SHIFT}$；输出 λ，并令 $n=n-1$；

令 $a_1^{(k)}=a_2^{(k)}$；对 $j=2,\cdots,n$，令 $a_j^{(k)}=a_{j+1}^{(k)},b_j^{(k)}=b_{j+1}^{(k)}$；

步骤 2.3 如果 $n=0$ 算法终止；

步骤 2.4 如果 $n=1$，则令 $\lambda=a_1^{(k)}+\text{SHIFT}$；输出 λ，算法终止；

步骤 2.5 对 $j=3,\cdots,n-1$，如果 $|b_j^{(k)}|\leqslant\varepsilon$，则输出('split into',$a_1^{(k)},\cdots,a_{j-1}^{(k)},b_2^{(k)},\cdots,b_{j-1}^{(k)}$,'and',$a_j^{(k)},\cdots,a_n^{(k)},b_{j+1}^{(k)},\cdots,b_n^{(k)}$,SHIFT)，算法终止；

(注：拆分成两个矩阵，分别重新计算)

(步骤 2.6～步骤 2.9 为计算平移常数)

步骤 2.6 令 $b=-(a_{n-1}^{(k)}+a_n^{(k)}),c=a_n^{(k)}a_{n-1}^{(k)}-(b_n^{(k)})^2,d=(b^2-4c)^{\frac{1}{2}}$；

步骤 2.7 如果 $b>0$，则令 $\mu_1=-2c/(b+d),\mu_2=-(b+d)/2$，否则令

$\mu_1=(d-b)/2,\mu_2=2c/(d-b)$；

步骤 2.8 如果 $n=2$，则令 $\lambda_1=\mu_1+\text{SHIFT},\lambda_2=\mu_2+\text{SHIFT}$；输出 λ_1,λ_2，算法终止；

步骤 2.9 选取 s 使得 $|s-a_n^{(k)}|=\min\{|\mu_1-a_n^{(k)}|,|\mu_2-a_n^{(k)}|\}$；

步骤 2.10 (累计平移常数) 令 SHIFT= SHIFT$+s$；

步骤 2.11 (执行平移) 对 $j=1,\cdots,n$，令 $d_j=a_j^{(k)}-s$；

(步骤 2.12～步骤 2.13 为计算矩阵 $\boldsymbol{R}^{(k)}$)

步骤 2.12 令 $x_1=d_1,y_1=b_2$；

步骤 2.13 对 $j=2,\cdots,n$，令

$z_{j-1}=[x_{j-1}^2+(b_j^{(k)})^2]^{\frac{1}{2}},c_j=\dfrac{x_{j-1}}{z_{j-1}},s_j=\dfrac{b_j^{(k)}}{z_{j-1}},q_{j-1}=c_jy_{j-1}+s_jd_j$，

$x_j=-s_jy_{j-1}+c_jd_j$；如果 $j\neq n$，则令 $r_{j-1}=s_jb_{j+1}^{(k)},y_j=c_jb_{j+1}^{(k)}$；

(已经计算得 $\boldsymbol{A}_j^{(k)}=\boldsymbol{P}_j\boldsymbol{A}_{j-1}^{(k)}$，且 $\boldsymbol{R}^{(k)}=\boldsymbol{A}_n^{(k)}$)

(步骤 2.14～步骤 2.16 为计算 $\boldsymbol{A}^{(k+1)}$)

步骤 2.14 令 $z_n=x_n,a_1^{(k+1)}=s_2q_1+c_2z_1,b_2^{(k+1)}=s_2z_2$；

步骤 2.15 对 $j=2,3,\cdots,n-1$，令 $a_j^{(k+1)}=s_{j+1}q_j+c_jc_{j+1}z_j,b_{j+1}^{(k+1)}=s_{j+1}z_{j+1}$；

步骤 2.16 令 $a_n^{(k+1)}=c_nz_n$；

步骤 2.17 令 $k=k+1$。

步骤 3 输出(“算法超出最大迭代次数。”)，算法终止。

对算法 5.4.1 利用 MATLAB 编写 M 文件 QR.m 如下。

```
function[k,lambda_array]= QR(a,b,eps,N)
n=length(a);b=[1, b];SHIFT=0;lambda_array=[];
for k=1:N
    if abs(b(n))<=eps
        lambda= a(n)+ SHIFT;
        lambda_array=[lambda_array; lambda];n=n-1;
    end
    if abs(b(2))<=eps
        lambda= a(1)+ SHIFT;
        lambda_array=[lambda_array; lambda];
        n=n-1;a(1)= a(2);
        for j= 2:n
            a(j)= a(j+1); b(j)= b(j+1);
        end
    end
    if n== 0
        return
    end
    if n== 1
        lambda= a(1)+ SHIFT;
        lambda_array=[lambda_array; lambda];
        return
    end
    for j= 3:n-1
        if abs(b(j))<= eps
            fprintf('split into:% 10.9f,...,% 10.9f,% 10.9f,...,% 10.9f,and % 10.9
f,...,% 10.9f, % 10.9f,...,% 10.9f, % 10.9f',a(1),a(j-1),b(2),b(j-1),a(j),a(n),
b(j+1),b(n), SHIFT);
                return
        end
    end
    B= -(a(n-1)+a(n));C=a(n)*a(n-1)-(b(n))^2;
    D= (B^2-4*C)^(0.5);
    if B> 0
        mu_1= -(2*C)/(B+D); mu_2= -(B+D)/2;
    else
        mu_1= (D-B)/2; mu_2= 2*C/(D-B);
    end
    if n== 2
        lambda_1= mu_1+ SHIFT; lambda_2= mu_2+ SHIFT;
        lambda_array=[ lambda_array; lambda_1; lambda_2];
        return
    end
    if abs(mu_1-a(n))<=abs(mu_2-a(n))
```

```
            S= mu_1;
        else
            S= mu_2;
        end
        SHIFT= SHIFT+S;
        for j=1:n
        d(j)= a(j) - S;
        end
        x(1)= d(1);y(1)=b(2);
        for j= 2: n
            z(j-1)= (x(j-1)^2+b(j)^2)^(0.5);
            c(j)= x(j-1)/ z(j-1); s(j)= b(j)/ z(j-1);
            q(j-1)= c(j) * y(j-1)+s(j) * d(j);
            x(j)=-s(j) * y(j-1)+c(j) * d(j);
            if j~=n
                r(j-1)= s(j) * b(j+1); y(j)=c(j) * b(j+1);
            end
        end
        z(n) =x(n); a(1)= s(2) * q(1)+c(2) * z(1);
        b(2)= s(2) * z(2);
        for j= 2:n-1
            a(j)=s(j+1) * q(j)+c(j) * c(j+1) * z(j);
            b(j+1)= s(j+1) *  z(j+1);
        end
        a(n)=c(n) * z(n);
        if k== N
            warning('算法超过最大迭代次数!')
        end
    end
```

例 5.4.1 求矩阵

$$\boldsymbol{A}=\begin{bmatrix}3&1&0\\1&3&1\\0&1&3\end{bmatrix}$$

的全部特征值。

解 显然有

$$\begin{bmatrix}3&1&0\\1&3&1\\0&1&3\end{bmatrix}=\begin{bmatrix}a_1^{(1)}&b_2^{(1)}&0\\b_2^{(1)}&a_2^{(1)}&b_3^{(1)}\\0&b_3^{(1)}&a_3^{(1)}\end{bmatrix}。$$

编写如下 M 文件调用函数 QR.m,并运行。

```
% Example5_4_1
a= [3;3;3];b= [1,1];eps=1e-6;N=300;
```

```
[k, lambda_array]= QR(a,b,eps,N)
```

运行得到：

```
k= 4
lambda_array=
  4.414213562    3.000000000    1.585786438
```

最后，在实际应用中，还经常会碰到实对称正定矩阵求特征值和特征向量的情况，对于这种比较特殊的矩阵，可以用 5.2 节介绍的雅可比方法进行讨论，也可以用本节介绍的 QR 方法讨论。还可以用三角分解法来求解，称为 LR 方法。这里不从理论上对这种方法进行论证，下面仅举例说明其用法。

例 5.4.2 用 LR 方法求对称正定矩阵 $\boldsymbol{A}$ 的所有特征值，其中

$$\boldsymbol{A}=\begin{bmatrix}7 & 3 & 1\\3 & 4 & 2\\1 & 2 & 3\end{bmatrix}。$$

解 对 $\boldsymbol{A}$ 使用楚列斯基分解得

$$\boldsymbol{L}_1=\begin{bmatrix}2.645751 & 0 & 0\\1.133893 & 1.647510 & 0\\0.33779645 & 9.9538204 & 1.395481\end{bmatrix},$$

反序相乘得

$$\boldsymbol{A}_2=\boldsymbol{L}_1^{\mathrm{T}}\boldsymbol{L}_1=\begin{bmatrix}8.428568 & 2.228609 & 0.5274423\\2.228609 & 3.624061 & 1.331038\\0.5274423 & 1.331038 & 1.947367\end{bmatrix}。$$

继续以上计算过程，再分解并反序相乘得

$$\boldsymbol{A}_{12}=\begin{bmatrix}9.433488 & 0.0160184 & 0.0000184\\0.0160184 & 3.419430 & 0.0062214\\0.0000184 & 0.0062214 & 1.147035\end{bmatrix}。$$

矩阵 $\boldsymbol{A}$ 的特征值的准确值为 9.433551，3.419421，1.147028。

MATLAB 计算特征值与特征向量

```
clc;clear;close;
A=[7,3,1;3,4,2;1,2,3];
[X,B]=eig(A) %求矩阵 A 的特征值和特征向量,其中 B 的对角线元素是特征值,
%X 的列是相应的特征向量
X =
  -0.2614   0.5572  -0.7881
   0.7231  -0.4279  -0.5423
  -0.6394  -0.7116  -0.2911
B =
  1.1470  0       0
  0       3.4194  0
  0       0       9.4336
```

5.5 小 结

本章讨论近似求解矩阵的特征值和特征向量。幂法用于求任意矩阵的按模最大的特征值及相应的特征向量,反幂法用求矩阵按模最小的特征及相应的特征向量,也可以求与一个给定的数最靠近的特征值及相应的特征向量。

豪斯霍尔德方法利用正交相似变换,能将对称矩阵约化为对称三对角矩阵,能将一般的非对称矩阵相似约化为上海森伯格矩阵,矩阵经过约化后,可以进一步利用 QR 方法求出所有的特征值,这样比直接利用 QR 方法于约化前的矩阵时的收敛速度快。当用 QR 方法求得矩阵的特征值之后,可以再利用反幂法求得相应的特征向量,或者通过修改 QR 方法以实现同时获得相应的特征向量。关于求矩阵特征值和特征向量更系统的知识,可以参阅其他相关文献。

5.6 习 题

1. 填空题:

(1) 幂法主要用于求一般矩阵的________特征值,雅可比旋转法用于求对称矩阵的________特征值。

(2) 古典雅可比法是选择________的一对________元素将其消为零。

(3) QR 方法用于求矩阵的全部特征值,反幂法可以用于求与一个给定数最接近的________及其对应的________。

2. 用幂法求矩阵

(1) $\begin{bmatrix} 6 & 2 & 1 \\ 2 & 3 & 1 \\ 1 & 1 & 1 \end{bmatrix}$, (2) $\begin{bmatrix} -4 & 14 & 0 \\ -5 & 13 & 0 \\ -1 & 0 & 2 \end{bmatrix}$

的按模最大的特征值和对应的特征向量,精确到小数三位。

3. 已知 $\boldsymbol{A}=\begin{bmatrix} 2 & -1 & 0 \\ -1 & 2 & -1 \\ 0 & -1 & 2 \end{bmatrix}$,用反幂法求按模最小的特征值。

4. 若 $\boldsymbol{A}$ 的特征值为 $\lambda_1,\lambda_2,\cdots,\lambda_n$,$t$ 是一实数,证明 λ_i-t 是 $\boldsymbol{A}-t\boldsymbol{I}$ 的特征值,且特征向量不变。

5. 已知 $\boldsymbol{A}=\begin{bmatrix} 1 & 2 & 0 \\ 2 & -1 & 1 \\ 0 & 1 & 3 \end{bmatrix}$,用雅可比方法求其所有特征值和相应的特征向量。

6. 设 $\boldsymbol{A}$ 为 n 阶实对称矩阵,其特征值为 $\lambda_1\geqslant\lambda_2\geqslant\cdots\geqslant\lambda_n$,对应的特征向量 $\boldsymbol{x}_1,\boldsymbol{x}_2,\cdots,\boldsymbol{x}_n$ 为正交单位向量组,证明:

(1) $\lambda_n\leqslant\dfrac{(\boldsymbol{Ax},\boldsymbol{x})}{(\boldsymbol{x},\boldsymbol{x})}\leqslant\lambda_1,\ \forall\,\boldsymbol{x}\neq\boldsymbol{0},\boldsymbol{x}\in\mathbb{R}^n$;

(2) $\lambda_1=\max\limits_{\boldsymbol{x}\neq\boldsymbol{0}}\dfrac{(\boldsymbol{Ax},\boldsymbol{x})}{(\boldsymbol{x},\boldsymbol{x})}$;

(3) $\lambda_n = \min\limits_{x \neq 0} \frac{(\boldsymbol{Ax}, \boldsymbol{x})}{(\boldsymbol{x}, \boldsymbol{x})}$。

5.7 数值实验题

1. 用幂法求矩阵 $\boldsymbol{A}$ 的主特征值及相应的特征向量，其中

$$\boldsymbol{A} = \begin{bmatrix} 2 & 3 & 2 & 3 \\ 3 & 3 & 2 & 1 \\ 2 & 2 & 4 & 4 \\ 3 & -1 & 4 & 4 \end{bmatrix}。$$

2. 用反幂法求矩阵 $\boldsymbol{A}$ 的按模最小的特征值及相应的特征向量，其中

$$\boldsymbol{A} = \begin{bmatrix} 2 & 3 & 2 & 3 \\ 3 & 3 & 2 & 1 \\ 2 & 2 & 4 & 4 \\ 3 & -1 & 4 & 4 \end{bmatrix}。$$

3. 用豪斯霍尔德方法把矩阵

$$\begin{bmatrix} 8.0 & 0.25 & 0.5 & 2 & -1 \\ 0.25 & -4 & 0 & 1 & 2 \\ 0.5 & 0 & 5 & 0.75 & -1 \\ 2 & 1 & 0.75 & 5 & -0.5 \\ -1 & 2 & -1 & 0.5 & 6 \end{bmatrix}$$

约化为三对角矩阵。

4. 用 QR 方法求下面矩阵的全部特征值：

$$\begin{bmatrix} 5 & -1 & 0 & 0 & 0 \\ -1 & 4.5 & 0.2 & 0 & 0 \\ 0 & 0.2 & 1 & -0.4 & 0 \\ 0 & 0 & -0.4 & 3 & 1 \\ 0 & 0 & 0 & 1 & 3 \end{bmatrix}。$$

5. 用 QR 方法求下面矩阵的全部特征值：

$$\begin{bmatrix} 5 & -2 & -0.5 & 1.5 \\ -2 & 5 & 1.5 & -0.5 \\ -0.5 & 1.5 & 5 & -2 \\ 1.5 & -0.5 & -2 & 5 \end{bmatrix}。$$

应用案例：弹簧—重物系统的频率计算

如应图 5.1 所示的弹簧—重物系统，包括 3 个质量分别为 m_1, m_2, m_3 的重物，它们的垂直位置分别为 y_1, y_2, y_3，由 3 个弹性系数分别为 k_1, k_2, k_3 的弹簧相连，根据牛顿第二定律，系统运动满足下面的常微分方程

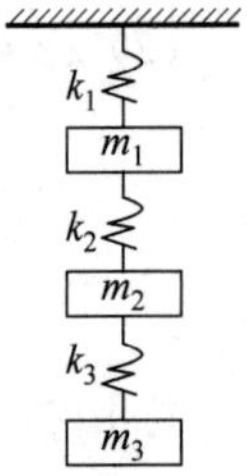

应图 5.1

$$My''+Ky=0,$$

其中

$$M=\begin{bmatrix} m_1 & 0 & 0 \\ 0 & m_2 & 0 \\ 0 & 0 & m_3 \end{bmatrix}$$

称为质量矩阵,而

$$K=\begin{bmatrix} k_1+k_2 & -k_2 & 0 \\ -k_2 & k_2+k_3 & -k_3 \\ 0 & -k_3 & k_3 \end{bmatrix}$$

称为刚性矩阵,$y=\begin{pmatrix} y_1 \\ y_2 \\ y_3 \end{pmatrix}$。

这个系统以自然频率 ω 做谐波运动,解的分量由

$$y_k(t)=x_k e^{i\omega t}, \quad k=1,2,3$$

给出,其中 x_k 是振幅,$i=\sqrt{-1}$。为确定频率 ω 及振动的波形(即振幅 x_k),注意到对解的每个分量,有

$$y''_k(t)=-\omega^2 x_k e^{i\omega t}。$$

将这个关系式代入常微分方程,则得到代数方程

$$Kx=\omega^2 Mx, \quad 或 \quad Ax=\lambda x,$$

其中 $A=M^{-1}K,\lambda=\omega^2$。这样,弹簧—重物系统的自然频率和振幅可由特征问题的解得到。

设 $k_1=k_2=k_3=1,m_1=2,m_2=3,m_3=4$,单位任取,从而有

$$A=\begin{bmatrix} 1 & \frac{1}{2} & 0 \\ -\frac{1}{3} & \frac{2}{3} & -\frac{1}{3} \\ 0 & -\frac{1}{4} & \frac{1}{4} \end{bmatrix}。$$

应用 QR 方法,可以求得矩阵 A 的特征值为

$$\lambda_1=1.3005428, \quad \lambda_2=0.5587894, \quad \lambda_3=0.0573345,$$

对应的特征向量为

$$x_1=(0.8507128,-0.5113511,0.1216873)^T,$$

$$x_2=(-0.4959097,-0.7040620,0.5083013)^T,$$

$$x_3=(0.1742450,0.4927643,0.8525386)^T。$$

从而得到弹簧—重物系统的自然频率分别为 1.1404134,0.7475222,0.2394462,对应于三个自然频率的振幅分别为 x_1,x_2,x_3。

第6章

非线性方程(组)的求根

在 GPS 导航、电路和电力系统计算、人口出生率计算,以及非线性力学等科学与工程的计算中,常常会遇到非线性方程(组)的求根问题。挪威数学家阿贝尔(Abel)于 1824 年证明,n 次方程($n\geqslant 5$)没有公式解,故求解高次方程的精确解是一个世界难题。除少数特殊的方程,一般都没有解析求解的方法。另外,还有大量的超越方程存在。所以,用解析方法求解是一件非常困难而几乎是不可能完成的事,而只能利用数值方法近似求解。

非线性方程组

$$\begin{cases} f_1(\boldsymbol{x})=f_1(x_1,x_2,\cdots,x_n)=0, \\ f_2(\boldsymbol{x})=f_2(x_1,x_2,\cdots,x_n)=0, \\ \quad\vdots \\ f_n(\boldsymbol{x})=f_n(x_1,x_2,\cdots,x_n)=0, \end{cases} \tag{6.0.1}$$

其中 $\boldsymbol{x}=(x_1,x_2,\cdots,x_n)^{\mathrm{T}}$,$f_i(\boldsymbol{x})(i=1,2,\cdots,n)$中至少有一个是非线性函数。若记

$$\boldsymbol{F}(\boldsymbol{x})=[f_1(\boldsymbol{x}),f_2(\boldsymbol{x}),\cdots,f_n(\boldsymbol{x})]^{\mathrm{T}},$$

则非线性方程组(6.0.1)改写为

$$\boldsymbol{F}(\boldsymbol{x})=\boldsymbol{0}。 \tag{6.0.2}$$

当 $n=1$ 时,(6.0.2)式简化成求解单变量非线性方程 $f(x)=0$ 的根。

为此,本章介绍求解非线性方程(组)的几种常见的数值方法,这些方法均属于迭代法,即从给定的一个或几个初始近似解出发,按照一定规律产生一个迭代序列,使得该序列收敛到方程(组)的精确解。因此,当迭代次数足够多时,对应的迭代点即可作为方程(组)的近似解。

6.1 二 分 法

本节讨论求单变量非线性方程 $f(x)=0$ 在区间$[a,b]$上的根。

定理 6.1.1(零点定理) 若 $f(x)$在$[a,b]$上连续,且 $f(a)\cdot f(b)<0$,则至少存在一点 $\alpha\in(a,b)$,使 $f(\alpha)=0$。

基本思想:利用零点定理确定根的存在区间,逐步将含根的区间对分。通过判别函数值的符号,将根的存在区间缩小到充分小,从而求出满足精度要求的根的近似值。

计算步骤为,计算函数值 $f\left(\dfrac{a+b}{2}\right)$:

(1) 若 $\left|f\left(\dfrac{a+b}{2}\right)\right|<\varepsilon$,$\varepsilon$ 为预先给定的误差精度,则$\dfrac{a+b}{2}$为所求根的近似值。

(2) 若 $\left|f\left(\dfrac{a+b}{2}\right)\right|\geqslant\varepsilon$,则

当 $f\left(\frac{a+b}{2}\right)\cdot f(a)<0$,取 $a_1=a,b_1=\frac{a+b}{2}$;

当 $f\left(\frac{a+b}{2}\right)\cdot f(a)>0$,取 $a_1=\frac{a+b}{2},b_1=b$。

继续此过程就得到一个包含根的区间套,满足:

(1) $[a,b]\supset[a_1,b_1]\supset[a_2,b_2]\supset\cdots\supset[a_n,b_n]\supset\cdots$

(2) $f(a_k)f(b_k)<0,\exists\alpha\in[a_k,b_k],k=1,2,\cdots,n,\cdots$

(3) $b_k-a_k=\frac{1}{2^k}(b-a),k=1,2,\cdots,n,\cdots$

当 n 充分大时就有 $\alpha\approx\frac{1}{2}(a_n+b_n)$。误差估计式为 $\left|\alpha-\frac{a_n+b_n}{2}\right|\leqslant\frac{b-a}{2^{n+1}}$。

二分法的优点是方法和计算都简单,且对函数 $f(x)$ 的性质要求不高,只需连续即可。其缺点是不能求偶数重根。在应用中常用二分法来判别根的存在区间,或求出根的初始近似值,以便使用其他的快速迭代法求根。

应用中常常是取适当的步长 h,对区间 $[a,b]$ 从左到右逐步扫描,检查小区间的两端函数值符号,从而判断根的存在区间,再用收敛速度快的迭代法,迭代计算求根。步长 h 选择应适当,过大可能漏掉根,过小将会增加计算的工作量。

二分法的 MATLAB 程序如下:

```
%Bisection.m
function [k,x,f_value]= Bisection(f,a,b,eps1,eps2,N)
fprintf( 'k a b x f \n');
for k=1:N
  x=(a+b)/2;
  f_value=f(x);
  fprintf( '% 3d, % 10.9f, % 10.9f, % 10.9f, % 10.9f,\n',...
k, a,b,x,f_value)
  if abs(f_value)<eps1|0.5*(b-a)< eps2
  return
  else
    if f(x) * f(a)<0
      b=x;
    else
      a=x;
    end
    if k==N
      warning('算法超出最大迭代次数!')
      end
    end
end
```

例 6.1.1 用二分法求方程 $f(x)=x^3-3x^2+6x-1=0$ 在区间 $[0,1]$ 上的根。

解 由于 $f'(x)=3x^2-6x+6=3((x-1)^2+1)>0$,且 $f(0)=-1,f(1)=3$,因此方程在 $[0,1]$ 上有唯一实根。利用 MATLAB 编写 M 文件 Example6_1_1.m,并运行,经 13 步

迭代后得到结果，见表 6.1.1。

```
% Example6_1_1.m
a =0; b =1;
eps1=1e-4; eps2=1e-4;
N =300;
f =@(x) (x^3-3*x^2+6*x-1);
Hfun= @Bisection;
[k,x, f_value]= feval(Hfun,f,a,b,eps1,eps2,N)
```

表 6.1.1 用二分法计算例 6.1.1 的结果

k	a_k	b_k	x_k	$f(x_k)$
1	0	1	0.5	1.375
2	0	0.5	0.25	0.328125
3	0	0.25	0.125	−0.294921875
⋮	⋮	⋮	⋮	⋮
11	0.181640625	0.182617188	0.182128906	−0.000697992
12	0.182128906	0.182617188	0.182373047	0.000524212
13	0.182128906	0.182373047	0.182250977	−8.6851E−05

例 6.1.2 判别方程 $x^3-3x+1=0$ 的实根分布的近似区间，要求区间长度不大于 1，并求出最小正根的近似值，精度 $\varepsilon=10^{-4}$。

解 如表 6.1.2 可知，根的存在区间为(−2,−1)，(0,1)，(1,2)。

表 6.1.2

x	−2	−1	0	1	2
$f(x)$	−1	3	1	−1	3

前 7 次的计算结果见表 6.1.3。

表 6.1.3

k	a_k	b_k	x_k	$f(x_k)$
1	0	1	0.5	−3.75
2	0	0.5	0.25	0.265625
3	0.25	0.5	0.375	−0.07227
4	0.25	0.375	0.3125	0.09302
5	0.3125	0.375	0.34375	0.009369
6	0.34375	0.375	0.359375	−0.0−3171
7	0.34375	0.359375	0.3515625	−0.01124

由误差估计式$\frac{b-a}{2^{n+1}}\leqslant\varepsilon$,得到$n\approx13$,所以,近似解为

$$\alpha\approx\frac{a_{13}+b_{13}}{2}=\frac{0.347167968+0.34741209}{2}=0.347290038。$$

且精度$\varepsilon<10^{-4}$。

6.2 迭 代 法

设方程$f(x)=0$可以转化为等价的形式

$$x=g(x), \tag{6.2.1}$$

其中,$g(x)$为连续函数,其取法不唯一,方程(6.2.1)的解称为函数$g(x)$的不动点,求方程(6.2.1)的解的问题称为不动点问题。因此,对于方程$f(x)=0$,为求出它们的一个实根,常常将其化为求解等价的不动点问题,因为不动点问题的形式往往更易于分析求解。

下面讨论用迭代的方法求$g(x)$的不动点α。取某个初值近似值x_0,通过如下迭代

$$x_{k+1}=g(x_k),\quad k=0,1,2,\cdots \tag{6.2.2}$$

得到序列$\{x_k\}$,且序列$\{x_k\}$收敛时,有

$$\lim_{k\to\infty}x_{k+1}=\lim_{k\to\infty}g(x_k)=g(\lim_{k\to\infty}x_k),$$

即$\alpha=g(\alpha)$。由此可知序列$\{x_k\}$的极限α是函数$g(x)$的不动点,也是方程$f(x)=0$的根。函数$g(x)$为迭代函数,构造迭代格式的方法称为迭代法(或不动点迭代),(6.2.2)式称为不动点迭代格式。

单点迭代法:计算第$k+1$个近似值x_{k+1}时仅用到第k个点处的信息。

多点迭代法:计算x_{k+1}时需要用到前面p个点处的信息,一般形式为

$$x_{k+1}=g(x_k,x_{k-1},\cdots,x_{k-p+1})。$$

多点迭代法需要p个起始的初始值$x_0,x_1,\cdots,x_{p-1}$。

不动点迭代法的MATLAB程序如下:

```
% fixed_point.m
function [k,x]=fixed_point(phi,x0,eps,N)
% 功能:用不动点迭代法求解方程 x=g(x)。
fprintf('k x\n');
for k=1:N
    x=phi(x0);
    fprintf( '%3d,%10.9f\n',k,x)
    if abs(x-x0)<eps
        return
    else
        x0=x;
        if k==N
            warning('算法超出最大迭代次数!')
        end
    end
end
```

例 6.2.1 构造不同的迭代格式，求方程 $f(x)=x^3+3x^2-8=0$ 在(1,2)内的近似根。

解 设 $f(x)=x^3+3x^2-8$，则 $f(x)$ 在[1,2]上连续，且易知 $f'(x)>0$。又有

$$f(1)=-4<0,\quad f(2)=12>0,$$

由零点定理知，方程在(1,2)内存在唯一根。迭代格式分别为

(1) $x_{k+1}=g_1(x_k)=x_k-x_k^3-3x_k^2+8$；

(2) $x_{k+1}=g_2(x_k)=\left(\dfrac{8}{x_k}-3x_k\right)^{\frac{1}{2}}$；

(3) $x_{k+1}=g_3(x_k)=\left[\dfrac{1}{3}(8-x_k^3)\right]^{\frac{1}{2}}$；

(4) $x_{k+1}=g_4(x_k)=\left(\dfrac{8}{3+x_k}\right)^{\frac{1}{2}}$；

(5) $x_{k+1}=g_5(x_k)=x_k-\dfrac{x_k^3+3x_k^2-8}{3x_k^2+6x_k}$。

取初值 $x_0=1.5$，利用 MATLAB 编写 M 文件 Example6_2_1.m 并运行，分别对上述 5 种迭代格式运行，详细结果见表 6.2.1。

```
%Example 6_2_1
eps=1e-8; N=300; x0=1.5;
phi1=@(x)(x-x^3-3*x^2+8);
phi2=@(x)((8/x-3*x)^0.5);
phi3=@(x)(((1/3)*(8-x^3))^0.5);
phi4=@(x)((8/(3+x))^0.5);
phi5=@(x)(x-(x^3+3*x^2-8)/(3*x^2+6*x));
Hfun=@fixed_point;
[k,x]=feval(Hfun,phi4,x0,eps,N)
```

表 6.2.1 用不动点迭代法计算例 6.2.1 的结果

k	(1)	(2)	(3)	(4)	(5)
1	1.5	1.5	1.5	1.5	1.5
2	−0.625	0.912871	1.243638702	1.333333333	1.365079365
3	6.447	2.454577	1.424290116	1.358732441	1.355350555
4	−378.2	$(-4.1045)^{1/2}$	1.305205188	1.354767869	1.355301399
5	53697e7		1.387624336	1.355384418	1.355301398
⋮			⋮	⋮	
10			⋮	1.355301399	
⋮			⋮		
40			1.355301425		
45			1.355301394		

由表 6.2.1 数据可看出，迭代格式构造的不同，可能会出现发散或无意义的情形，即使是收敛的，收敛的速度也有快慢之分。若取迭代函数为(3)、(4)和(5)三种情形，算法表现良好，均能较快地得到方程的近似根。但对于情形(1)，迭代序列发散；在情形(2)中，出现负数开根号，从而迭代不能继续下去。因此，迭代函数 $g(x)$ 的选取将会对迭代过程的收敛性产生很大的影响。事实上，要使迭代法产生的序列 $\{x_k\}$ 收敛，迭代函数 $g(x)$ 应满足一定的条件，此问题将在下面作出讨论和分析。

6.2.1 迭代法的收敛性

迭代法一般只具有局部的收敛性，即当初始值 x_0 充分接近于根 α 时，迭代法产生的序列 $\{x_k\}$ 才收敛于根 α。迭代法的收敛性与初值无关的情况是很少见的。但是如何确定迭代法的初值使其充分接近于根 α 是相当困难的工作，它依赖于函数 $f(x)$ 和迭代函数 $g(x)$ 的性质。为了使初始值充分接近于根 α，常用二分法将根的存在区间尽量缩小，然后再用收敛速度较快的迭代法迭代计算。

定义 6.2.1 若存在常数 $L>0$，使 $\forall x_1, x_2 \in [a,b]$ 有

$$|g(x_1)-g(x_2)| \leqslant L|x_1-x_2|,$$

则称 $g(x)$ 在 $[a,b]$ 上满足利普希茨(Lipschitz)条件，L 称为利普希茨常数。

若 $g'(x)$ 连续 $\Rightarrow g(x)$ 满足利普希茨条件 $\Rightarrow g(x)$ 连续。

定理 6.2.1 对迭代方程 $x=g(x)$，若迭代函数 $g(x)$ 满足：

(1) 当 $x\in[a,b]$ 时，有 $g(x)\in[a,b]$，

(2) $g(x)$ 在 $[a,b]$ 上满足利普希茨条件且利普希茨常数 $L<1$，则有

① $x=g(x)$ 在 $[a,b]$ 上存在唯一的根 α；

② 对 $x_0\in[a,b]$，迭代格式 $x_{k+1}=g(x_k)$ 均收敛，且 $\lim\limits_{k\to\infty}x_k=\alpha$；

③ $|\alpha-x_k|\leqslant\dfrac{L}{1-L}|x_k-x_{k-1}|$；

④ $|\alpha-x_k|\leqslant\dfrac{L^k}{1-L}|x_1-x_0|$；

⑤ $\lim\limits_{k\to\infty}\dfrac{\alpha-x_{k+1}}{\alpha-x_k}=g'(\alpha)$。

证明 ① 存在性：如果 $g(a)=a$ 或者 $g(b)=b$，则 $f(x)$ 在端点处有根。否则，由 $g(x)\in[a,b]$，$\forall x\in[a,b]$ 可知，$g(a)>a$ 且 $g(b)<b$，因此，函数 $f(x)=g(x)-x$ 在 $[a,b]$ 上连续，且

$$f(a)=g(a)-a>0, \quad f(b)=g(b)-b<0。$$

由零点定理可知，存在 ξ 使得 $f(\xi)=g(\xi)-\xi=0$。进而有 $g(\xi)=\xi$，这说明 ξ 为 $f(x)$ 的根。

唯一性：进一步，因为 $g(x)$ 满足利普希茨条件且利普希茨常数 $L<1$。反证法，假设 ξ，η 均为 $f(x)$ 在 $[a,b]$ 上的两个不同的根，即 $\xi\neq\eta$，则由微分中值定理可知，存在一个介于 ξ，η 之间的数 γ，使得

$$\frac{g(\xi)-g(\eta)}{\xi-\eta}=g'(\gamma),$$

因此

$$|\xi-\eta|=|g(\xi)-g(\eta)|=|g'(\gamma)||\xi-\eta|\leqslant L|\xi-\eta|<|\xi-\eta|。$$

这是一个矛盾，从而有 $\xi=\eta$，即说明$[a,b]$上有唯一根 α。

② 由①的证明可知，$g(x)$在$[a,b]$中有唯一的不动点 α。由于 $g(x)$在$[a,b]$上映射到本身，因此序列$\{x_k\}$是有定义的，且 $x_k\in[a,b]$。由条件(2)并结合微分中值定理可知

$$\begin{aligned}|x_k-\alpha|&=|g(x_{k-1})-g(\alpha)|=|g'(\beta)||x_{k-1}-\alpha|\leqslant L|x_{k-1}-\alpha|\\&\leqslant L^2|x_{k-2}-\alpha|\leqslant\cdots\leqslant L^k|x_0-\alpha|。\end{aligned}$$

由 $0<L<1$ 可得$\lim\limits_{k\to\infty}L^k=0$，因此，对于上式取极限有

$$\lim_{k\to\infty}|x_k-\alpha|\leqslant\lim_{k\to\infty}L^k|x_0-\alpha|=0,$$

故对 $x_0\in[a,b]$，迭代格式 $x_{k+1}=g(x_k)$均收敛，且$\lim\limits_{k\to\infty}x_k=\alpha$ 成立。

③、④和⑤的证明略。

由结论③，应用中常用$|x_{k+1}-x_k|<\varepsilon$，作为迭代终止的判别条件。由结论④，迭代收敛速度与 L 的值有关，当 $L\ll1$ 时收敛较快，当 L 接近于 1 时收敛较慢。并可由④的右端近似估计迭代次数。另外，定理 6.2.1 是充分条件，不满足定理条件不一定就不收敛。

6.2.2 收敛速度

收敛速度是用来衡量迭代方法好坏的重要标志，常用收敛的阶来刻画。

定义 6.2.2 记迭代格式的第 k 次迭代误差为

$$\varepsilon_k=\alpha-x_k$$

并假设迭代格式是收敛的，若存在实数 $p\geqslant1$ 使得

$$\lim_{k\to\infty}\frac{|\varepsilon_{k+1}|}{|\varepsilon_k|^p}=C\neq0,$$

则称迭代格式是 p 阶收敛的，C 称为渐近误差常数。

当 $p=1$ 时，称迭代格式为线性收敛；当 $p=2$ 时，称迭代格式为二阶收敛；当 $1<p<2$ 时，称迭代格式为超线性收敛。

定理 6.2.2 对迭代格式 $x_{k+1}=g(x_k)$，若 $g^{(p)}(x)$在根 α 的邻域内连续并且

$$g'(\alpha)=g''(\alpha)=\cdots=g^{(p-1)}(\alpha)=0,\quad g^{(p)}(\alpha)\neq0,$$

则该迭代格式在根 α 的邻域内是 p 阶收敛的。

例 6.2.2 考查例 6.2.1 中迭代格式(3)和(4)的收敛性。

解 对例 6.2.1 中所给的迭代格式(3)，其迭代函数为

$$g_3(x)=\left[\frac{1}{3}(8-x^3)\right]^{\frac{1}{2}}。$$

当 $x\in[1,1.5]$时，有

$$g_3'(x)=-\frac{3}{2}\left(\frac{1}{3}\right)^{\frac{1}{2}}\frac{x^2}{\sqrt{8-x^3}}<0,\text{得}\max_{x\in[1,1.5]}|g_3'(x)|=|g_3'(1.5)|\approx0.9,$$

故 $L_3=0.9<1$。另有 $\max\limits_{x\in[1,1.5]}g_3(x)=g_3(1)\approx1.5\in[1,1.5]$。

故迭代格式(3)的迭代函数在$[1,1.5]$上满足定理 6.2.1 的条件，故迭代格式(3)收敛。

同理，对例 6.2.1 中所给的迭代格式(4)，其迭代函数为

$$g_4(x)=\left(\frac{8}{3+x}\right)^{\frac{1}{2}},$$

当 $x\in[1,1.5]$时,有

$$g_4'(x)=\frac{-\sqrt{2}}{\sqrt{(3+x)^3}}<0,\quad 得\quad \max_{x\in[1,1.5]}|g_4'(x)|=g_4'(1)\approx 0.18,$$

故 $L_4=0.18<1$。另有 $\max\limits_{x\in[1.1.5]} g_4(x)=g_4(1)\approx 1.4\in[1,1.5]$。

故迭代格式(4)在$[1,1.5]$上满足定理6.2.1的条件,故迭代格式(4)内收敛。由于$L_4<L_3$,迭代格式(4)比迭代格式(3)收敛的速度快。

对于收敛的简单迭代法,只要迭代次数足够多,就可以达到满意的精度要求。但如果迭代收敛速度很慢,迭代次数太多,计算量太大,就失去了实用价值。因此,对于简单迭代法,人们研究了许多十分简单有效的加速方法,如埃特金(Aitken)加速法。读者可以去参阅其他文献,丰富知识,拓展视野。

6.3 常用的迭代方法

6.3.1 牛顿法

牛顿法(或称 Newton-Raphson 法)是求解非线性方程最有效的方法之一,其导出有多种途径,下面我们基于对函数 $f(x)$进行线性化处理,从而导出牛顿迭代法的迭代格式。

对方程

$$f(x)=0$$

将函数 $f(x)$在近似值 x_k 处进行一阶的泰勒(Taylor)展开(假设 $f(x)$二阶可导),有

$$0=f(x)=f(x_k)+f'(x_k)(x-x_k)+\frac{f''(\xi)}{2!}(x-x_k)^2。$$

略去高阶无穷小项有

$$f(x_k)+f'(x_k)(x-x_k)\approx 0,$$

从而解得

$$x\approx x_k-\frac{f(x_k)}{f'(x_k)},\quad f'(x_k)\neq 0,$$

故有迭代格式

$$x_{k+1}=x_k-\frac{f(x_k)}{f'(x_k)},\quad k=0,1,2,\cdots。\tag{6.3.1}$$

容易得出其收敛速度,有$\lim\limits_{k\to\infty}\frac{\varepsilon_{k+1}}{\varepsilon_k^2}=-\frac{f''(\alpha)}{2f'(\alpha)}$,证明略。牛顿法只具有局部的收敛性。当 $f'(\alpha)\neq 0$ 时,如果 α 是方程的单根,牛顿法是二阶收敛的,还可以证明,当 α 是方程的多重根时,牛顿法仅为线性收敛。

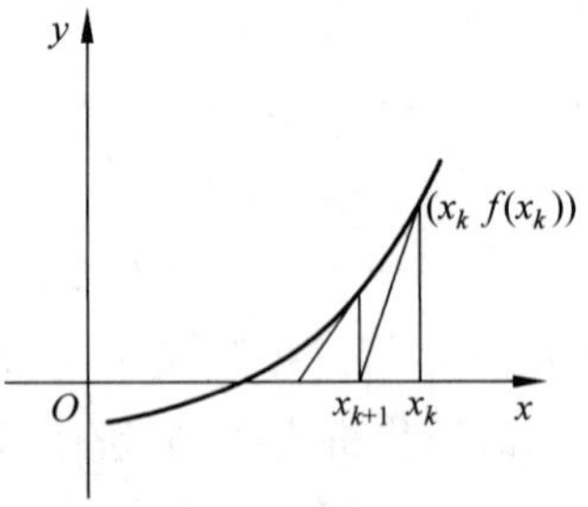

图 6.3.1

牛顿法的几何意义是:用点$(x_k,f(x_k))$处的切线与 x 轴交点处的横坐标作为 x_{k+1}(参见图6.3.1)。

Newton 迭代法的 MATLAB 程序如下:

```
%  EquaNewton.m
function [k,x,f_value]= EquaNewton (f, Df, x0, eps,N)
% 功能:用牛顿迭代法求解方程 f(x)=0。
fprintf ('k  x  f \n'); f_value=f(x0);
for k=1:N
  x= x0- f_value/Df(x0); f_value=f(x);
    fprintf ('% 3d,% 12.11f,% 12.11f,\n',k, x, f_value')
    if abs (x-x0)<eps
      return
    else
      x0=x;
      if k==N
        warning('算法超出最大迭代次数!')
        end
      end
end
```

例 6.3.1 设 $f(x)=x^3+x-1$,证明:方程 $f(x)=0$ 在区间$(-1,1)$内有唯一实根,应用牛顿法求此根,取初始值-0.7。

解 由于 $f(x)$在$[-1,1]$上连续,$f(-1)\ f(1)=(-3)\times 1<0$;又

$$f'(x)=3x^2+1>0,\quad x\in[-1,1]。$$

因此,结合零点定理及单调性可知,方程 $f(x)=0$ 在区间$(-1,1)$内有唯一实根,应用牛顿迭代公式,得

$$x_k=x_{k-1}-\frac{f(x_{k-1})}{f'(x_{k-1})}=x_{k-1}-\frac{x_{k-1}^3+x_{k-1}-1}{3x_{k-1}^2+1},\quad k=1,2,\cdots$$

因此

$$x_1=x_0-\frac{x_0^3+x_0-1}{3x_0^2+1}=-0.7-\frac{(-0.7)^3-0.7-1}{3(-0.7)^2+1}\approx 0.12712550607。$$

依次可计算

$$x_2=x_1-\frac{x_1^3+x_1-1}{3x_1^2+1}\approx 0.95767811918,\quad x_3=x_2-\frac{x_2^3+x_2-1}{3x_2^2+1}\approx 0.73482779499。$$

为使计算结果精确到 10^{-8},利用 MATLAB 编写 M 文件 Example6_3_1.m 并运行,经 7 次迭代后得到近似解 0.68232780383 详细结果见表 6.3.1。

```
%  Example6_3_1
eps=1e-8;
N= 100; x0 = - 0.7; f= @(x) (x^3+x-1); Df= @(x) (3*x^2+1);
Hfun= @EquaNewton; [k,x, f_value]= feval(Hfun,f,Df,x0,eps,N)
```

表 6.3.1 用牛顿法求解例 6.3.1 的结果

k	x_k	$f(x_k)$
0	-0.7	-2.04300000000
1	0.12712550607	-0.87082003206

续表

k	x_k	$f(x_k)$
2	0.95767811918	0.83601009701
3	0.73482779499	0.13161414703
4	0.68459177068	0.00543658388
5	0.68233217420	0.00001047458
6	0.68232780384	0.00000000004
7	0.68232780383	0

下面讨论用牛顿法求重根的方法。

假设 α 是方程 $f(x)=0$ 的 m 重根，即 $f(x)=(x-\alpha)^m h(x)=0$，其中 $h(x)$ 在 $x=\alpha$ 处连续且 $h(\alpha)\neq 0$。若 $h(x)$ 在 α 处可微，则

$$f(\alpha)=f'(\alpha)=\cdots=f^{(m-1)}(\alpha)=0,\quad f^{(m)}(\alpha)\neq 0。$$

由于

$$[f(x)]^{\frac{1}{m}}=(x-\alpha)[h(x)]^{\frac{1}{m}},$$

可见，α 恰是方程 $[f(x)]^{\frac{1}{m}}=0$ 的单根，应用牛顿迭代法可得

$$x_{k+1}=x_k-\frac{[f(x_k)]^{\frac{1}{m}}}{\frac{1}{m}[f(x_k)]^{\frac{1}{m}-1}f'(x_k)}=x_k-m\frac{f(x_x)}{f'(x_k)},\quad k=0,1,2,\cdots$$

称以上公式为带参数 m 的牛顿迭代法，它是求方程 $f(x)=0$ 的 m 重根的具有平方收敛的迭代法。但其缺点是需要知道根的重数 m，这为应用带来很大的困难。

事实上，函数

$$u(x)=\frac{f(x)}{f'(x)}=\frac{(x-\alpha)h(x)}{mh(x)+(x-\alpha)h'(x)}。$$

由此可知，α 恰是方程 $u(x)=0$ 的单根，应用牛顿迭代法有

$$x_{k+1}=x_k-\frac{u(x_k)}{u'(x_k)}=x_k-\frac{f(x_k)f'(x_k)}{[f'(x_k)]^2-f(x_k)f''(x_k)},\quad k=0,1,2,\cdots$$

这是求方程 $f(x)=0$ 重根的具有平方收敛的迭代法，而且不需要知道根的重数。

6.3.2 简化牛顿法

牛顿法是极为有效的方法，其突出的优点是收敛速度快，但它有明显的缺点，即每一步迭代需要计算函数 $f(x)$ 的导数值，如果函数 $f(x)$ 本身就比较复杂，那么计算导数值就很困难了，甚至在某些近似值 x_k 处，$|f'(x_k)|$ 的值很小，使迭代过程无法进行下去。

为了克服牛顿法需要计算导数的缺点，采用代替函数导数值的办法简化牛顿法

$$x_{k+1}=x_k-\frac{f(x_k)}{c},\quad k=0,1,2,\cdots,$$

其中，c 为一常数，常取 $c=f'(x_0)$，有迭代格式

$$x_{k+1}=x_k-\frac{f(x_k)}{f'(x_0)},\quad k=0,1,2,\cdots。\tag{6.3.2}$$

其几何意义为用过点$(x_k, f(x_k))$且平行于$(x_0, f(x_0))$处切线的直线与 x 轴交点的横坐标作为 x_{k+1}(如图 6.3.2),简化牛顿法只具有超线性收敛性。

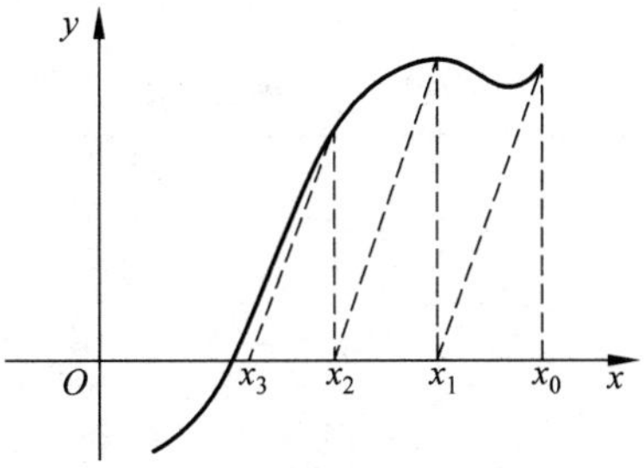

图 6.3.2

6.3.3 牛顿下山法

在牛顿法中,若函数 $f(x)$表达式比较复杂,初值 x_0 选取比较困难时,为扩大初值的选取范围,可采用迭代格式

$$x_{k+1} = x_k - \lambda_k \frac{f(x_k)}{f'(x_k)}, \quad k=0,1,2,\cdots, \tag{6.3.3}$$

其中参数 λ_k 选取为 $0<\lambda_k\leqslant 1$ 且满足下山条件

$$|f(x_{k+1})|<|f(x_k)|。$$

称该迭代格式为牛顿下山法,λ_k 称为下山因子,下山因子的选取常用逐步搜索法,即先取 $\lambda_0=1$ 判断下山条件是否成立,若不成立则将 λ_k 缩小$\frac{1}{2}$,直到下山条件成立为止。

例 6.3.2 分别取初值 $x_0=1.5$,$x_0=0.6$(见图 6.3.3),用牛顿法求解方程

$$x^3-x-1=0。$$

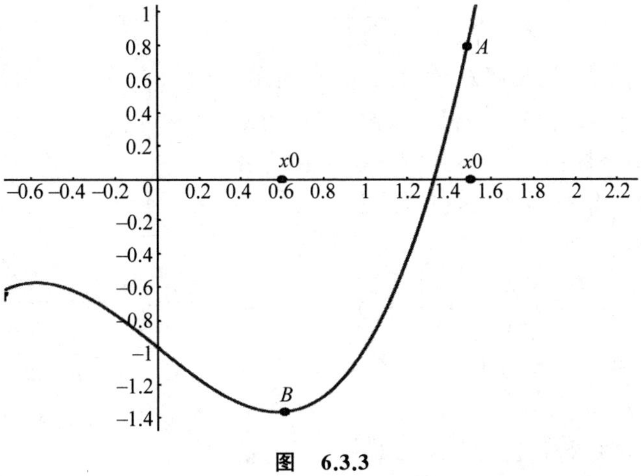

图 6.3.3

解 令 $f(x)=x^3-x-1$,则 $f(x)$在$[1,2]$上连续,且

$$f(1)=-1<0, \quad f(2)=5>0。$$

迭代格式为

$$x_{k+1}=x_k-\frac{x_k^3-x_k-1}{3x_k^2-1},\quad k=0,1,2,\cdots。$$

计算结果如表 6.3.2 所示。

表 6.3.2 牛顿法求解

k	x_k	x_k
0	1.5	0.6
1	1.3478261	17.9
2	1.3252004	
3	1.3247182	

由表 6.3.2 中的结果可知，取初值为 0.6 时的迭代序列不收敛，现对初值 $x_0=0.6$，使用牛顿下山法，从 $\lambda_0=1$ 开始逐次搜索当 $\lambda_0=\frac{1}{32}$ 时，有 $x_1=1.140625$，继续使用牛顿下山法有

$$x_2=1.3668137,\quad x_3=1.3262798,\quad x_4=1.3272020。$$

6.3.4 割线法

牛顿迭代法是极为有效的方法，其突出的优点是收敛速度快，但它有明显的缺点，即每一步迭代需要计算函数的导数值。导数值的计算通常要比函数值的计算困难得多，如果函数本身就比较复杂，那么计算它的导数值将更困难。

为了克服牛顿法需要计算导数的缺点，用差商

$$\frac{f(x_k)-f(x_{k-1})}{x_k-x_{k-1}}$$

近似代替微商 $f'(x_k)$，则有迭代格式

$$x_{k+1}=x_k-\frac{x_k-x_{k-1}}{f(x_k)-f(x_{k-1})}f(x_k),\quad k=0,1,2,\cdots \tag{6.3.4}$$

该迭代格式称为割线法，其几何意义如图 6.3.4 所示，用直线连接 $(x_{k-1},f(x_{k-1}))$ 和 $(x_k,f(x_k))$ 两点的割线与 x 轴交点的横坐标作为 x_{k+1}。割线法也称为弦截法，它是多步方法，具有超线性收敛性。

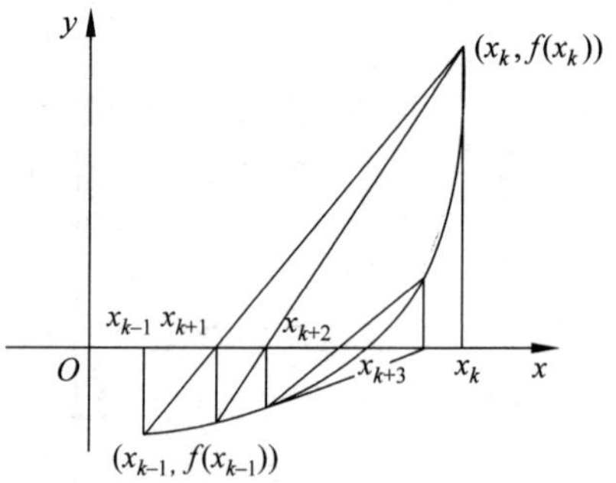

图 6.3.4

在应用中，常令

$$\Delta x_k=-\frac{x_k-x_{k-1}}{f(x_k)-f(x_{k-1})}f(x_k),$$

此时割线法的迭代格式可改写为

$$x_{k+1}=x_k+\Delta x_k。\tag{6.3.5}$$

随着迭代过程的进行，$|\Delta x_k|=|x_{k+1}-x_k|$ 的值将不断地减少，当 $|\Delta x|$ 的值在增加时，停止计算。也即割线法的精度是固定的，一般不能达到预先设定的精度。但割线法不需计算导数，所以割线法也是一种应用相当广泛的非线性方程的求根方法。

割线法的 MATLAB 程序如下：

```
% Secant. m
function [k,x,f_value]= Secant (f, x0, x1,eps,N)   % 功能:用割线法求解方程 f(x)=0。
q0= f(x0); q1= f(x1); fprintf ('k  x  f\n');
for k=2:N
  x= x1-(q1*(x1-x0)/(q1-q0)); f_value=f(x);
    fprintf ( '%3d,%12.11f, %12.11f,\n,k,x,f_value')
    if abs (x-x1)<eps
      return
    else
      x0=x1; q0=q1; x1=x; q1= f_value;
        if k==N
        warning('Maximum number of iterations exceeded!')
      end
    end
end
```

例 6.3.3 用割线法求解方程 $f(x)=x^3+x-1$。

解 取 $x_0=-0.7$,$x_1=2$ 应用割线法迭代公式得

$$x_2=x_1-\frac{f(x_1)(x_1-x_0)}{f(x_1)-f(x_0)}=2-\frac{(2^3+2-1)(2+0.7)}{(2^3+2-1)-[(-0.7)^3-0.7-1]}$$
$$\approx -0.20048899756,$$

依次可得

$$x_3=x_2-\frac{f(x_2)(x_2-x_1)}{f(x_2)-f(x_1)}\approx 0.06001780806,$$

$$x_4=x_3-\frac{f(x_3)(x_3-x_2)}{f(x_3)-f(x_2)}\approx 0.97085112778。$$

为使计算结果精确到 10^{-8},利用 MATLAB 编写 M 文件 Example6_3_3.m 并运行,经 11 次迭代后得到近似解 0.68232780383,详细结果见表 6.3.3。

```
%  Example6_3_3
eps=1e-8; N= 300; x0 = - 0.7; x1= 2; f= @(x) (x^3+x-1);
Hfun= @Secant; [k,x, f_value]= feval(Hfun,f, x0,x1,eps,N)
```

表 6.3.3 用割线法求解例 6.3.3 的结果

k	x_k	$f(x_k)$
0	-0.7	-2.043
1	2	9
2	-0.20048899756	-1.20854782085
3	0.06001780806	-0.93976599955
⋮	⋮	⋮
9	0.68232717051	-0.00000151789
10	0.68232780391	0.00000000020
11	0.68232780383	0

6.4 非线性方程组的求根

设有非线性方程组

$$\begin{cases} f_1(x_1,x_2,\cdots,x_n)=0, \\ f_2(x_1,x_2,\cdots,x_n)=0, \\ \quad\vdots \\ f_n(x_1,x_2,\cdots,x_n)=0。\end{cases} \tag{6.4.1}$$

令 $\boldsymbol{x}=(x_1,x_2,\cdots,x_n)$，$\boldsymbol{f}(\boldsymbol{x})=(f_1(x),f_2(x),\cdots,f_n(x))^{\mathrm{T}}$，则非线性方程组可写成向量形式

$$\boldsymbol{f}(\boldsymbol{x})=\boldsymbol{0}。 \tag{6.4.2}$$

6.4.1 解非线性方程组的一般迭代法

将方程组转化为等价的方程组

$$\begin{cases} x_1=g_1(x_1,x_2,\cdots,x_n), \\ x_2=g_2(x_1,x_2,\cdots,x_n), \\ \quad\vdots \\ x_n=g_n(x_1,x_2,\cdots,x_n)。\end{cases} \tag{6.4.3}$$

写成向量形式为 $\boldsymbol{x}=\boldsymbol{g}(\boldsymbol{x})$，其中 $\boldsymbol{g}=(g_1,g_2,\cdots,g_n)$。构造迭代格式

$$\begin{cases} x_1^{(k+1)}=g_1(x_1^{(k)},x_2^{(k)},\cdots,x_n^{(k)}), \\ x_2^{(k+1)}=g_2(x_1^{(k)},x_2^{(k)},\cdots,x_n^{(k)}), \\ \quad\vdots \\ x_n^{(k+1)}=g_n(x_1^{(k)},x_2^{(k)},\cdots,x_n^{(k)}),\end{cases} \quad k=0,1,2,\cdots, \tag{6.4.4}$$

向量形式为

$$\boldsymbol{x}^{(k+1)}=\boldsymbol{g}(\boldsymbol{x}^{(k)}),\quad k=0,1,2,\cdots。$$

选取初始迭代向量，按迭代格式计算，产生向量序列$\{\boldsymbol{x}^{(k)}\}$，若向量序列$\{\boldsymbol{x}^{(k)}\}$收敛，且迭代函数 $g_i(i=1,2,\cdots,n)$连续，则向量序列$\{\boldsymbol{x}^{(k)}\}$收敛于方程组的解。

称矩阵

$$\boldsymbol{G}(\boldsymbol{x})=\begin{bmatrix} \dfrac{\partial g_1}{\partial x_1} & \dfrac{\partial g_1}{\partial x_2} & \cdots & \dfrac{\partial g_1}{\partial x_n} \\ \dfrac{\partial g_2}{\partial x_1} & \dfrac{\partial g_2}{\partial x_2} & \cdots & \dfrac{\partial g_2}{\partial x_n} \\ \vdots & \vdots & & \vdots \\ \dfrac{\partial g_n}{\partial x_1} & \dfrac{\partial g_n}{\partial x_2} & \cdots & \dfrac{\partial g_n}{\partial x_n} \end{bmatrix}$$

为迭代函数 $\boldsymbol{g}(\boldsymbol{x})$的雅可比矩阵。

定理 6.4.1 设(1) $\boldsymbol{\alpha}$ 为 $\boldsymbol{x}=\boldsymbol{g}(\boldsymbol{x})$的解，

(2) $g_i(\boldsymbol{x})(i=1,2,\cdots,n)$在 $\boldsymbol{\alpha}$ 附近具有连续的偏导数，

(3) $\|\boldsymbol{G}(\boldsymbol{\alpha})\|<1$。

则对任意初始向量 $\boldsymbol{x}^{(0)}$，由 $\boldsymbol{x}^{(k+1)}=\boldsymbol{g}(\boldsymbol{x}^{(k)})$产生的序列$\{\boldsymbol{x}^{(k)}\}$收敛于非线性方程组的解 $\boldsymbol{\alpha}$。

6.4.2 解非线性方程组的高斯—塞德尔迭代法

与线性方程组的高斯—塞德尔迭代法类似。在非线性方程组的一般迭代法中，用已经计算出的最新分量 $x_j^{(k+1)}(j=1,2,\cdots,i-1)$代替 $x_j^{(k)}(j=1,2,\cdots,i-1)$就得到高斯—塞德尔迭代法。第 i 个分量的计算公式为

$$x_i^{(k+1)}=g_i(x_1^{(k+1)},\cdots,x_{i-1}^{(k+1)},x_i^{(k)},\cdots,x_n^{(k)}),\quad i=1,2,\cdots,n。$$

例 6.4.1 分别用一般迭代法和高斯—塞德尔迭代法，解方程组

$$\begin{cases}3x_1-\cos(x_2x_3)-\dfrac{1}{2}=0,\\ x_1^2-81(x_2+0.1)^2+\sin x_3+1.06=0,\\ \mathrm{e}^{-x_1x_2}+20x_3+\dfrac{10\pi-3}{3}=0。\end{cases}$$

解 (1) 简单迭代法的迭代格式为

$$\begin{cases}x_1^{(k+1)}=\dfrac{1}{3}\cos(x_2^{(k)}x_3^{(k)})+\dfrac{1}{6},\\ x_2^{(k+1)}=\dfrac{1}{9}\sqrt{(x_1^{(k)})^2+\sin x_3^{(k)}+1.06}-0.1,\\ x_3^{(k+1)}=-\dfrac{1}{20}\left[\mathrm{e}^{-x_1^{(k)}x_2^{(k)}}+\dfrac{10\pi-3}{3}\right],\end{cases}$$

取初值 $\boldsymbol{x}^{(0)}=(0.1,0.1,-0.1)$，计算结果如表 6.4.1 所示。

表 6.4.1 简单迭代法的结果

k	$x_1^{(k)}$	$x_2^{(k)}$	$x_3^{(k)}$	$\\|\boldsymbol{x}^{(k+1)}-\boldsymbol{x}^{(k)}\\|$
0	0.1	0.1	−0.1	
1	0.49998333	0.00944115	−0.52310127	0.423
2	0.49999593	0.00002557	−0.52336331	9.4×10^{-3}
3	0.50000000	0.00001234	−0.52359814	2.3×10^{-4}
4	0.50000000	0.00000003	−0.52359847	1.2×10^{-5}
5	0.50000000	0.00000002	−0.52359877	3.1×10^{-7}

(2) 高斯—塞德尔迭代的迭代格式为

$$\begin{cases}x_1^{(k+1)}=\dfrac{1}{3}\cos(x_2^{(k)}x_3^{(k)})+\dfrac{1}{6},\\ x_2^{(k+1)}=\dfrac{1}{9}\sqrt{(x_1^{(k+1)})^2+\sin x_3^{(k)}+1.06}-0.1,\\ x_3^{(k+1)}=-\dfrac{1}{20}\left[\mathrm{e}^{-x_1^{(k+1)}x_2^{(k+1)}}+\dfrac{10\pi-3}{3}\right],\end{cases}$$

计算结果如表 6.4.2 所示。

表 6.4.2 高斯—塞德尔迭代法的结果

k	$x_1^{(k)}$	$x_2^{(k)}$	$x_3^{(k)}$	$\Vert x^{(k+1)}-x^{(k)}\Vert_\infty$
0	0.1	0.1	−0.1	
1	0.49998333	0.0222979	−0.52304613	0.423
2	0.49997747	0.00002815	−0.52359807	2.4×10^{-2}
3	0.50000000	0.00000003	−0.52359877	2.8×10^{-5}
4	0.50000000	0.00000000	−0.52359877	3.8×10^{-8}

准确解为 $\boldsymbol{\alpha}=\left(0.5,0,-\dfrac{\pi}{6}\right)\approx(0.5,0,-0.5235987757)^{\mathrm{T}}$。

6.4.3 解非线性方程组的牛顿法

本小节将解非线性方程的牛顿法推广到非线性方程组的情形。

记 $\boldsymbol{F}(\boldsymbol{x})=[f_1(\boldsymbol{x}),f_2(\boldsymbol{x}),\cdots,f_n(\boldsymbol{x})]^{\mathrm{T}}$，$\boldsymbol{x}=(x_1,x_2,\cdots,x_n)^{\mathrm{T}}$，则非线性方程组

$$\begin{cases} f_1(\boldsymbol{x})=f_1(x_1,x_2,\cdots,x_n)=0, \\ f_2(\boldsymbol{x})=f_2(x_1,x_2,\cdots,x_n)=0, \\ \quad\vdots \\ f_n(\boldsymbol{x})=f_n(x_1,x_2,\cdots,x_n)=0 \end{cases} \quad\Leftrightarrow\quad \boldsymbol{F}(\boldsymbol{x})=\boldsymbol{0},$$

其中，$n\geqslant2$，$f_i(\boldsymbol{x})(i=1,2,\cdots,n)$中至少有一个是非线性函数。若 $n=1$，则为单变量方程求根的情形。若已经给出方程的一个近似根 $\boldsymbol{x}^{(k)}=(x_1^k,x_2^k,\cdots,x_n^k)^{\mathrm{T}}$，将函数 $\boldsymbol{F}(\boldsymbol{x})$的分量 $f_i(\boldsymbol{x})(i=1,2,\cdots,n)$在 $\boldsymbol{x}^{(k)}$处进行泰勒展开有

$$f_i(\boldsymbol{x})=f_i(\boldsymbol{x}^{(k)})+\sum_{j=1}^{n}(x_j-x_j^{(k)})\frac{\partial f_i(\boldsymbol{x}^{(k)})}{\partial x_j}+o(\Vert\boldsymbol{x}-\boldsymbol{x}^{(k)}\Vert),\quad i=1,2,\cdots,n。$$

取其线性部分，略去无穷小量，并写成向量形式有

$$\boldsymbol{F}(\boldsymbol{x})\approx\boldsymbol{F}(\boldsymbol{x}^{(k)})+\boldsymbol{F}'(\boldsymbol{x}^{(k)})(\boldsymbol{x}-\boldsymbol{x}^{(k)})。$$

令上式右端为零，得到以 $\boldsymbol{x}$ 为未知量的线性方程组

$$\boldsymbol{F}'(\boldsymbol{x}^{(k)})(\boldsymbol{x}-\boldsymbol{x}^{(k)})\approx-\boldsymbol{F}(\boldsymbol{x}^{(k)}),$$

其中

$$\boldsymbol{F}'(\boldsymbol{x})=\begin{bmatrix} \dfrac{\partial f_1}{\partial x_1} & \dfrac{\partial f_1}{\partial x_2} & \cdots & \dfrac{\partial f_1}{\partial x_n} \\ \dfrac{\partial f_2}{\partial x_1} & \dfrac{\partial f_2}{\partial x_2} & \cdots & \dfrac{\partial f_2}{\partial x_n} \\ \vdots & \vdots & & \vdots \\ \dfrac{\partial f_n}{\partial x_1} & \dfrac{\partial f_n}{\partial x_2} & \cdots & \dfrac{\partial f_n}{\partial x_n} \end{bmatrix}$$

称为 $\boldsymbol{F}(\boldsymbol{x})$的雅可比矩阵，记为 $\boldsymbol{J}(\boldsymbol{x})$，即 $\boldsymbol{J}(\boldsymbol{x})=\boldsymbol{F}'(x)$。若 $\det(\boldsymbol{J}(\boldsymbol{x}^{(k)}))\neq0$，则有

$$\boldsymbol{x}^{(k+1)}=\boldsymbol{x}^{(k)}-[\boldsymbol{F}'(\boldsymbol{x}^{(k)})]^{-1}\boldsymbol{F}(\boldsymbol{x}^{(k)}),\quad k=0,1,2,\cdots \tag{6.4.1}$$

称之为牛顿迭代公式。

事实上，牛顿迭代公式(6.4.1)亦可视为不动点迭代公式应用到如下向量值函数

$$G(x)=x-F'(x)^{-1}F(x)。$$

由此可得

$$x^{(k+1)}=G(x^{(k)})=x^{(k)}-[F'(x^{(k)})]^{-1}F(x^{(k)}),\quad k=0,1,2,\cdots$$

定理 6.4.2 设非线性方程组满足以下条件：

(1) 函数 $f_i(\boldsymbol{x})(i=1,2,\cdots,n)$在解 $\boldsymbol{\alpha}$ 附近连续可微，

(2) 雅可比矩阵 $\boldsymbol{F}'(\boldsymbol{\alpha})$非奇异，即 $\det(\boldsymbol{F}'(\boldsymbol{\alpha}))\neq 0$。

则当初值 $\boldsymbol{x}^{(0)}$充分接近于 $\boldsymbol{\alpha}$ 时，牛顿迭代格式产生的序列收敛于 $\boldsymbol{\alpha}$，且具有二阶的收敛性。

牛顿法求解非线性方程组的 MATLAB 程序如下：

```
%  SNLENewton.m
function [k,x]= SNLE_Newton (F, DF, x0, eps,N)
% 功能:用牛顿法求解非线性方程组 F(x)=0。
fprintf (' k  x | | x^(k)-x^(k-1) | | \n');
for k=1:N
  F_value=F(x0); DF_value=DF(x0); y=DF_value\(-F_value); x=x0+y;
norm_y=norm(y); fprintf( '% 3d,% 10.9f,% 10.9f,\t', k, x, norm_y)
fprintf('\n')
  if norm_y <eps
    return
  else
    x0=x;
    if k==N
      warning('算法超出最大迭代次数!')
      end
  end
end
```

例 6.4.2 用牛顿法求解如下非线性方程组：

$$\begin{cases}3x_1-\cos(x_2x_3)-\dfrac{1}{2}=0,\\ x_1^2-81(x_2+0.1)^2+\sin x_3+1.06=0,\\ \mathrm{e}^{-x_1x_2}+20x_3+\dfrac{10\pi-3}{3}=0,\end{cases}$$

取初始值 $\boldsymbol{x}^0=[0.1,0.1,-0.1]^{\mathrm{T}}$。

解 通过计算可得 $\boldsymbol{J}(\boldsymbol{x})=\begin{bmatrix}3 & x_3\sin(x_2x_3) & x_2\sin(x_2x_3)\\ 2x_1 & -162(x_2+0.1) & \cos x_3\\ -x_2\mathrm{e}^{-x_1x_2} & -x_1\mathrm{e}^{-x_1x_2} & 20\end{bmatrix}$，利用 MATLAB 编写 M 文件 Example6_4_2.m 并运行，经 5 步迭代后得到结果(见表 6.4.3)，近似解 $\boldsymbol{x}^5=[0.5,0,-0.523598776]^{\mathrm{T}}$。

```
%  Example6_4_2
eps=1e-6;; N=300; x0=[0.1,0.1,-0.1]';
F=@(x)([3*x(1)-cos(x(2)*x(3))-0.5;
```

```
  x(1)^2-81*(x(2)+0.1)^2+sin(x(3))+1.06;
  exp(-x(1)*x(2))+20*x(3)+(10*pi-3)/3]);
DF=@(x)([3 x(3)*sin(x(2)*x(3)) x(2)*sin(x(2)*x(3));
  2*x(1) -162*(x(2)+0.1) cos(x(3));
  -x(2)* exp(-x(1)*x(2)) -x(1)* exp(-x(1)*x(2)) 20]);
Hfun=@SNLE_Newton;
[k,x]=feval(Hfun, F, DF,x0, eps,N)
```

表 6.4.3 用牛顿法求解例 6.4.2 的结果

k	$x_1^{(k)}$	$x_2^{(k)}$	$x_3^{(k)}$	$\Vert \boldsymbol{x}^{(k)}-\boldsymbol{x}^{(k-1)} \Vert$
0	0.1	0.1	−0.1	
1	0.499869673	0.019466849	−0.521520472	0.586567006
2	0.500014240	0.001588591	−0.523556964	0.017994451
3	0.500000113	0.000012445	−0.523598450	0.001576756
4	0.500000000	0.000000001	−0.523598776	0.000012449
5	0.500000000	0.000000000	−0.523598776	0.000000001

牛顿迭代法在求解非线性方程组时，虽然收敛速度很快，但在每次迭代中必须计算雅可比矩阵 $\boldsymbol{F}'(\boldsymbol{x})$，并求解包含这个矩阵的 n 阶线性方程组，在雅可比矩阵 $\boldsymbol{F}'(\boldsymbol{x})$ 中，需要计算 n^2 个偏导数，然而，在大多数情况下，精确的偏导数是不易计算的，为此，人们利用一个计算简单非奇异矩阵来近似牛顿法中的雅可比矩阵 $\boldsymbol{F}'(\boldsymbol{x})$，称为拟牛顿法，而简单非奇异矩阵不同的构造方法就得到不同类型的拟牛顿法，从而避免计算雅可比矩阵及求解线性方程组，计算量较小，但其收敛速度仅具备超线性收敛。具体相关内容，请读者参阅其他文献，本书不作展开讨论。

6.5 小　　结

本章首先讨论了求解单变量非线性方程的二分法、不动点迭代法、牛顿法和割线法。其中，二分法计算简单，具有大范围收敛性，但收敛速度较慢，若迭代函数选取得当，不动点迭代法要优于二分法。牛顿法收敛速度快，但要计算函数的导数值，割线法是用差分代替牛顿法中的导数值，收敛速度仍较快，但通常稍慢于牛顿法。牛顿法和割线法对初始点的要求较高，需要初始点充分靠近方程的解。因此，在实际计算中，可考虑先用二分法将包含最优解的区间缩小，再进一步用牛顿法或割线法求出方程的近似解。

本章后面部分讨论了求解多变量非线性方程组的牛顿法和拟牛顿法，其中，要求方程组变量的个数等于方程的个数。当初始点靠近方程组的解时，牛顿法具有二次收敛性。但需要计算雅可比矩阵，以及求解一个线性方程组，计算量较大。

非线性方程(组)数值解法的研究是当今计算数学领域中所关注的研究课题之一，目前非线性方程(组)求解的各种数值方法仍旧不断涌现。非线性方程组迭代解法的基本概念及其基本理论，与单个方程的情形有许多类似之处，后者也可以看成前者的特殊情形。有关非线性方程组的数值解法的进一步了解，读者可以参阅其他文献。

6.6 习　　题

1. 填空题

(1) 用二分法求方程 $x^3+x-1=0$ 在(0,1)内的根,迭代一次后,根的存在区间为________,迭代两次后根的存在区间为________;

(2) 设 $f(x)$ 可微,则求方程 $x=f(x)$ 根的牛顿迭代公式为________;

(3) $\varphi(x)=x+C(x^2-5)$,若要使迭代公式 $x_{k+1}=\varphi(x_k)$ 局部收敛到 $\alpha=\sqrt{5}$,则 C 取值范围为________;

(4) 用迭代公式 $x_{k+1}=x_k-\lambda_k f(x_k)$ 求解方程 $f(x)=x^3-x^2-x-1=0$ 的根,要使迭代序列 $\{x_k\}$ 二阶收敛,则 $\lambda_k=$________;

(5) 迭代公式 $x_{k+1}=\dfrac{2}{3}x_k+\dfrac{1}{x_k^2}$ 收敛于根 $\alpha=$________,此迭代公式是________阶收敛的。

2. 证明牛顿迭代公式满足 $\lim\limits_{k\to\infty}\dfrac{\varepsilon_{k+1}}{\varepsilon_k^2}=-\dfrac{f''(\alpha)}{2f'(\alpha)}$。

3. 方程 $x^3-9x^2+18x-6=0$, $x\in[0,+\infty)$ 的根全是正实根,试用逐次扫描法($h=1$),找出全部实根的存在区间,并用二分法求出最大实根,精确到 0.01。

4. 曲线 $y=x^3-0.51x+1$ 与 $y=2.4x^2-1.89$ 在点(1.6,1)附近相切,用牛顿法求其切点横坐标的近似值,精度 $\varepsilon=10^{-5}$。

5. 用迭代法求 $x^3-2x-5=0$ 的正根,简略判断以下 3 种迭代公式:

$$(1)\,x_{k+1}=\frac{x_k^3-5}{2},\ (2)\ x_{k+1}=\frac{5}{x_k^2-2},\ (3)\,x_{k+1}=\sqrt[3]{2x_k+5}$$

在 $x_0=2$ 附近的收敛情况,并选择收敛的方法求此根,精度 $\varepsilon=10^{-4}$。

6. 用牛顿法和重根牛顿法求方程 $\left(\sin x-\dfrac{x}{2}\right)^2=0$ 的一个近似根,精度 $\varepsilon=10^{-5}$。

7. 对方程 $x^3-3x-1=0$,分别用:

(1) 牛顿法($x_0=2$);

(2) 割线法($x_0=2, x_1=1.9$)求其根,精度 $\varepsilon=10^{-4}$。

8. 设有方程 $3x^2-e^x=0$。

(1) 以 $h=1$,找出根的全部存在区间;

(2) 验证在区间[0,1]上牛顿法的区间收敛定理条件不成立;

(3) 验证取 $x_0=0.21$,用牛顿法不收敛;

(4) 用牛顿下山法,取 $x_0=0.21$ 求出根的近似值,精度 $\varepsilon=10^{-4}$。

9. 分别用简单迭代法,高斯—塞德尔迭代法求解非线性方程组

$$\begin{cases}x+2y-3=0,\\2x^2+y^2-5=0,\end{cases}$$

在(1.5,0.7)附近的根,精确到10^{-4}。

10. 分别用牛顿法,简化牛顿法求解非线性方程组

$$\begin{cases}\sin x+\cos y=0,\\x+y=1,\end{cases}$$

在(0,1)附近的根,精确到10^{-4}。

6.7 数值实验题

1. 用二分法求方程 $e^x-x^2+3x-2=0$ 在(0,1)内的一个根,要求近似解的函数值的绝对误差不超过 10^{-5}。

2. 对下面的方程,确定一种不动点迭代形式和一个区间$[a,b]$,使得不动点迭代法能够收敛到方程的一个解,并求出方程在该区间的近似解,误差不超过 10^{-5}。

(1)$3x^2-e^x=0$, (2)$x-\cos x=0$。

3. 用牛顿法求方程 $x^3-x-1=0$ 在区间$[-3,3]$上误差不超过 10^{-5} 的根。分别取初值 $x_0=1.5$,$x_0=0$,并比较它们的迭代次数。

4. 用牛顿法求解如下非线性方程组

$$\begin{cases}4x_1-x_2+x_3=x_1x_4,\\-x_1+3x_2-2x_3=x_2x_4,\\x_1-2x_2+3x_3=x_3x_4,\\x_1^2-x_2^2+x_3^3=1\end{cases}$$

的解,要求满足 $\|\boldsymbol{x}^k-\boldsymbol{x}^{k-1}\|_\infty<10^{-5}$,请读者选取合适的初始点。

应用案例:空中电缆长度的计算

如应图 6.1 所示,在相距 100m 的两个塔(高度相等)上悬挂一根电缆,允许电缆在中间下垂 10m,请计算这两个塔之间所用电缆的长度。

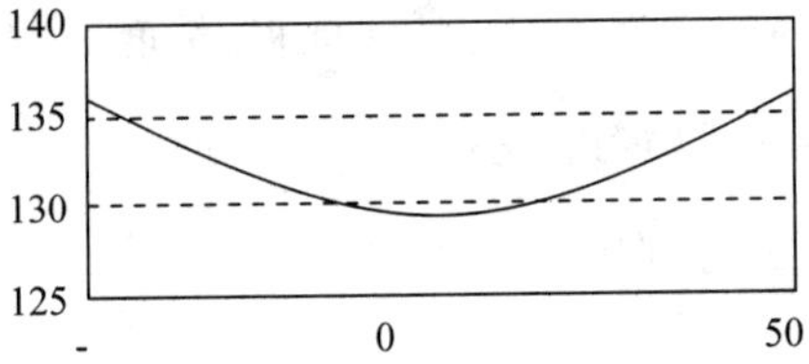

应图 6.1

为了计算这两个塔之间所用电缆的长度,首先要知道空中电缆的函数关系,它可用悬链线描述为

$$y=a\frac{e^{\frac{x}{a}}+e^{-\frac{x}{a}}}{2}=a\cosh\frac{x}{a},\quad x\in[-50,50]。$$

由于曲线的最低点$(0,y(0))$和最高点$(50,y(50))$的高度相差 10m。所以,应有 $y(50)=y(0)+10$,$y(0)=a$,即

$$a\cosh\frac{50}{a}=a+10。$$

运用方程求根的方法,可求得上述方程的根 $a=126.632436\cdots$,再利用定积分求出空中电缆的长度为

$$L=2\int_0^{50}\sqrt{1+y'^2}\,dx=\int_0^{50}\cosh\frac{x}{a}dx=2a\sinh\frac{50}{a}\approx 102.618687(\text{m})。$$

第7章

插 值 法

7.1 插值问题

在工程中，常有这样的问题：给定或者从测量与采样中得到一批数据，需确定满足特定要求的曲线或曲面。解决此问题数学上有两大类方法：一是插值方法，二是拟合方法。如果要求所求曲线(面)需要通过所给所有数据点，则就是插值方法。

在许多实际问题中，通过实验、测量或者中间计算而得到的一组数据$(x_i,f(x_i))$，$i=0,1,2,\cdots,n$，而需要确定的函数$y=f(x)$可能不是一个具体的解析表达式；或者$f(x)$虽有具体的解析表达式，但其关系式相当复杂，不便于计算和使用。因此，所谓的插值问题就是根据给定的数据表做一个既能反映函数$f(x)$的特性，又便于计算的简单的函数$y=y(x)$来近似代替函数$f(x)$，并满足数据$(x_i,f(x_i))$，$i=0,1,2,\cdots,n$。

7.1.1 插值的基本概念

若知道函数$y=f(x)$在互异的两个点x_0和x_1处的函数值y_0和y_1，而想估计该函数在另一点ξ处的函数值，最自然的想法是作过点(x_0,y_0)和点(x_1,y_1)的直线$y=L_1(x)$，用$L_1(\xi)$作为准确值$f(\xi)$的近似值。如果认为误差太大，还可增加一点$f(x)$的函数值，即已知$y=f(x)$在互异的三个点x_0，x_1和x_2处的函数值y_0，y_1和y_2，可以构造一个过这三点的二次曲线$y=L_2(x)$，用$L_2(\xi)$作为准确值$f(\xi)$的近似值。

定义 7.1.1 设$f(x)$在$[a,b]$上有定义，其上互异的$n+1$个节点$x_i(i=0,1,2,\cdots,n)$，不妨设$a\leqslant x_0<x_1<\cdots<x_n\leqslant b$，又设$f(x_i)$为这些节点处的函数值，若存在一简单函数$y(x)$，使得

$$y(x_i)=f(x_i),\quad i=0,1,2,\cdots,n \tag{7.1.1}$$

成立，则称$y(x)$为$f(x)$的插值函数，(7.1.1)式称为插值条件，点$x_0,x_1,\cdots,x_n$称为插值节点，含x_i的最小区间$[a,b]$称为插值区间，求插值函数$y(x)$的方法称为插值法。

定义 7.1.2 设$y(x)$是次数不超过n次的代数多项式，即

$$y(x)=a_0+a_1x+\cdots+a_nx^n,$$

其中a_i为实数，且满足插值条件(7.1.1)，则称$y(x)$为插值多项式，相应的插值法称为多项式插值。常见的有拉格朗日插值、牛顿插值和埃尔米特插值等。

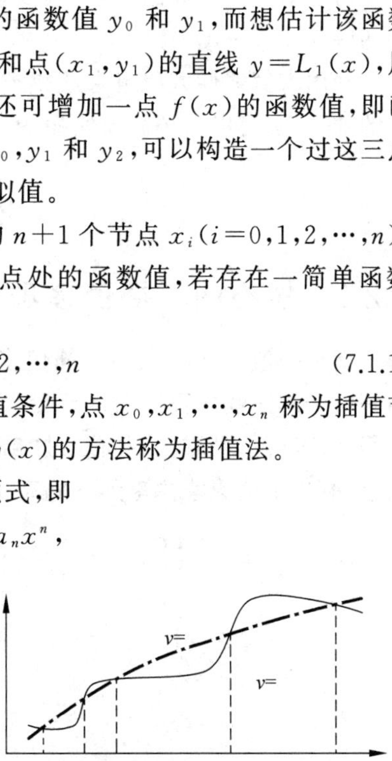

图 7.1.1

插值法的几何意义如图7.1.1所示。由插值函数的定义可知求插值多项式$y(x)$，即使曲线$y=y(x)$与曲线$y=f(x)$在平面上有$n+1$个交点。$(x_i,$

$f(x_i)), i=0,1,2,\cdots,n$。

7.1.2 插值多项式的存在唯一性

为保证插值多项式的唯一性，需对插值多项式 $y(x)$ 限制为不超过 n 次的多项式，记 M_n 为次数不超过 n 次的多项式集合。

定理 7.1.1 满足插值条件(7.1.1)，次数不超过 n 次且节点两两不相同的插值多项式存在且唯一。

证明 设 $y(x)\in M_n$，令

$$y(x)=a_0+a_1x+a_2x^2+\cdots+a_nx^n。$$

由插值条件(7.1.1)，有以 $a_0,a_1,\cdots,a_n$ 为未知数的线性方程组

$$\begin{cases}a_0+a_1x_0+a_2x_0^2+\cdots+a_nx_0^n=f(x_0),\\ a_0+a_1x_1+a_2x_1^2+\cdots+a_nx_1^n=f(x_1),\\ \qquad\vdots\\ a_0+a_1x_n+a_2x_n^2+\cdots+a_nx_n^n=f(x_n)。\end{cases}$$

该线性方程组的系数行列式是范德蒙德(Vandermonde)行列式

$$\begin{vmatrix}1 & x_0 & x_0^2 & \cdots & x_0^n\\ 1 & x_1 & x_1^2 & \cdots & x_1^n\\ \vdots & \vdots & \vdots & & \vdots\\ 1 & x_n & x_n^2 & \cdots & x_n^n\end{vmatrix}=\prod_{0\leqslant i<j\leqslant n}(x_j-x_i)。$$

由于节点是相异的节点，故该系数行列式不等于0。由克莱姆法则，此方程组有一组唯一的解 $a_0,a_1,\cdots,a_n$。

利用求解线性方程组来获得插值多项式 $y(x)$ 的方法，称为待定系数法。由插值多项式的唯一性，可以利用简便实用的方法来构造插值多项式。

7.2 拉格朗日插值

7.2.1 拉格朗日插值多项式

满足插值条件(7.1.1)的插值多项式是唯一的，它的系数可以通过解线性方程组得到，但是由于解线性方程组的计算量太大，且当 n 较大时，求解系数的线性方程组是一个病态方程组，求解不可靠。下面通过“插值基函数”得到拉格朗日插值多项式，从而不必解线性方程组，避免了范德蒙德矩阵的病态现象。

设 $P_{n+1}(x)=\prod\limits_{i=0}^{n}(x-x_i)=(x-x_0)(x-x_1)\cdots(x-x_n)$，则有

$$P'_{n+1}(x_j)=\prod_{\substack{i=0\\ i\neq j}}^{n}(x_j-x_i)=(x_j-x_0)\cdots(x_j-x_{j-1})(x_j-x_{j+1})\cdots(x_j-x_n)。$$

令

$$l_j(x)=\frac{(x-x_0)(x-x_1)\cdots(x-x_{j-1})(x-x_{j+1})\cdots(x-x_n)}{(x_j-x_0)(x_j-x_1)\cdots(x_j-x_{j-1})(x_j-x_{j+1})\cdots(x_j-x_n)}$$

$$=\prod_{\substack{i=0\\i\neq j}}^{n}\frac{x-x_i}{x_j-x_i}=\frac{P_{n+1}(x)}{(x-x_j)P'_{n+1}(x_j)},\quad j=0,1,2,\cdots,n。$$

则多项式 $l_j(x)$ 满足：

(1) $l_j(x)$ 是 n 次多项式；

(2) $l_j(x_i)=\delta_{ji}=\begin{cases}1, & 当\ j=i,\\0, & 当\ j\neq i。\end{cases}$

称多项式 $l_0(x),l_1(x),\cdots,l_n(x)$ 为拉格朗日插值基函数。令

$$y(x)=\sum_{j=0}^{n}f(x_j)l_j(x),\tag{7.2.1}$$

则多项式 $y(x)$ 满足：

(1) $y(x)$ 是 n 次多项式；

(2) $y(x_i)=f(x_i),i=0,1,2,\cdots,n$。

即 $y(x)$ 是满足插值条件的 n 次多项式。称为拉格朗日插值多项式，记为 $L_n(x)$。

常见的拉格朗日插值多项式为 $n=1,n=2$ 的情形。

(1) 当 $n=1$ 时，$L_1(x)$ 称为线性插值。此时

$$L_1(x)=f(x_0)l_0(x)+f(x_1)l_1(x)=f(x_0)\frac{x-x_1}{x_0-x_1}+f(x_1)\frac{x-x_0}{x_1-x_0}$$

$$=f(x_0)+\frac{f(x_1)-f(x_0)}{x_1-x_0}(x-x_0)。$$

线性插值的几何意义如图 7.2.1 所示，即用通过两点 $(x_0,f(x_0)),(x_1,f(x_1))$ 的线段近似代替区间 $[x_0,x_1]$ 之间的曲线段 $f(x)$。

(2) 当 $n=2$ 时，$L_2(x)$ 称为二次插值，即抛物线插值

$$L_2(x)=f(x_0)\frac{(x-x_1)(x-x_2)}{(x_0-x_1)(x_0-x_2)}+f(x_1)\frac{(x-x_0)(x-x_2)}{(x_1-x_0)(x_1-x_2)}+$$

$$f(x_2)\frac{(x-x_0)(x-x_1)}{(x_2-x_0)(x_2-x_1)}。$$

抛物插值的几何意义如图 7.2.2 所示，即用通过三个点 $(x_0,f(x_0)),(x_1,f(x_1)),(x_2,f(x_2))$ 的抛物线段来近似代替区间 $[x_0,x_2]$ 上的曲线段 $f(x)$。

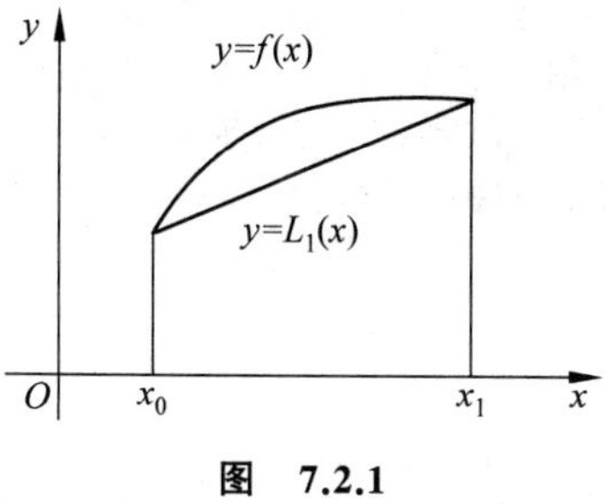

图 7.2.1

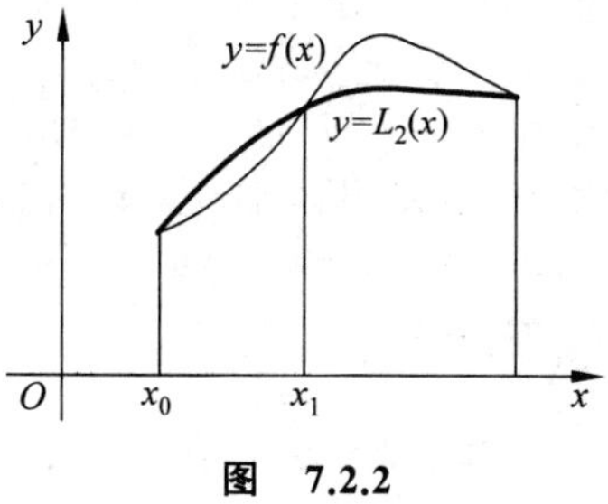

图 7.2.2

7.2.2 插值余项

定义 7.2.1 设 $y_n(x)$ 是在 $[a,b]$ 上满足插值条件的 $f(x)$ 的 n 次插值多项式。称 $E_n(x)=$

$f(x)-y_n(x)$为插值多项式 $y_n(x)$的余项。

定理 7.2.1 设 $f(x)$在$[a,b]$上具有直到 $n+1$ 阶的导数,则有

$$E_n(x)=\frac{f^{(n+1)}(\xi)}{(n+1)!}P_{n+1}(x),\quad \forall x\in[a,b],\tag{7.2.2}$$

其中 $P_{n+1}(x)=\prod_{i=0}^{n}(x-x_i)$,$\xi\in[a,b]$且与 x 有关。

证明 因 $E_n(x)=f(x)-y_n(x)$,由插值条件可知,在节点 $x_0,x_1,\cdots,x_n$ 处有 $E_n(x)=0$,即 $E_n(x)$存在 $n+1$ 个零点,不妨设

$$E_n(x)=Q(x)(x-x_0)\cdots(x-x_n)=Q(x)P_{n+1}(x),\tag{7.2.3}$$

其中 $Q(x)$是待定函数,它与 x 位置有关,下面将确定 $Q(x)$。当 $x=x_i(i=0,1,\cdots,n)$时,(7.2.2)式两边为 0,故 $Q(x)$可取为任意常数,当 $x\neq x_i(i=0,1,\cdots,n)$时,这时因子 $P_{n+1}(x)\neq 0$,$Q(x)=E_n(x)/P_{n+1}(x)$。引进辅助函数

$$\varphi(t)=E_n(t)-Q(x)P_{n+1}(t),$$

这时 $\varphi(t)$至少有 $n+2$ 个互异的零点 $x,x_0,x_1,\cdots,x_n$。由罗尔定理,在 $\varphi(t)$的两个相邻零点之间至少有 $\varphi'(t)$的一个零点,这样 $\varphi'(t)$在(a,b)内至少有 $n+1$ 个互异的零点。又由罗尔定理,得 $\varphi''(t)$在(a,b)内至少有 n 个互异的零点,反复应用罗尔定理,得 $\varphi^{(n+1)}(t)$在(a,b)内至少有一个的零点,记为 ξ,则有

$$\varphi^{(n+1)}(\xi)=0。$$

因为 $\varphi^{(n+1)}(t)=E_n^{(n+1)}(t)-Q(x)P_{n+1}^{(n+1)}(t)=f^{(n+1)}(t)-Q(x)(n+1)!$,由

$$\varphi^{(n+1)}(\xi)=f^{(n+1)}(\xi)-Q(x)(n+1)!\ =0。$$

得

$$Q(x)=\frac{1}{(n+1)!}f^{(n+1)}(\xi),\quad \xi\in(a,b),$$

其中,ξ 与 x 的位置有关,把上式代入(7.2.3)式得(7.2.2)式。

拉格朗日插值函数多项式的优点是形式对称,易于编制程序,编制程序时,用二重循环可以完成对 $L_n(x)$的计算。根据(7.2.1)式,编制程序,可对给定数据求得插值点的插值结果。

拉格朗日插值法的 MATLAB 程序如下:

```
%拉格朗日插值法求解程序;
function [L,p,b]=Lagrange_Interpolation(X,Y,a)
%用法说明: X 是已知节点自变量向量,Y 是对应的函数值向量,a 是对应的插值点。
%L 为对应的 n 次拉格朗日插值多项式,p 为对应的基函数向量,b 为插值结果。
if length(X)==length(Y)
  n=length(X);
else
  disp('X 和 Y 的维数不相等');
  return;
end
L=ones(n,n);
for k=1:n
  V=1;
```

```
    for i=1:n
      if k~=i
         V=conv(V,poly(X(i)))/(X(k)-X(i));
      end
    end
    p(k,:)=poly2sym(V);
end
p=collect(p); p=vpa(p,6); L=vpa(Y*p,6);
b=polyval(sym2poly(L),a);
```

例 7.2.1 已知$\sqrt{4}=2$,$\sqrt{9}=3$,$\sqrt{16}=4$,求$\sqrt{7}$的近似值。

解 方法 1:线性插值

$$L_1(x)=\frac{x-9}{4-9}\cdot 2+\frac{x-4}{9-4}\cdot 3=-\frac{2}{5}(x-9)+\frac{3}{5}(x-4),$$

$$\sqrt{7}\approx L_1(7)=-\frac{2}{5}(7-9)+\frac{3}{5}(7-4)=\frac{13}{5}=2.6。$$

方法 2:抛物插值

$$\sqrt{7}\approx L_2(7)=\frac{(7-9)(7-16)}{(4-9)(4-16)}\times 2+\frac{(7-4)(7-16)}{(9-4)(9-16)}\times 3+\frac{(7-4)(7-9)}{(16-4)(16-9)}\times 4,$$

$$=\frac{3}{5}+\frac{81}{35}-\frac{2}{7}=\frac{92}{35}=2.6285714。$$

例 7.2.2 设 $f(x)=\ln x$,给出如下数据,求 $f(0.6)$的近似值。

x_i	0.4	0.5	0.7	0.8
$f(x_i)$	−0.916291	−0.693147	−0.356675	−0.223144

解 $l_0(0.6)=\frac{(0.6-0.5)(0.6-0.7)(0.6-0.8)}{(0.4-0.5)(0.4-0.7)(0.4-0.8)}=-\frac{1}{6}$,

$$l_1(0.6)=\frac{(0.6-0.4)(0.6-0.7)(0.6-0.8)}{(0.5-0.4)(0.5-0.7)(0.5-0.8)}=\frac{2}{3},$$

$$l_2(0.6)=\frac{(0.6-0.4)(0.6-0.5)(0.6-0.8)}{(0.7-0.4)(0.7-0.5)(0.7-0.8)}=\frac{2}{3},$$

$$l_3(0.6)=\frac{(0.6-0.4)(0.6-0.5)(0.6-0.7)}{(0.8-0.4)(0.8-0.5)(0.8-0.7)}=-\frac{1}{6},$$

$$\begin{aligned}L_3(0.6)&=\sum_{j=0}^{3}l_j(0.6)f(x_j)\\&=\left(-\frac{1}{6}\right)(-0.916291)+\frac{2}{3}(-0.693147)+\\&\quad\frac{2}{3}(-0.356675)+\left(-\frac{1}{6}\right)(-0.223144)\\&=-0.509975,\end{aligned}$$

准确值 $\ln 0.6=-0.5108256$。余项

$$E(0.60)=\frac{P_4(0.60)}{4!}\cdot\frac{-6}{\xi^4}=-\frac{0.0001}{\xi^4},\quad \xi\in[0.4,0.8],$$

故
$$-\frac{1}{256}<E(0.60)<-\frac{1}{4096}。$$

利用 MATLAB 编写如下 M 文件 Example7_2_2.m,并运行。

```
%Example7_2_2.m
clc;clear;
x=[0.4,0.5,0.7,0.8];y=[-0.916291,-0.693147,-0.356675,-0.223144];
 xp=0.6;
[L,p,b]=Lagrange_Interpolation(x,y,xp)
```

计算结果:

```
L =1.68345*x^3-4.52403*x^2+5.27646*x-2.41062
p =
   -83.3333*x^3+166.667*x^2-109.167*x+23.3333
   166.667*x^3-316.667*x^2+193.333*x-37.3333
   -166.667*x^3+283.333*x^2-153.333*x+26.6667
   83.3333*x^3-133.333*x^2+69.1667*x-11.6667
b =-0.5098
```

对于多数函数而言,插值余项的绝对值将会随着节点个数的增加(即插值多项式次数的提高)而减小。因此在适当的时候可以通过增加插值节点的个数,即提高插值多项式的次数来达到提高精度的目的。但是在使用拉格朗日插值多项式时,当需增加一个插值节点 x_{n+1} 时,每一个插值基函数 $l_i(x)(i=0,1,\cdots,n)$ 都得重新计算,同时还需要计算新的插值基函数 $l_{n+1}(x)$,造成计算的浪费。因此在实用中,有时需要构造能充分利用以前计算结果的插值方法。

7.3 牛顿插值

7.3.1 差商及其性质

由于拉格朗日插值多项式计算没有递推关系,每次新增加节点都要重新计算,高次插值无法利用低次插值的结果。下面引进差商的概念,给出一种在增加节点时可进行递推计算的插值方法——牛顿插值法。

1. 差商的概念(又称为均差)

定义 7.3.1 设函数 $f(x)$ 在 $[a,b]$ 上有定义,在 $[a,b]$ 上互异节点 $x_0,x_1,x_2,\cdots$ 处的函数值分别为 $f(x_0),f(x_1),f(x_2),\cdots$,称

$$f[x_0,x_1]=\frac{f(x_0)-f(x_1)}{x_0-x_1}$$

为函数 $f(x)$ 在 x_0,x_1 处的一阶差商。称

$$f[x_0,x_1,x_2]=\frac{f[x_0,x_1]-f[x_1,x_2]}{x_0-x_2}$$

为函数 $f(x)$在 x_0,x_1,x_2 处的二阶差商。

一般地,若定义了 $k-1$ 阶差商,则称

$$f[x_0,x_1,\cdots,x_{k-1},x_k]=\frac{f[x_0,x_1,\cdots,x_{k-1}]-f[x_1,x_2,\cdots,x_k]}{x_0-x_k}$$

为函数 $f(x)$在 $x_0,x_1,\cdots,x_k$ 处的 k 阶差商。

2. 差商的性质

(1) 差商可表示为节点 $x_0,x_1,\cdots,x_k$ 处函数值 $f(x_0),f(x_1),\cdots,f(x_k)$的线性组合

$$f[x_0,x_1,\cdots,x_k]=\sum_{i=0}^{k}\frac{f(x_i)}{\Gamma'_{k+1}(x_i)}, \tag{7.3.1}$$

其中 $P_{k+1}(x)=\prod_{i=0}^{k}(x-x_i)$。

(2) 差商关于所含节点是对称的,即差商与节点的排列次序无关。

$$f[x_0,x_1,\cdots,x_i,\cdots,x_j,\cdots,x_k]=f[x_0,x_1,\cdots,x_j,\cdots,x_i,\cdots,x_k]。$$

事实上当交换 x_i,x_j 的位置时,只是改变了(7.3.1)式中右端的求和顺序,显然其值不变。凭借差商的对称性,即差商与节点的排列顺序无关,$f(x)$的 k 阶差商也可以定义为

$$f[x_0,x_1,\cdots,x_{k-1},x_k]=\frac{f[x_0,x_1,\cdots,x_{k-2},x_k]-f[x_0,x_1,\cdots,x_{k-2},x_{k-1}]}{x_k-x_{k-1}}。$$

(3) 若 $f(x)$的 k 阶差商是 x 的 m 次多项式,则 $f(x)$的 $k+1$ 阶差商 $f[x_0,x_1,\cdots,x_k,x]$ 是 x 的 $m-1$ 次多项式。特别地,对 n 次多项式的 k 阶差商,当 $k\leqslant n$ 时是一个 $n-k$ 次多项式,当 $k>n$ 时恒为 0。

(4) 差商与导数之间的关系

$$f[x_0,x_1,\cdots,x_k]=\frac{f^{(k)}(\xi)}{k!}, \tag{7.3.2}$$

其中 ξ 与节点 $x_0,x_1,\cdots,x_k$ 有关。特别地,由导数的定义有

$$f'(x_0)=\lim_{x\to x_0}\frac{f(x)-f(x_0)}{x-x_0}=\lim_{x\to x_0}f[x,x_0]\overset{\text{def}}{=}f[x_0,x_0]。$$

7.3.2 牛顿插值多项式

由差商的定义有

$$f(x)=f(x_0)+f[x,x_0](x-x_0),$$

$$f[x,x_0]=f[x_0,x_1]+f[x,x_0,x_1](x-x_1),$$

$$f[x,x_0,x_1]=f[x_0,x_1,x_2]+f[x,x_0,x_1,x_2](x-x_2),$$

$$\vdots$$

$$f[x,x_0,\cdots,x_{n-1}]=f[x_0,x_1,\cdots,x_{n-1},x_n]+f[x,x_0,\cdots,x_n](x-x_n)。$$

依次将后一个等式代入前一个等式就有

$$f(x)=f(x_0)+f[x_0,x_1](x-x_0)+f[x_0,x_1,x_2](x-x_0)(x-x_1)+\cdots+$$

$$f[x_0,x_1,\cdots,x_{n-1},x_n](x-x_0)(x-x_1)\cdots(x-x_{n-1})+$$
$$f[x,x_0,\cdots,x_n](x-x_0)(x-x_1)\cdots(x-x_{n-1})(x-x_n)$$
$$\stackrel{\text{def}}{=} N_n(x)+f[x,x_0,\cdots,x_n]P_{n+1}(x)。$$

将上式中的 x 取为插值节点 x_i，有 $N_n(x_i)=f(x_i),i=0,1,2,\cdots,n$，其中

$$N_n(x)=f(x_0)+f[x_0,x_1](x-x_0)+f[x_0,x_1,x_2](x-x_0)(x-x_1)+\cdots+ f[x_0,x_1,\cdots,x_n](x-x_0)(x-x_1)\cdots(x-x_{n-1}), \tag{7.3.3}$$

即 $N_n(x)$是满足插值条件的 n 次多项式，称为牛顿插值多项式，其余项

$$E(x)=f(x)-N_n(x)=f[x,x_0,x_1,\cdots,x_n]P_{n+1}(x)。 \tag{7.3.4}$$

由插值多项式的唯一性，虽然拉格朗日插值多项式与牛顿插值多项式的构造方式不同，但恒有 $N_n(x)\equiv L_n(x)$。比较这两个插值多项式中项 x^n 的系数，就有

$$f[x_0,x_1,\cdots,x_n]=\sum_{i=0}^{n}\frac{f(x_i)}{P'_{n+1}(x_i)}。$$

这正是差商的性质(7.3.1)式的结论。

由于 $N_n(x)\equiv L_n(x)$，故两个插值多项式的余项也应相等，即

$$E(x)=f[x,x_0,x_1,\cdots,x_n]P_{n+1}(x)=\frac{f^{(n+1)}(\xi)}{(n+1)!}P_{n+1}(x),$$

故有

$$f[x,x_0,x_1,\cdots,x_n]=\frac{f^{(n+1)}(\xi)}{(n+1)!}。 \tag{7.3.5}$$

这正是差商性质(4)得出的结论。

牛顿插值多项式的表示形式显然有利于节点的增减，当增加节点 x_{n+1} 时，有牛顿插值公式

$$N_{n+1}(x)=N_n(x)+f[x_0,x_1,\cdots,x_n,x_{n+1}](x-x_0)(x-x_1)\cdots(x-x_n)。$$

因此，基于牛顿插值公式，能够直接计算出函数的近似值。我们在进行牛顿差商插值时，常利用 $f(x)$的差商表(见表 7.3.1)来计算牛顿插值。

表 7.3.1 差商表

x_0	$f(x_0)$				
x_1	$f(x_1)$	$f[x_0,x_1]$			
x_2	$f(x_2)$	$f[x_1,x_2]$	$f[x_0,x_1,x_2]$		
x_3	$f(x_3)$	$f[x_2,x_3]$	$f[x_1,x_2,x_3]$	$f[x_0,x_1,x_2,x_3]$	
⋮	⋮	⋮	⋮	⋮	…

牛顿差商插值多项式的一个显著优点是它的每一项都是按 x 的指数作升幂排列，这样当需要增加节点提高插值多项式次数时，可以充分利用前面已经计算出的结果。

一次插值

$$N_1(x)=f(x_0)+f[x_0,x_1](x-x_0)。$$

二次插值

$$N_2(x)=f(x_0)+f[x_0,x_1](x-x_0)+f[x_0,x_1,x_2](x-x_0)(x-x_1)$$

$$=N_1(x)+f[x_0,x_1,x_2](x-x_0)(x-x_1)。$$

k 次插值

$$N_k(x)=N_{k-1}(x)+f[x_0,x_1,\cdots,x_k](x-x_0)(x-x_1)\cdots(x-x_{k-1}),$$

即 k 次牛顿差商插值,仅仅是在 $k-1$ 次插值多项式的基础上增加了一项

$$f[x_0,x_1,\cdots,x_k](x-x_0)(x-x_1)\cdots(x-x_{k-1})。$$

牛顿插值可以用 MATLAB 软件来计算,根据差商定义及牛顿插值多项式编制程序,可对给定数据求得插值点的插值结果。

牛顿插值法的 MATLAB 程序如下:

```
%Newton_Interpolation.m(牛顿插值法).
function [f,DD,yp]=Newton_Interpolation(x,y,xp)
%用法说明: x是已知节点自变量向量,y是对应的函数值向量,xp是对应的插值点.
%f是牛顿插值多项式,DD是差商表,yp返回插值结果。
syms X;
if length(x)==length(y)
  n=length(x); c(1:n)=0.0;
else
  disp('x和y的维数不相等');
  return;
end
DD=zeros(n,n+1);
DD(1:n,1)=x'; DD(1:n,2)=y';
for j=3:n+1                    %计算差商表.
  for i=j-1:n
  DD(i,j)=(DD(i-1,j-1)-DD(i,j-1))/(x(i-j+2)-x(i));
  end
end
f=y(1); yy=0; l=1;
for i=1:n-1                    %计算牛顿插值函数.
  for j=i+1:n
    yy(j)=(y(j)-y(i))/ (x(j)-x(i));
  end
  c(i)=yy(i+1); l=l*(X-x(i)); f=f+c(i)*l;
  f=simplify(f); y=yy;
end
f=collect(f); f=vpa(f,6);
yp=subs(f,'X',xp);
```

例 7.3.1 已知 $f(x)$的数据如下表,求 $f(4.01)$的近似值。

x_i	4.0002	4.0104	4.0233	4.0294
$f(x_i)$	0.6020817	0.6031877	0.6045824	0.6052404

解 构造差商表如表7.3.2所示

表7.3.2 差商表

x_i	$f(x_i)$	一阶差商	二阶差商	三阶差商
4.0002	0.6020817			
4.0104	0.6031877	0.1084314		
4.0233	0.6045824	0.1081163	−0.0136404	
4.0294	0.6052404	0.1078699	−0.0130225	−0.0211629

$$\begin{aligned}f(4.01)=N_3(4.01)&=0.6020817+0.1084314(4.01-4.0002)+(-0.0136404)\times\\&\quad(4.01-4.0002)\times(4.01-4.0104)+(-0.0211629)\times(4.01-4.0002)\times\\&\quad(4.01-4.0104)\times(4.01-4.0233)\\&=0.6031444。\end{aligned}$$

在实用中,当节点个数比较多时,由于不知道插值多项式的次数,所以常利用被插值点 x 的附近节点作低次插值,逐步增加插值节点个数,提高插值多项式的次数来提高精度。考虑相邻两次多项式值之差

$$|N_k(x)-N_{k-1}(x)|=|f[x_0,x_1,\cdots,x_k](x-x_0)(x-x_1)\cdots(x-x_{k-1})|。$$

随着节点个数的增加,多项式次数的提高,该值将不断地减小,当该绝对值达到误差精度或其值在增加时停止计算。

例7.3.2 设有如下数据,求 $f(0.596)$的近似值。

x_i	0.40	0.55	0.65	0.80	0.90	1.05
$f(x_i)$	0.41075	0.57815	0.69675	0.88811	1.02652	1.25382

解 先计算差商表(见表7.3.3)

$N_0(0.596)=0.57815$,

$N_1(0.596)=N_0(0.596)+1.186(0.596-0.55)=0.57815+0.54556=0.632706$,

$$\begin{aligned}N_2(0.596)&=N_1(0.596)+0.28(0.596-0.55)(0.596-0.65)\\&=0.632706-0.0006955=0.6320105,\end{aligned}$$

$$\begin{aligned}N_3(0.596)&=N_2(0.596)+0.1973(0.596-0.55)(0.596-0.65)(0.596-0.4)\\&=0.6320105-0.000096=0.6319145,\end{aligned}$$

$$\begin{aligned}N_4(0.596)&=N_3(0.596)+0.0314(0.596-0.55)(0.596-0.65)(0.596-0.4)(0.596-0.8)\\&=0.6319145+0.0000312=0.6319457。\end{aligned}$$

表7.3.3 差商表

x_i	$f(x_i)$	一阶差商	二阶差商	三阶差商	四阶差商	五阶差商
0.55	0.57815					
0.65	0.69675	1.1860				

续表

x_i	$f(x_i)$	一阶差商	二阶差商	三阶差商	四阶差商	五阶差商
0.40	0.41075	1.1440	0.2800			
0.80	0.88811	1.1934	0.3293	0.1973		
0.90	1.02652	1.3841	0.3814	0.2083	0.0314	
1.05	1.25382	1.5153	0.5249	0.2208	0.0833	0.1038

利用 MATLAB 编写如下 M 文件 Example7_3_2.m,并运行。

```
%Example7_3_2.m
clc; clear;
x=[0.40, 0.55, 0.65, 0.80, 0.90, 1.05];
y=[0.41075, 0.57815, 0.69675, 0.88811, 1.02652, 1.25382];
xp=0.596;
 [f,DD,yp]=Newton_Interpolation(x,y,xp)
```

计算结果:

```
f =.127480e-2+.990118*X+.296166e-1*X^2+.123615*X^3+.302711e-1*X^4+
   .293040e-3*X^5
DD =
```

0.4000	0	0.4108	0	0	0	0	0	0
0.5500		0.5782		1.1160	0	0	0	0
0.6500		0.6967		1.1860	0.2800	0	0	0
0.8000		0.8881		1.2757	0.3589	0.1973	0	0
0.9000		1.0265		1.3841	0.4335	0.2130	0.0312	0
1.0500		1.2538		1.5153	0.5249	0.2287	0.0314	0.0003

```
yp =0.6319
```

例 7.3.3 求满足 $y(x_i)=f(x_i)(i=0,1,2)$ 及 $y'(x_1)=f'(x_1)$ 的次数不超过三次的插值多项式 $y=y_3(x)$ 及其余项表达式。

解 由插值条件 $y(x_i)=f(x_i)$,$i=0,1,2$。可以确定一个二次牛顿插值多项式。再利用第四个插值条件 $y'(x_1)=f'(x_1)$ 时,只需增加一个三次项 $g(x)$,故可令

$$y_3(x)=N_2(x)+g(x)$$
$$=f(x_0)+f[x_0,x_1](x-x_0)+f[x_0,x_1,x_2](x-x_0)(x-x_1)+g(x)。$$

由插值条件,$y(x_i)=f(x_i)$,$i=0,1,2$,有

$$g(x_i)=0,\quad i=0,1,2。$$

故可令 $g(x)=A(x-x_0)(x-x_1)(x-x_2)$。由 $y'(x_1)=f'(x_1)$,有

$$f'(x_1)=f[x_0,x_1]+f[x_0,x_1,x_2](x_1-x_0)+A(x_1-x_0)(x_1-x_2),$$

$$A=\frac{f'(x_1)-f[x_0,x_1]-f[x_0,x_1,x_2](x_1-x_0)}{(x_1-x_0)(x_1-x_2)}$$

$$=\frac{\dfrac{f[x_0,x_1]-f[x_1,x_1]}{x_0-x_1}-f[x_0,x_1,x_2]}{x_1-x_2}$$

$$=\frac{f[x_0,x_1,x_1]-f[x_0,x_1,x_2]}{x_1-x_2}=f[x_0,x_1,x_1,x_2]。$$

所以

$$y_3(x)=f(x_0)+f[x_0,x_1](x-x_0)+f[x_0,x_1,x_2](x-x_0)(x-x_1)+ f[x_0,x_1,x_1,x_2](x-x_0)(x-x_1)(x-x_2)。$$

由牛顿插值余项的形式,有

$$E(x)=f[x,x_0,x_1,x_1,x_2](x-x_0)(x-x_1)^2(x-x_2)。$$

7.4 埃尔米特插值

埃尔米特插值是要构造一个插值函数,它不但在给定的节点上取已知函数值,而且部分节点还取已知的微商值,使插值函数和被插函数吻合得更好。

下面讨论 $n+1$ 个节点上的埃尔米特插值法。

拉格朗日插值只考虑了节点的函数值约束,为了保证插值函数 $y(x)$能更好地接近被插值函数 $f(x)$,不仅要求节点处 $y(x)$与 $f(x)$具有相同的函数值,而且还要求在部分节点处 $y(x)$与 $f(x)$具有相同的导数值,此时的插值条件为

$$\begin{cases}y(x_i)=f(x_i), & i=0,1,2,\cdots,n,\\ y'(x_{k_i})=f'(x_{k_i}), & i=0,1,2,\cdots,r,\end{cases}\tag{7.4.1}$$

其中 $x_{k_0},x_{k_1},\cdots,x_{k_r}$ 是节点 $x_0,x_1,\cdots,x_n$ 中的 $r+1$ 个节点,(7.4.1)式共有 $n+r+2$ 个插值条件。

定义 7.4.1 若 $y(x)$是次数不超过 $n+r+1$ 次的多项式,且满足插值条件(7.4.1),则称 $y(x)$为埃尔米特插值多项式。

定理 7.4.1 埃尔米特插值多项式存在且唯一。

证明 不失一般性,不妨设每一点均存在导数值。

存在性:我们从构造拉格朗日插值多项得到启发,如果能构造两组次数都是 $2n+1$ 次的多项式 $h_j(x),\bar{h}_j(x)(j=0,1,2,\cdots,n)$,使其满足:

$$h_j(x_i)=\delta_{ij}=\begin{cases}0, & i\neq j,\\ 1, & i=j,\end{cases}\quad h'_j(x_i)=0,\quad i,j=0,1,2,\cdots,n;$$

$$\bar{h}'_j(x_i)=\delta_{ij}=\begin{cases}0, & i\neq j,\\ 1, & i=j,\end{cases}\quad \bar{h}_j(x_i)=0,\quad i,j=0,1,2,\cdots,n。$$

易得

$$P_{2n+1}(x)=\sum_{j=0}^{n}f(x_j)h_j(x)+\sum_{j=0}^{n}f'(x_j)\bar{h}_j(x)\tag{7.4.2}$$

就是满足插值条件(7.4.1)的 $2n+1$ 次多项式。

令

$$h_j(x)=(ax+b)l_j^2(x), \tag{7.4.3}$$

其中 $l_j(x)$为 n 次拉格朗日插值基函数。

容易验证上式为 $2n+1$ 次多项式且

$$h_j(x_i)=0,\quad h'_j(x_i)=0(i\neq j)。$$

于是只要选择常数 a,b 满足

$$\begin{cases}ax+b=1,\\ l_j(x_j)[al_j(x_j)+2(ax_j+b)l'_j(x_j)]=0。\end{cases}$$

解得

$$\begin{cases}a=-2l'_i(x_i),\\ b=1+2x_jl'_j(x_j)。\end{cases}$$

类似可令

$$\bar{h}_j(x)=(cx+d)l_j^2(x), \tag{7.4.4}$$

其中 $l_j(x)$为 n 次拉格朗日插值基函数。

同理可求得

$$\begin{cases}c=1,\\ d=-x_j。\end{cases}$$

将 a,b,c,d 代入(7.4.3)式和(7.4.4)式并整理，代入(7.4.2)式就可得到满足条件的埃尔米特插值多项式。定理存在性证毕。

唯一性：假设有另一异于 $P_{2n+1}(x)$的次数不高于 $2n+1$ 次多项式 $Q_{2n+1}(x)$，也满足插值条件(7.4.1)。令

$$\varphi(x)=P_{2n+1}(x)-Q_{2n+1}(x),$$

于是 $\varphi(x)$在每一个节点 $x_i(i=0,1,\cdots,n)$都是重零点，从而至少有 $2n+2$ 个零点(包括重零点)，但 $\varphi(x)$是不高于 $2n+1$ 次的多项式，要它有 $2n+2$ 个根，除非其恒为零，故 $P_{2n+1}(x)=Q_{2n+1}(x)$，至此定理证毕。

埃尔米特插值的几何意义是：插值函数 $P_{2n+1}(x)$与被插值函数 $f(x)$在节点处有公切线。下面具体讨论如何求一般情形的埃尔米特插值多项式。

设 $y(x)$形如

$$y(x)=\sum_{j=0}^{n}h_j(x)f(x_j)+\sum_{j=0}^{r}\bar{h}_{k_j}(x)f'(x_{k_j}),$$

其中 $h_j(x),\bar{h}_{k_j}(x)$是次数不超过 $n+r+1$ 次的多项式，称为埃尔米特插值基函数。

由插值条件有

$$\begin{cases}h_j(x_i)=\begin{cases}1, & i=j,\\ 0, & i\neq j,\end{cases} & i,j=0,1,2,\cdots,n;\\ h'_j(x_i)=0, & j=0,1,2,\cdots,n;i=k_0,k_1,\cdots,k_r;\end{cases}$$

$$\begin{cases}\bar{h}_j(x_i)=0, & j=0,1,2,\cdots,n;i=k_0,k_1,\cdots,k_r;\\ \bar{h}'_j(x_i)=\begin{cases}1, & i=j,\\ 0, & i\neq j,\end{cases} & i,j=k_0,k_1,\cdots,k_r。\end{cases} \tag{7.4.5}$$

引入记号

$$P_{n+1}(x)=(x-x_0)(x-x_1)\cdots(x-x_n),$$
$$P_{r+1}(x)=(x-x_{k_0})(x-x_{k_1})\cdots(x-x_{k_r}),$$
$$l_{jn}(x)=\frac{P_{n+1}(x)}{(x-x_j)P'_{n+1}(x_j)},\quad j=0,1,2,\cdots,n,$$
$$l_{jr}(x)=\frac{P_{r+1}(x)}{(x-x_j)P'_{r+1}(x_j)},\quad j=k_0,k_1,\cdots,k_r。$$

由(7.4.5)式,可得

$$h_j(x)=\begin{cases}[1-(x-x_j)(l'_{jn}(x_j)+l'_{jr}(x_j))]l_{jn}(x)l_{jr}(x), & j=k_0,k_1,\cdots,k_r;\\ l_{jn}(x)\dfrac{P_{r+1}(x)}{P_{r+1}(x_j)}, & jn=0,1,\cdots,n。\\ & 但\ j\neq k_0,k_1,\cdots,k_r;\end{cases}\tag{7.4.6}$$

$$\bar{h}_j(x)=(x-x_j)l_{jn}(x)l_{jr}(x),\quad j=k_0,k_1,\cdots,k_r。\tag{7.4.7}$$

插值函数的误差与拉格朗日插值的误差估计十分类似,其余项为

$$E(x)=\frac{f^{(n+r+2)}(\xi)}{(n+r+2)!}P_{n+1}(x)P_{r+1}(x),\quad \forall x\in[a,b],\xi\in[a,b]。$$

记埃尔米特插值多项式为 $H(x)$,即

$$H(x)=\sum_{j=0}^{n}h_j(x)f(x_j)+\sum_{j=0}^{r}\bar{h}_{k_j}(x)f'(x_{k_j}),$$

其中 $h_j(x)$,$\bar{h}_{kj}(x)$,由(7.4.6)式、(7.4.7)式给出。

特别当 $n=r$ 时,插值公式为

$$f(x)=\sum_{j=0}^{n}h_j(x)f(x_j)+\sum_{j=0}^{n}\bar{h}_j(x)f'(x_j)+\frac{f^{(2n+2)}(\xi)}{(2n+2)!}P_{n+1}^2(x),$$

其中 $h_j(x)=[1-2(x-x_j)l'_j(x_j)]l_j^2(x)$,$\bar{h}_j(x)=(x-x_j)l_j^2(x)$,$l_j(x)$为拉格朗日插值基函数,且 $l'_j(x_j)=\sum\limits_{i=0,i\neq j}^{n}\dfrac{1}{x_j-x_i}$。

埃尔米特插值法的 MATLAB 程序如下:

```
%埃尔米特插值法求解程序;
function [H,yp]=Hermite_Interpolation(xx,yy,yy1,xp)
%用法说明: xx是已知节点自变量向量,yy是对应的函数值向量,yy1是对应的导数值向量;
%xp是对应的插值点,yp返回插值结果,H是埃尔米特插值多项式.
if length(xx)==length(yy)&length(xx)==length(yy1)
  n=length(xx);
else
  disp('x和y维数不相等');
  return;
end
temp=0; syms x;
for k=1:n          %计算 lagrange 插值基函数 lj(x);
  V=1;
```

```
    for i=1:n
      if k~=i
        V=conv(V,poly(xx(i)))/(xx(k)-xx(i));
      end
    end
    l(k,:)=poly2sym(V);
  end
  for j=1:n       %计算埃尔米特插值基函数 alpha,beta;
  for i=1:n
    if i~=j
      temp=temp+1/(xx(j)-xx(i));
    end
  end
  alpha(j,:)=(1-2*(x-xx(j))*temp)*l(j,:)*l(j,:);
  beta(j,:)=(x-xx(j))*l(j,:)*l(j,:);
  temp=0;
end
H=0;
for i=1:n         %计算埃尔米特插值多项式 H(X);
  H=H+alpha(i,:)*yy(i)+beta(i,:)*yy1(i);
end
H=collect(H); H=vpa(H,6); yp=polyval(sym2poly(H),xp);
```

例 7.4.1 给出 lnx 的如下数据，用埃尔米特插值多项式求 ln0.6 的近似值，并估计其误差。

x_i	0.40	0.50	0.70	0.80
$\ln x_i$	−0.916291	−0.693147	−0.356675	−0.223144
$1/x_i$	2.50	2.00	1.43	1.25

解 $h_0(0.60)=\left[1-2(0.6-0.4)\left(\frac{1}{0.4-0.5}+\frac{1}{0.4-0.7}+\frac{1}{0.4-0.8}\right)\right]\times$

$$\left[\frac{(0.6-0.5)(0.6-0.7)(0.6-0.8)}{(0.4-0.5)(0.4-0.7)(0.4-0.8)}\right]^2=\frac{11}{54}。$$

同理 $h_1(0.60)=\frac{8}{27}$，$h_2(0.60)=\frac{8}{27}$，$h_3(0.60)=\frac{11}{54}$。

$$\bar{h}_0(0.60)=(0.6-0.4)\left[\frac{(0.6-0.5)(0.6-0.7)(0.6-0.8)}{(0.4-0.5)(0.4-0.7)(0.4-0.8)}\right]^2=-\frac{1}{180}。$$

同理 $\bar{h}_1(0.60)=\frac{2}{45}$，$\bar{h}_2(0.60)=-\frac{2}{45}$，$\bar{h}_3(0.60)=-\frac{1}{180}$。因此

$$H_7(0.60)=\sum_{j=0}^{3}h_j(0.6)f(x_j)+\sum_{j=0}^{3}\bar{h}_j(0.6)f'(x_j)=-0.510824。$$

误差估计：

$$E(0.6)=\frac{f^{(8)}(\xi)}{8!}P_4^2(0.6)$$

$$=\frac{1}{8!}\left(-\frac{7!}{\xi^8}\right)[(0.6-0.4)(0.6-0.5)(0.6-0.7)(0.6-0.8)]^2,\quad \xi\in[0.4,0.8],$$

故 $$-\frac{1}{2^{15}}<E(0.6)<\frac{1}{2^{23}}。$$

编写 MATLAB 程序 Example 7_4_1.m 调用 Hermite_Interpolation 程序并运行。

```
%Example 7_4_1
clc;clear;
xx=[0.4,0.5,0.7,0.8]; yy=[-0.916291,-0.693147,-0.356675,-0.223144];
yy1=[2.5,2,1.43,1.25]; xp=0.6
[H,yp]=Hermite_Interpolation(xx,yy,yy1,xp)
```

计算结果：

```
xp =0.6000
H =-3.884+46.10*x^7-194.1*x^6+349.1*x^5-350.0*x^4+214.3*x^3-83.09*x^2+
21.63*x
yp =-0.5109
```

而精度较高的近似值为 ln0.60＝－0.510826

例 7.4.2 求满足 $H(x_i)=f(x_i)(i=0,1,2)$ 及 $H'(x_1)=f'(x_1)$ 的次数不超过 3 次的插值多项式 $H_3(x)$。

解 $n=2, r=0$，记

$$P_3(x)=(x-x_0)(x-x_1)(x-x_2),\quad P_1(x)=(x-x_1),$$

$$l_{02}(x)=\frac{(x-x_1)(x-x_2)}{(x_0-x_1)(x_0-x_2)},\quad l_{12}(x)=\frac{(x-x_0)(x-x_2)}{(x_1-x_0)(x_1-x_2)},$$

$$l_{22}(x)=\frac{(x-x_0)(x-x_1)}{(x_2-x_0)(x_2-x_1)},\quad l_{10}(x)=1。$$

由(7.4.6)式及(7.4.7)式有

$$h_0(x)=l_{02}(x)\frac{P_1(x)}{P_1(x_0)}=\frac{(x-x_1)^2(x-x_2)}{(x_0-x_1)^2(x_0-x_2)},$$

$$h_1(x)=[1-(x-x_1)(l'_{12}(x_1)+l'_{10}(x_1))]l_{12}(x)l_{10}(x)$$

$$=\left[1-(x-x_1)\left(\frac{1}{x_1-x_0}+\frac{1}{x_1-x_2}\right)\right]\frac{(x-x_0)(x-x_2)}{(x_1-x_0)(x_1-x_2)},$$

$$h_2(x)=l_{22}(x)\frac{P_1(x)}{P_1(x_2)}=\frac{(x-x_0)(x-x_1)^2}{(x_2-x_0)(x_2-x_1)^2},$$

$$\bar{h}_1(x)=(x-x_1)l_{12}(x)l_{11}(x)=(x-x_1)\frac{(x-x_0)(x-x_2)}{(x_1-x_0)(x_1-x_2)},$$

$$\begin{aligned}H_3(x) &= h_0(x)f(x_0)+h_1(x)f(x_1)+h_2(x)f(x_2)+\bar{h}_1(x)f'(x_1)\\ &= \frac{(x-x_1)^2(x-x_2)}{(x_0-x_1)^2(x_0-x_2)}f(x_0)+\\ &\quad \left[1-(x-x_1)\left(\frac{1}{x_1-x_0}+\frac{1}{x_1-x_2}\right)\right]\frac{(x-x_0)(x-x_1)}{(x_1-x_0)(x_1-x_2)}f(x_1)+\\ &\quad \frac{(x-x_0)(x-x_1)^2}{(x_2-x_0)(x_2-x_1)^2}f(x_2)+\frac{(x-x_0)(x-x_1)(x-x_2)}{(x_1-x_0)(x_1-x_2)}f'(x_1),\end{aligned}$$

余项 $E(x)=\dfrac{f^{(4)}(\xi)}{4!}(x-x_0)(x-x_1)^2(x-x_2)$。

由插值多项式的唯一性知，例 7.3.3 与例 7.4.2 是同一个插值多项式的不同表达形式，化简整后是相同的多项式。

7.5 分段插值

7.5.1 龙格振荡现象

多项式历来都被认为是最好的逼近工具之一。用多项式作插值函数，一般情况下，似乎可以靠增加插值节点的数目来改善插值的精度。

由插值多项式的余项公式

$$|E(x)|=\left|\frac{f^{(n+1)}(\xi)}{(n+1)!}P_{n+1}(x)\right|\leqslant\frac{M}{(n+1)!}|P_{n+1}(x)|, \tag{7.5.1}$$

其中 $M=\max\limits_{a\leqslant x\leqslant b}|f^{(n+1)}(x)|$。从(7.5.1)式看出，当 M 随 n 的增大变化不是太大时，$|E(x)|$ 将会随 n 的增大而减小。所以在适当的时候，可以通过增加插值节点的个数，即提高插值多项式的次数来提高精度。是不是插值节点越多，插值多项式对函数的逼近程度越好呢？在 20 世纪初龙格(Runge)给出了否定的答案，下面先看一个例子。

例 7.5.1 对函数 $f(x)=\dfrac{1}{1+25x^2}$ 在 $[-1,1]$ 上进行拉格朗日插值。

解 该函数在 $(-\infty,+\infty)$ 上具有任意阶的导数，在 $[-1,1]$ 上取等距节点

$$x_i=-1+\frac{2}{n}i,\quad i=0,1,2,\cdots,n,$$

进行拉格朗日插值，其结果如图 7.5.1 所示(取 $n=10$)。

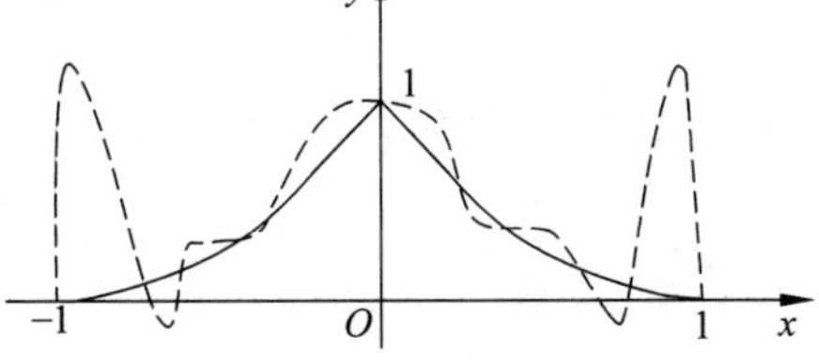

图 7.5.1

由图 7.5.1 可知，插值多项式在 $(-0.363, 0.363)$ 内与 $f(x)$ 有较好的近似，在该区间之外特别在 $x=\pm1$ 附近，误差很大，称为龙格振荡现象。因此通过增加插值节点来提高插值多项式的次数不仅没有提高精度，反而使误差更大，而且随着 n 的增大，振荡越厉害。

7.5.2 插值多项式数值计算的稳定性

设被插值函数 $f(x)$在节点 x_i 上有准确值为 $f(x_i)$，而实际计算中不可避免地产生误差，设其计算值为 $\bar{f}(x_i)$，并假设$|f(x_i)-\bar{f}(x_i)|\leqslant\varepsilon, i=0,1,2,\cdots,n$ 。现考查分别由$\{f(x_i)\}$和$\{\bar{f}(x_i)\}$ 产生的拉格朗日插值多项式之间的关系。

设 $y(x)=\sum\limits_{j=0}^{n}l_j(x)f(x_j), \bar{y}(x)=\sum\limits_{j=0}^{n}l_j(x)\bar{f}(x_j)$ 则有

$$|y(x)-\bar{y}(x)|=\left|\sum_{j=0}^{n}l_j(x)[f(x_j)-\bar{f}(x_j)]\right|\leqslant\varepsilon\sum_{j=0}^{n}|l_j(x)|。$$

由于 $\sum\limits_{j=0}^{n}l_j(x)\equiv 1$，从基函数的构造可以知道，仅依赖于插值节点，而与被值函数无关；其证明：将常数 1 可以看成 0 次的多项式，再用关于 n 个节点的拉格朗日插值基函数线性表出，便可得证。故有

$$\sum_{j=0}^{n}|l_j(x)|\geqslant\left|\sum_{j=0}^{n}l_j(x)\right|=1。$$

(1) 当所有拉格朗日插值基函数的值非负或非正时，有

$$\sum_{j=0}^{n}|l_j(x)|=\left|\sum_{j=0}^{n}l_j(x)\right|=1,$$

此时$|y(x)-\bar{y}(x)|\leqslant\varepsilon$，即数值计算是稳定的。

(2) 当拉格朗日插值基函数的值有正有负时

$$\sum_{j=0}^{n}|l_j(x)|\geqslant 1。$$

此时$|y(x)-\bar{y}(x)|$就不再满足小于等于 ε，即数值计算不稳定。事实上，只有线性插值时 $l_0(x), l_1(x)$的值是非负的。$n\geqslant 2$ 时拉格朗日插值基函数的值有正也有负，而且 n 取得越大$\sum\limits_{j=0}^{n}|l_j(x)|$ 的值增加也就越大，数值计算也就越不稳定。

为了克服上述缺陷，提高精度，我们常采用所谓的分段插值。分段插值是指将区间$[a,b]$分成许多小区间，在每个小区间上采用低次插值多项式来近似代替 $f(x)$，常见的有分段线性插值、分段三次埃尔米特插值和分段三次样条插值等。

7.5.3 分段线性插值

定义 7.5.1 设已知点 $a=x_0<x_1<\cdots<x_n=b$ 上的函数值为 $f(x_0), f(x_1), \cdots, f(x_n)$，若有一折线函数 $y(x)$满足：

(1) $y(x)$在$[a,b]$上连续；

(2) $y(x_i)=f(x_i), i=0,1,2,\cdots,n$；

(3) $y(x)$在每个子区间$[x_i,x_{i+1}]$上是线性函数。

则称 $y(x)$是 $f(x)$的分段线性插值函数。

由插值多项式的唯一性，$y(x)$在每个小区间$[x_i,x_{i+1}]$上可表示为

$$y(x)=\frac{x-x_{i+1}}{x_i-x_{i+1}}f(x_i)+\frac{x-x_i}{x_{i+1}-x_i}f(x_{i+1}),\quad x_i\leqslant x\leqslant x_{i+1}。$$

为了将 $y(x)$写成统一的表达式,引入如下定义：

$$l_0(x)=\begin{cases}\dfrac{x-x_1}{x_0-x_1}, & x\in[x_0,x_1],\\ 0, & x\in[a,b]\backslash[x_0,x_1];\end{cases}$$

$$l_i(x)=\begin{cases}\dfrac{x-x_{i-1}}{x_i-x_{i-1}}, & x\in[x_{i-1},x_i],\\ \dfrac{x-x_{i+1}}{x_i-x_{i+1}}, & x\in[x_i,x_{i+1}],\\ 0, & x\in[a,b]\backslash[x_{i-1},x_{i+1}];\end{cases}$$

$$l_n(x)=\begin{cases}\dfrac{x-x_{n-1}}{x_n-x_{n-1}}, & x\in[x_{n-1},x_n],\\ 0, & x\in[a,b]\backslash[x_{n-1},x_n]。\end{cases}$$

称 $l_i(x)(i=0,1,2,\cdots,n)$为分段线性插值基函数。则有

$$y(x)=\sum_{i=0}^{n}l_i(x)f(x_i),$$

且当 $x\in[x_i,x_{i+1}]$时有 $l_i(x)+l_{i+1}(x)=1$。

定理 7.5.1 设 $f''(x)$在$[a,b]$上存在,对相异节点

$$a=x_0<x_1<\cdots<x_n=b,$$

$y(x)$是 $f(x)$的分段线性插值函数。令 $h=\max\limits_{0\leqslant i\leqslant n-1}(x_{i+1}-x_i)$,则有：

(1) $|E(x)|=|f(x)-y(x)|\leqslant\dfrac{M}{8}h^2$,其中 $M=\max\limits_{x\in[a,b]}|f''(x)|$;

(2) $\lim\limits_{h\to0}y(x)=f(x)$。

证明 (1) $|E(x)|=|f(x)-y(x)|\leqslant\max\limits_{1\leqslant i\leqslant n}|E_i(x)|$

$$=\max_{1\leqslant i\leqslant n}\left|\frac{f''(\xi)}{2!}(x-x_i)(x-x_{i+1})\right|$$

$$\leqslant\frac{M}{2}|(x^2-(x_i+x_{i+1})x+x_ix_{i+1})|$$

$$\leqslant\frac{M}{2}\frac{(x_{i+1}-x_i)^2}{4}\leqslant\frac{M}{8}h^2。$$

(2) 因为$|E(x)|\leqslant\max\limits_{1\leqslant i\leqslant n}|E_i(x)|\leqslant\dfrac{M}{8}h^2$。由夹挤定理有

$$\lim_{h\to0}E(x)=0\Rightarrow\lim_{h\to0}y(x)=f(x)。$$

分段线性插值曲线如图 7.5.2 所示。

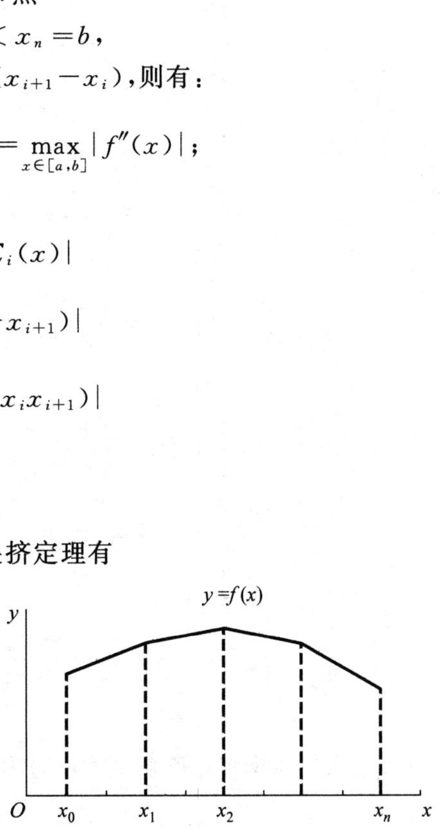

图 7.5.2

7.5.4 分段三次埃尔米特插值

从整体上看当$|f''(x)|$有界时,分段线性插值对较小的步长 h 可使插值函数 $y(x)$能较好地近

似被插值函数 $f(x)$，但是在节点 x_i 处，分段线性插值多项式不具有光滑性（导函数不连续）。为了保证节点处插值多项式的光滑性，我们常采用分段三次埃尔米特插值。

定义 7.5.2 设插值函数 $H(x)$ 满足：

(1) $H(x)$ 在 $[a.b]$ 上具有连续的一阶导数；

(2) $H(x_i)=f(x_i),H'(x_i)=f'(x_i),i=0,1,2,\cdots,n$；

(3) $H(x)$ 在每个小区间 $[x_i,x_{i+1}]$ 上是三次多项式。

则称 $H(x)$ 为分段三次埃尔米特插值多项式。

由埃尔米特插值多项式知，当 $x\in[x_i,x_{i+1}]$ 时有

$$H(x)=\left(1-2\frac{x-x_i}{x_i-x_{i+1}}\right)\left(\frac{x-x_{i+1}}{x_i-x_{i+1}}\right)^2 f(x_i)+\left(1-2\frac{x-x_{i+1}}{x_{i+1}-x_i}\right)\left(\frac{x-x_i}{x_{i+1}-x_i}\right)^2 f(x_{i+1})+$$

$$(x-x_i)\left(\frac{x-x_{i+1}}{x_i-x_{i+1}}\right)^2 f'(x_i)+(x-x_{i+1})\left(\frac{x-x_i}{x_{i+1}-x_i}\right)^2 f'(x_{i+1})。$$

为将 $H(x)$ 写成统一的形式，引入如下定义：

$$h_0(x)=\begin{cases}\left(1-2\dfrac{x-x_0}{x_0-x_1}\right)\left(\dfrac{x-x_1}{x_0-x_1}\right)^2, & x\in[x_0,x_1],\\ 0, & x\in[a,b]\backslash[x_0,x_1];\end{cases}$$

$$h_i(x)=\begin{cases}\left(1-2\dfrac{x-x_i}{x_i-x_{i-1}}\right)\left(\dfrac{x-x_{i-1}}{x_i-x_{i-1}}\right)^2, & x\in[x_{i-1},x_i],\\ \left(1-2\dfrac{x-x_i}{x_i-x_{i+1}}\right)\left(\dfrac{x-x_{i+1}}{x_i-x_{i+1}}\right)^2, & x\in[x_i,x_{i+1}],\\ 0, & x\in[a,b]\backslash[x_{i-1},x_{i+1}];\end{cases}$$

$$h_n(x)=\begin{cases}\left(1-2\dfrac{x-x_n}{x_n-x_{n-1}}\right)\left(\dfrac{x-x_{n-1}}{x_n-x_{n-1}}\right)^2, & x\in[x_{n-1},x_n],\\ 0, & x\in[a,b]\backslash[x_{n-1},x_n];\end{cases}$$

$$\bar{h}_0(x)=\begin{cases}(x-x_0)\left(\dfrac{x-x_1}{x_0-x_1}\right)^2, & x\in[x_0,x_1],\\ 0, & x\in[a,b]\backslash[x_0,x_1];\end{cases}$$

$$\bar{h}_i(x)=\begin{cases}(x-x_i)\left(\dfrac{x-x_{i-1}}{x_i-x_{i-1}}\right)^2, & x\in[x_{i-1},x_i],\\ (x-x_i)\left(\dfrac{x-x_{i+1}}{x_i-x_{i+1}}\right)^2, & x\in[x_i,x_{i+1}],\\ 0, & x\in[a,b]\backslash[x_{i-1},x_{i+1}];\end{cases}$$

$$\bar{h}_n(x)=\begin{cases}(x-x_n)\left(\dfrac{x-x_{n-1}}{x_n-x_{n-1}}\right)^2, & x\in[x_{n-1},x_n],\\ 0, & x\in[a,b]\backslash[x_{n-1},x_n]。\end{cases}$$

则分段三次埃尔米特插值多项式可写为

$$H(x)=\sum_{j=0}^{n}h_j(x)f(x_j)+\sum_{j=0}^{n}\bar{h}_j(x)f'(x_j)。$$

定理 7.5.2 设 $f^{(4)}(x)$在$[a,b]$上存在,对相异节点

$$a=x_0<x_1<\cdots<x_n=b,$$

$H(x)$是 $f(x)$的分段三次埃尔米特插值多项式,令 $h=\max\limits_{0\leqslant i\leqslant n-1}(x_{i+1}-x_i)$,则

(1) $\lim\limits_{h\to 0}H(x)=f(x)$;

(2) $|E(x)|=|f(x)-H(x)|\leqslant\dfrac{M}{384}h^4$,其中 $M=\max\limits_{x\in[a,b]}|f^{(4)}(x)|$。

证明 $|E_i(x)|=\left|\dfrac{f^{(4)}(\xi)}{4!}(x-x_i)^2(x-x_{i+1})^2\right|\leqslant\dfrac{M}{24}\cdot\dfrac{(x_{i+1}-x_i)^4}{16}$,

$$|E(x)|\leqslant\max_{1\leqslant i\leqslant n}|E_i(x)|\leqslant\frac{Mh^4}{384}。$$

由夹挤定理得$\lim\limits_{h\to 0}E(x)=0$,故有$\lim\limits_{h\to 0}H(x)=f(x)$。

例 7.5.2 根据函数 $f(x)=\sqrt{x}$ 的如下数据

x	1	4	9	16
$f(x)$	1	2	3	4
$f'(x)$	1/2	1/4	1/6	1/8

分别用两点一次,二次,三次插值计算$\sqrt{5}$的近似值,使其精度尽量地高。

解 由于要求精度尽量地高,故取与被插值点 $x=5$ 最接近的两个节点 $x_0=4$,$x_1=9$ 处的数据进行插值。

(1) 一次插值,即线性插值,插值条件为:$y(4)=2$,$y(9)=3$。

$$\sqrt{5}\approx L_1(5)=\frac{5-9}{4-9}\times 2+\frac{5-4}{9-4}\times 3=2.2。$$

(2) 二次插值,插值条件为:$y(4)=2$,$y(9)=3$,$y'(4)=\dfrac{1}{4}$。

$$\sqrt{5}\approx H_2(5)=\left(1-\frac{5-4}{4-9}\right)\left(\frac{5-9}{4-9}\right)\times 2+\left(\frac{5-4}{9-4}\right)^2\times 3+\frac{(5-4)(5-9)}{4-9}\times\frac{1}{4}=2.24。$$

(3) 三次插值,插值条件为:$y(4)=2$,$y(9)=3$,$y'(4)=\dfrac{1}{4}$,$y'(9)=\dfrac{1}{6}$。

$$H_3(5)=\left(1-2\times\frac{5-4}{4-9}\right)\left(\frac{5-9}{4-9}\right)^2\times 2+\left(1-2\times\frac{5-9}{9-4}\right)\left(\frac{5-4}{9-4}\right)^2\times 3+$$

$$(5-4)\left(\frac{5-9}{4-9}\right)^2\times\frac{1}{4}+(5-9)\left(\frac{5-4}{9-4}\right)^2\times\frac{1}{6}=2.2373。$$

经查表$\sqrt{5}$精度较高的近似值为:$\sqrt{5}=2.236068$。

7.6 样条插值

前面已经讨论了分段线性插值和分段三次埃尔米特插值的情形,分段线性插值是在给定插值节点上的函数值以后,构造一个整体连续的函数,但不满足光滑性;而分段三次埃尔米特插值是在给定了插值节点上的函数值和微商值以后,构造一个整体上具有连续微商的

插值函数。在一些实问题中，不仅要求具有一阶连续微商，而且要求具有二阶连续微商。另外，虽然分段三次埃尔米特插值多项式满足了光滑性要求，但插值条件需要给出节点处的一阶导数值，这在应用中具有一定的困难。下面要讨论的样条插值就是构造一个整体上具有二阶连续微商且不要求给出节点处微商值的插值函数。

样条(spline)的称谓来源于工程中的样条曲线，绘图员为了将一些指定的离散数据点连接成一条光滑曲线，往往用富有弹性的细长木条(称作样条)把相近的几点连接在一起，再逐步延伸连接起全部节点，使形成一条光滑的样条曲线，这样的曲线在连接处具有一阶和二阶连续微商。

7.6.1 样条插值的基本概念

为方便起见，今后用 $C^k[a,b]$ 表示区间 $[a,b]$ 上具有 k 阶连续导数的函数集合。

定义 7.6.1 设 Δ 是的区间 $[a,b]$ 一个划分 Δ：$a=x_0<x_1<\cdots<x_n=b$，若函数 $S(x)$ 满足：

(1) $S(x)\in C^{m-1}[a,b]$；

(2) $S(x_i)=f(x_i)$，$i=0,1,2,\cdots,n$；

(3) $S(x)$ 在每个子区间 $[x_{i-1},x_i]$($i=1,2,\cdots,n$)上为次数不超过 m 次的多项式，且至少在一个子区间上为 m 次多项式。

则称 $S(x)$ 是关于划分 Δ 的一个 m 次样条插值函数。

实用中，常考虑 $m=3$ 的情形，称为三次样条插值函数。

设 $S_i(x)$ 表示 $S(x)$ 在第 i 个子区间 $[x_{i-1},x_i]$ 上的表达式，由定义有

$$S_i(x)=a_i+b_ix+c_ix^2+d_ix^3,\quad x\in[x_{i-1},x_i],$$

其中 a_i,b_i,c_i,d_i 为待定系数。共有 n 个子区间，因此，这样的系数共有 $4n$ 个，并且函数 $S(x)$ 及其导数 $S'(x)$，$S''(x)$ 都在区间 $[a,b]$ 上连续，只要它们在各子区间的连接点 x_i($i=1,2,\cdots,n-1$)上连续即可，则有

$$\begin{cases}S(x_i-0)=S(x_i+0), & i=1,2,\cdots,n-1,\\ S'(x_i-0)=S'(x_i+0), & i=1,2,\cdots,n-1,\\ S''(x_i-0)=S''(x_i+0), & i=1,2,\cdots,n-1,\\ S(x_i)=y_i, & i=0,1,2,\cdots,n。\end{cases}$$

共有 $4n-2$ 个方程，但有 $4n$ 个未知数，还差两个方程。为了能唯一确定三次样条插值函数，除了上面各式的 $4n-2$ 个插值条件外，通常需在区间 $[a,b]$ 的端点各补充一个条件，称为边界条件。

常见的有以下 3 种边界条件

(1) 第一(转角)边界条件：$S'(a)=f'(a)$，$S'(b)=f'(b)$。

(2) 第二(弯矩)边界条件：$S''(a)=f''(a)$，$S''(b)=f''(b)$。特别当 $S''(a)=0$，$S''(b)=0$ 时，称为自然边界条件。

(3) 第三边界条件(周期边界条件)：当 $f(x)$ 是以 $b-a$ 为周期的周期函数时，$S(x)$ 也必须是以 $b-a$ 为周期的周期函数。相应的边界条件为

$$S^{(k)}(a+0)=S^{(k)}(b-0),\quad k=0,1,2。$$

7.6.2 三弯矩插值法

设 $S(x)$ 在节点 x_i($i=0,1,2,\cdots,n$)处的二阶导数值为 $S''(x_i)=M_i$，其中 M_i 是待定

参数，M_i 在材料力学中解释为与梁的弯矩成比例的量。由于 $S(x)$ 是二阶连续可导的分段三次多项式，$S''(x)$ 就是分段连续函数。在区间 $[x_i, x_{i+1}]$ 上，$S''(x)$ 可设为

$$S''(x) = \frac{x_{i+1}-x}{h_{i+1}}M_i + \frac{x-x_i}{h_{i+1}}M_{i+1}, \tag{7.6.1}$$

其中 $h_{i+1}=x_{i+1}-x_i$。对(7.6.1)式两端在区间 $[x_i, x_{i+1}]$ 上两次积分，分别得

$$S'(x) = -\frac{(x_{i+1}-x)^2}{2h_{i+1}}M_i + \frac{(x-x_i)^2}{2h_{i+1}}M_{i+1} + A_i,$$

$$S(x) = \frac{(x_{i+1}-x)^3}{6h_{i+1}}M_i + \frac{(x-x_i)^3}{6h_{i+1}}M_{i+1} + A_i(x-x_i) + B_i,$$

其中 A_i 和 B_i 为待定的积分常数。记 $f(x_i)=f_i$，由插值条件 $S(x_i)=f_i, S(x_{i+1})=f_{i+1}$ 得 A_i, B_i 应满足线性方程组

$$\begin{cases} \dfrac{h_{i+1}^2}{6}M_i + B_i = f_i, \\ \dfrac{h_{i+1}^2}{6}M_{i+1} + A_i h_{i+1} + B_i = f_{i+1}. \end{cases}$$

解之得

$$\begin{cases} A_i = \dfrac{f_{i+1}-f_i}{h_{i+1}} - \dfrac{h_{i+1}}{6}(M_{i+1}-M_i), \\ B_i = f_i - \dfrac{h_{i+1}^2}{6}M_i. \end{cases}$$

故

$$\begin{aligned} S(x) = {} & \frac{(x_{i+1}-x)^3}{6h_{i+1}}M_i + \frac{(x-x_i)^3}{6h_{i+1}}M_{i+1} + \\ & \frac{x-x_i}{h_{i+1}}\left(f_{i+1} - \frac{h_{i+1}^2}{6}M_{i+1}\right) + \frac{x_{i+1}-x}{h_{i+1}}\left(f_i - \frac{h_{i+1}^2}{6}M_i\right), \end{aligned} \tag{7.6.2}$$

$$S'(x) = -\frac{(x_{i+1}-x)^2}{2h_{i+1}}M_i + \frac{(x-x_i)^2}{2h_{i+1}}M_{i+1} + \frac{f_{i+1}-f_i}{h_{i+1}} - \frac{h_{i+1}}{6}(M_{i+1}-M_i). \tag{7.6.3}$$

因此，只要知道了 M_i 就可由(7.6.2)式确定出 $S(x)$。由(7.6.3)式有

$$S'(x_i+0) = -\frac{h_{i+1}}{3}M_i - \frac{h_{i+1}}{6}M_{i+1} + \frac{f_{i+1}-f_i}{h_{i+1}}. \tag{7.6.4}$$

在(7.6.3)式中用 $i-1$ 代替 i 就可以得到 $S'(x)$ 在 $[x_{i-1}, x_i]$ 上的表达式，故有

$$S'(x_i-0) = \frac{h_i}{6}M_{i-1} + \frac{h_i}{3}M_i + \frac{f_i-f_{i-1}}{h_i}. \tag{7.6.5}$$

由 $S'(x_i+0)=S'(x_i-0)$，有

$$\frac{h_i}{6}M_{i-1} + \frac{h_i+h_{i+1}}{3}M_i + \frac{h_{i+1}}{6}M_{i+1} = \frac{f_{i+1}-f_i}{h_{i+1}} - \frac{f_i-f_{i-1}}{h_i}. \tag{7.6.6}$$

记 $\lambda_i = \dfrac{h_{i+1}}{h_i+h_{i+1}}, \mu_i = \dfrac{h_i}{h_i+h_{i+1}}, d_i = 6f[x_{i-1}, x_i, x_{i+1}]$，则由(7.6.6)式得关于 $M_i(i=0,1,$

$2,\cdots,n$)的线性方程组

$$\mu_i M_{i-1} + 2M_i + \lambda_i M_{i+1} = d_i,\quad i=1,2,\cdots,n-1。$$

方程组含有 $n+1$ 个未知量 $M_0,M_1,\cdots,M_n$,但只有 $n-1$ 个方程,为了确定唯一的解 M_0,$M_1,\cdots,M_n$,还需利用边界条件,下面分别加以讨论。

(1) 第一边界条件 $S'(a)=f'(a)$,$S'(b)=f'(b)$,由(7.6.4)式,(7.6.5)式得方程

$$\begin{cases} 2M_0 + M_1 = \dfrac{6}{h_1}(f[x_0,x_1]-f'(a)), \\ M_{n-1} + 2M_n = \dfrac{6}{h_n}(f'(b)-f[x_{n-1},x_n])。\end{cases}$$

故有线性方程组

$$\begin{bmatrix} 2 & 1 & & & \\ \mu_1 & 2 & \lambda_1 & & \\ & \ddots & \ddots & \ddots & \\ & & \mu_{n-1} & 2 & \lambda_{n-1} \\ & & & 1 & 2 \end{bmatrix}\begin{bmatrix} M_0 \\ M_1 \\ \vdots \\ M_{n-1} \\ M_n \end{bmatrix} = \begin{bmatrix} d_0 \\ d_1 \\ \vdots \\ d_{n-1} \\ d_n \end{bmatrix},$$

其中 $d_0=\dfrac{6}{h_1}(f[x_0,x_1]-f'(a))$,$d_n=\dfrac{6}{h_n}(f'(b)-f[x_{n-1},x_n])$。

(2) 第二边界条件 $S''(a)=f''(a)=M_0$,$S''(b)=f''(b)=M_n$,此时有线性方程组

$$\begin{bmatrix} 2 & \lambda_1 & & & \\ \mu_2 & 2 & \lambda_2 & & \\ & \ddots & \ddots & \ddots & \\ & & \mu_{n-2} & 2 & \lambda_{n-2} \\ & & & \mu_{n-1} & 2 \end{bmatrix}\begin{bmatrix} M_1 \\ M_2 \\ \vdots \\ M_{n-2} \\ M_{n-1} \end{bmatrix} = \begin{bmatrix} d_1 \\ d_2 \\ \vdots \\ d_{n-2} \\ d_{n-1} \end{bmatrix},$$

其中 $d_1=6f[x_0,x_1,x_2]-\mu_1 f''(a)$,$d_{n-1}=6f[x_{n-2},x_{n-1},x_n]-\lambda_{n-1}f''(b)$。

(3) 第三边界条件,根据周期性,此时有 $M_0=M_n$,$M_1=M_{n+1}$ 并在方程组(7.6.6)中取 $i=1$,$i=n$ 有

$$\begin{cases} 2M_1 + \lambda_1 M_2 + \mu_1 M_n = 6f[x_0,x_1,x_2], \\ \lambda_n M_1 + \mu_n M_{n-1} + 2M_n = 6f[x_{n-1},x_n,x_{n+1}], \end{cases}$$

其中 $\lambda_n=\dfrac{h_1}{h_n+h_1}$,$\mu_n=1-\lambda_n=\dfrac{h_n}{h_n+h_1}$,有线性方程组

$$\begin{bmatrix} 2 & \lambda_1 & & \cdots & & \mu_1 \\ \mu_2 & 2 & \lambda_2 & & & \vdots \\ \vdots & \ddots & \ddots & \ddots & & \vdots \\ \vdots & & & \mu_{n-1} & 2 & \lambda_{n-1} \\ \lambda_n & & \cdots & & \mu_n & 2 \end{bmatrix}\begin{bmatrix} M_1 \\ M_2 \\ \vdots \\ M_{n-1} \\ M_n \end{bmatrix} = \begin{bmatrix} d_1 \\ d_2 \\ \vdots \\ d_{n-1} \\ d_n \end{bmatrix}$$

其中 $d_i=6f[x_{i-1},x_i,x_{i+1}]$,$i=1,2,\cdots,n$。

例 7.6.1 利用三弯矩法,求下列数据的三次样条插值多项式

x	0	1	2	3
$f(x)$	0	3	4	6

边界条件为 $f'(0)=1, f'(3)=0$。

解 通过计算有

$$\lambda_1=\lambda_2=\frac{1}{2},\quad \mu_1=\mu_2=\frac{1}{2},\quad d_0=12,\quad d_1=-6,\quad d_2=3,\quad d_3=-12,$$

故有线性方程组

$$\begin{bmatrix} 2 & 1 & 0 & 0 \\ \frac{1}{2} & 2 & \frac{1}{2} & 0 \\ 0 & \frac{1}{2} & 2 & \frac{1}{2} \\ 0 & 0 & 1 & 2 \end{bmatrix}\begin{bmatrix} M_0 \\ M_1 \\ M_2 \\ M_3 \end{bmatrix}=\begin{bmatrix} 12 \\ -6 \\ 3 \\ -12 \end{bmatrix}。$$

解之有 $M_0=\frac{28}{3}, M_1=-\frac{20}{3}, M_2=\frac{16}{3}, M_3=-\frac{26}{3}$。由(7.6.2)式有

$$S(x)=\begin{cases} -\frac{8}{3}x^3+\frac{14}{3}x^2+x, & 0\leqslant x\leqslant 1, \\ 2x^3-\frac{28}{3}x^2+15x-\frac{14}{3}, & 1\leqslant x\leqslant 2, \\ -\frac{7}{3}x^3+\frac{15}{3}x^2-37x+30, & 2\leqslant x\leqslant 3。 \end{cases}$$

7.6.3 三转角插值法

设 $S(x)$ 在节点 $x_i(i=0,1,\cdots,n)$ 处的一阶导数值为 $S'(x_i)=m_i$，其中 m_i 是待定参数，m_i 在材料力学中解释为细梁在截面 x_i 处的转角。由插值多项式的唯一性，此时的三次样条插值函数，就是分段三次埃尔米特插值多项式。故当 $x\in[x_i, x_{i+1}]$ 时，有

$$S(x)=\frac{(x-x_{i+1})^2[h_{i+1}+2(x-x_i)]}{h_{i+1}^3}f_i+\frac{(x-x_i)^2[h_{i+1}+2(x_{i+1}-x)]}{h_{i+1}^3}f_{i+1}+\frac{(x-x_{i+1})^2(x-x_i)}{h_{i+1}^2}m_i+\frac{(x-x_i)^2(x-x_{i+1})}{h_{i+1}^2}m_{i+1}。\tag{7.6.7}$$

对 $S(x)$ 在 $[x_i, x_{i+1}]$ 上求二阶导数，有

$$S''(x)=\frac{6x-2x_i-4x_{i+1}}{h_{i+1}^2}m_i+\frac{6x-4x_i-2x_{i+1}}{h_{i+1}^2}m_{i+1}+\frac{6(x_i+x_{i+1}-2x)}{h_{i+1}^3}(f_{i+1}-f_i)。$$

求 x_i 点的右极限，有

$$S''(x_i+0)=-\frac{4}{h_{i+1}}m_i-\frac{2}{h_{i+1}}m_{i+1}+\frac{6}{h_{i+1}^2}(f_{i+1}-f_i)。\tag{7.6.8}$$

在(7.6.7)式中用 $i-1$ 代替 i，得 $S''(x)$ 在 $[x_{i-1}, x_i]$ 上的表达式，求 x_i 点的左极限，有

$$S''(x_i-0)=\frac{2}{h_i}m_{i-1}+\frac{4}{h_i}m_i-\frac{6}{h_i^2}(f_i-f_{i-1}) \tag{7.6.9}$$

由 $S''(x_i+0)=S''(x_i-0)$，得

$$\frac{1}{h_i}m_{i-1}+2\left(\frac{1}{h_i}+\frac{1}{h_{i+1}}\right)m_i+\frac{1}{h_{i+1}}m_{i+1}=3\left[\frac{f_{i+1}-f_i}{h_{i+1}^2}+\frac{f_i-f_{i-1}}{h_i^2}\right]。$$

令

$$\lambda_i=\frac{h_{i+1}}{h_i+h_{i+1}},\quad \mu_i=\frac{h_i}{h_i+h_{i+1}},\quad g_i=3(\lambda_i f[x_{i-1},x_i]+\mu_i f[x_i,x_{i+1}]),\quad i=1,2,\cdots,n-1,$$

有关于 $m_i(i=0,1,2,\cdots,n)$ 的线性方程组

$$\lambda_i m_{i-1}+2m_i+\mu_i m_{i+1}=g_i,\quad i=1,2,\cdots,n-1。 \tag{7.6.10}$$

方程组中有 $n+1$ 个待定参数 $m_0,m_1,\cdots,m_n$，但只有 $n-1$ 个方程，故需利用边界条件增加两个方程。

(1) 第一边界条件 $S'(a)=f'(a)=m_0$，$S'(b)=f'(b)=m_n$，故有线性方程组

$$\begin{bmatrix}2 & \mu_1 & & & \\ \lambda_2 & 2 & \mu_2 & & \\ & \ddots & \ddots & \ddots & \\ & & \lambda_{n-2} & 2 & \mu_{n-2} \\ & & & \lambda_{n-1} & 2\end{bmatrix}\begin{bmatrix}m_1\\ m_2\\ \vdots\\ m_{n-2}\\ m_{n-1}\end{bmatrix}=\begin{bmatrix}g_1-\lambda f'(a)\\ g_2\\ \vdots\\ g_{n-2}\\ g_{n-1}-\mu_{n-1}f'(b)\end{bmatrix}。$$

(2) 第二边界条件 $S''(a)=f''(a)$，$S''(b)=f''(b)$，在(7.6.8)式中取 $i=0$，在(7.6.9)式中取 $i=n$ 有

$$\begin{cases}2m_0+m_1=3f[x_0,x_1]-\dfrac{h_1}{2}f''(a),\\ m_{n-1}+2m_n=3f[x_{n-1},x_n]+\dfrac{h_n}{2}f''(b)。\end{cases}$$

故有线性方程组

$$\begin{bmatrix}2 & 1 & & & \\ \lambda_1 & 2 & \mu_1 & & \\ & \ddots & \ddots & \ddots & \\ & & \lambda_{n-1} & 2 & \mu_{n-1} \\ & & & 1 & 2\end{bmatrix}\begin{bmatrix}m_0\\ m_1\\ \vdots\\ m_{n-1}\\ m_n\end{bmatrix}=\begin{bmatrix}3f[x_0,x_1]-\dfrac{h_1}{2}f''(a)\\ g_1\\ \vdots\\ g_{n-1}\\ 3f[x_{n-1},x_n]-\dfrac{h_n}{2}f''(b)\end{bmatrix}。$$

(3) 第三边界条件，根据周期性，此时有 $m_0=m_n$，$m_1=m_{n+1}$，并在(7.6.10)式中取 $i=1,i=n$ 有方程

$$\begin{cases}2m_1+\mu_1 m_2+\lambda_1 m_n=g_1,\\ \mu_n m_1+\lambda_n m_{n-1}+2m_n=g_n,\end{cases}$$

其中 $\lambda_n=\dfrac{h_1}{h_1+h_n}$，$\mu_n=\dfrac{h_n}{h_1+h_n}$。故有线性方程组

$$\begin{bmatrix} 2 & \mu_1 & & \cdots & & \lambda_1 \\ \lambda_2 & 2 & \mu_2 & & & \vdots \\ \vdots & & \ddots & \ddots & \ddots & \vdots \\ \vdots & & & \lambda_{n-1} & 2 & \mu_{n-1} \\ \mu_n & & \cdots & & \lambda_n & 2 \end{bmatrix} \begin{bmatrix} m_1 \\ m_2 \\ \vdots \\ m_{n-1} \\ m_n \end{bmatrix} = \begin{bmatrix} g_1 \\ g_2 \\ \vdots \\ g_{n-1} \\ g_n \end{bmatrix}。$$

例 7.6.2 用三转角插值法求自然边界条件下的以下数据的样条函数，并计算 $f(3)$，$f(4.5)$的值。

x	1	2	4	5
$f(x)$	1	3	4	2

解 $\lambda_1=\frac{2}{3},\lambda_2=\frac{1}{3},\mu_1=\frac{1}{3},\mu_2=\frac{2}{3},g_1=\frac{9}{2},g_2=-\frac{7}{2},g_0=6,g_3=-6$，

$$\begin{bmatrix} 2 & 1 & 0 & 0 \\ \frac{2}{3} & 2 & \frac{1}{3} & 0 \\ 0 & \frac{1}{3} & 2 & \frac{2}{3} \\ 0 & 0 & 1 & 2 \end{bmatrix} \begin{bmatrix} m_0 \\ m_1 \\ m_2 \\ m_3 \end{bmatrix} = \begin{bmatrix} 6 \\ \frac{9}{2} \\ -\frac{7}{2} \\ -6 \end{bmatrix}。$$

解之有

$$m_0=\frac{17}{8},\quad m_1=\frac{7}{4},\quad m_2=-\frac{5}{4},\quad m_3=-\frac{19}{8}。$$

故

$$S(x)=\begin{cases} -\frac{1}{8}x^3+\frac{3}{8}x^2+\frac{7}{4}x-1, & 1\leqslant x\leqslant 2, \\ -\frac{1}{8}x^3+\frac{3}{8}x^2+\frac{7}{4}x-1, & 2< x\leqslant 4, \\ \frac{3}{8}x^3-\frac{45}{8}x^2+\frac{103}{4}x-33, & 4< x\leqslant 5。\end{cases}$$

$$f(3)\approx-\frac{1}{8}\times 3^2+\frac{3}{8}\times 3^2+\frac{7}{4}\times 3-1=\frac{17}{4},$$

$$f(4.5)\approx\frac{3}{8}(4.5)^2-\frac{45}{8}(4.5)^2+\frac{10^3}{4}(4.5)-33=3.1406。$$

比较三弯矩及三转角两种构造三次样插值函数方法，可以看出，如果边界条给出的是一阶导数值，则选用三转角法计算要简便一些；如果边界条件给出的是二阶导数值，则选用三弯矩法计算简便一些；如果是周期函数，则三弯矩计算与三转角计算的复杂程度相当。

当插值节点逐渐加密时，不但三次样条插值函数收敛于函数本身，而且其导数也收敛于函数的导数。因而三次样条函数具有比其他多项式插值更优越的性质。下面不作证明地给出样条插值函数的收敛性结论。

定理 7.6.1 设函数 $f(x)\in C^4[a,b]$，对给定的某一划分

$$\Delta:\ a=x_0<x_1<\cdots<x_{n-1}<x_n=b,$$

设 $S(x)$是对划分 Δ 的样条插值函数，则当 $h=\max\limits_{0\leqslant i\leqslant n-1}|x_{i+1}-x_i|\to 0$ 时，对一切 $x\in[a,b]$恒有

$$|f^{(i)}(x)-S^{(i)}|\leqslant C_i h^{4-i},\quad i=0,1,2,$$

其中，$C_i(i=0,1,2)$是与划分 Δ 无关的常数。

一阶导数边界条件的三转角三次样条插值的 MATLAB 程序如下：

```
function m=mspline(x,y,dy0,dyn,xx)
%用途：三次样条插值(一阶导数边界条件,三转角)
%格式：m=mspline(x,y,dy0,dyn,xx),
%x,y 分别为 n 个节点的横坐标所组成的向量及纵坐标所组成的向量,dy0,dyn 为左右两端点
%的一阶导数,如果 xx 缺省,则输出各节点的一阶导数值,否则,m 为 xx 的三次样条值.
n=length(x)-1; %计算小区间的个数
h=diff(x); lambda=h(2:n)./(h(1:n-1)+h(2:n)); mu=1-lambda;
theta=3*(lambda.*diff(y(1:n))./h(1:n-1)+mu.*diff(y(2:n+1))./h(2:n));
theta(1)=theta(1)-lambda(1)*dy0;
theta(n-1)=theta(n-1)-lambda(n-1)*dyn;
%追赶法解三对角线性方程组
dy=mchase(lambda,2*ones(1:n-1),mu,theta);
%若给出插值点,计算相应的插值
m=[dy0;dy;dyn];
if nargin>=5
    s=zeros(size(xx));
    for i=1:n
      if i==1
        kk=find(xx<=x(2));
      elseif i==n
        kk=find(xx>x(n));
      else
        kk=find(xx>x(i)&xx<=x(i+1));
      end
        xbar=(xx(kk)-x(i))/h(i);
        s(kk)=alpha0(xbar)*y(i)+alpha1(xbar)*y(i+1)+...
          +h(i)*beta0(xbar)*m(i)+h(i)*beta1(xbar)*m(i+1);
    end
    m=s;
end
%追赶法
function x=mchase(a,b,c,d)
n=length(a);
for k=2:n
    b(k)=b(k)-a(k)/b(k-1)*c(k-1);
    d(k)=d(k)-a(k)/b(k-1)*d(k-1);
end
x(n)=d(n)/b(n);
for k=n-1:-1:1
```

```
    x(k)=(d(k)-c(k)*x(k+1))/b(k);
end
x=x(:);
%基函数
function y=alpha0(x)
y=2*x.^3-3*x.^2+1;
function y=alpha1(x)
y=-2*x.^3+3*x.^2;
function y=beta0(x)
y=x.^3-2*x.^2+x;
function y=beta1(x)
y=x.^3-x.^2;
```

例 7.6.3 利用程序 mspline.m,求满足下列数据的三次样条插值

x	-1	0	1	2
$f(x)$	-1	0	1	0
$f'(x)$	0			-1

其中,插值点为-0.8,-0.3,0.2,0.7,1.2,1.7。

解 在 MATLAB 命令窗口执行

```
x=[-1 0 1 2];y=[-1 0 1 0];
xx=[-0.8 -0.3 0.2 0.7 1.2 1.7];
yy=mspline(x,y,0,-1,xx)
```

结果为

```
yy =
  -0.9451    -0.4414    0.3045    0.9002    0.9109    0.3546
```

7.7 小　结

插值法是一个古老而实用的方法,插值一词是沃利斯(Wallis)提出的,他是牛顿前一时期的人。在微积分问世以后,插值法被作为一种逼近函数的构造方法,是函数逼近、数值微积分和微分方程数值解的基础。拉格朗日插值是利用基函数方法构造的插值多项式,在理论上较为重要,但计算不太方便。基函数方法是将插值问题划归为特定条件下容易实现的插值问题,本质上是广义的坐标系方法,牛顿插值多项式计算上较为方便,是求函数近似值常用的方法,尤其是等距节点的差分插值公式最为常用。历史上还有不同形式的差分插值公式,目前已很少使用,故本书未作介绍。多项式插值的拉格朗日插值法和牛顿插值法是最重要和最基本的两种插值方法,它们选用不同的多项式基函数,前者便于理论分析,后者计算方便且节省计算量。本章介绍的均差(微商)概念,也是数值分析最基本的概念之一。

由于高次插值存在龙格现象,它没有实用价值,通常都使用分段线性插值、埃尔米特插值及三次样条插值。特别是三次样条插值,它具有良好的收敛性与稳定性,又有二阶光滑

性，理论上和应用上都有重要意义，在计算机图形学中有重要应用。同时，分段低次插值之间有着十分密切的联系，这些插值方法各有不同的适用场合。它们以低代价而获得较好的收敛性质，因而得以广泛应用。

7.8 习　　题

1. 当 $x=-1,1,2$ 时，$f(x)=-3,0,4$，求 $f(x)$ 的拉格朗日插值多项式。

2. 利用函数 $y=\sqrt{x}$ 在 $x=1,4$ 的值，计算 $\sqrt{2}$ 的近似值，并估计误差。

3. 已知函数 $f(x)=56x^3+24x^2+5$，在点 $2^0,2^1,2^3,2^5$ 的函数值，求其三次插值多项式。

4. 填空题

(1) 设 $f(x)=x^5+x^3+x+1$，则 $f[0,1]=$________，$f[0,1,2]=$________，$f[0,1,2,3]=$________，$f[0,1,2,3,4]=$________，$f[0,1,2,3,4,5]=$________。

(2) 设 $l_0(x),l_1(x),\cdots,l_n(x)$ 是以 $0,1,2,\cdots,n$ 为节点的拉格朗日插值基函数，则 $\sum_{j=0}^{n} jl_j(x)=$________，$\sum_{j=0}^{n} jl_j(k)=$________。

5. 设 $f(x)=x^4$，用拉格朗日余项定理写出以 $-1,0,1,3$ 为节点的三次插值多项式。

6. 给定数据如下：

x	0.5	1.0	1.5	2.0
$f(x)$	0.75	1.25	2.50	5.5

(1) 作函数的差商表；

(2) 用牛顿插值公式求三次插值多项式 $N_3(x)$。

7. 设 $f(x)$ 是定义在区间 $[0,3]$ 上的函数，且有下列数据表：

x	0	1	2	3
$f(x)$	0	0.5	2	1.5
$f'(x)$	0.2			-1

试求区间 $[0,3]$ 上满足上述条件的三次样条插值函数。

8. 求被插函数 $f(x)$ 在区间 $[1,5]$ 上的三次样条插值函数 $S(x)$，其中 $f(1)=1,f(2)=3,f(4)=4,f(5)=2$，取自然边界条件 $S''(1)=S''(5)=0$。

7.9 数值实验题

1. 编制拉格朗日插值法 MATLAB 程序，求 ln0.53 的近似值，已知 $f(x)=\ln x$ 的数据如下：

x	0.4	0.5	0.6	0.7
$\ln x$	-0.916291	-0.693147	-0.510826	-0.357765

2. 编制牛顿插值法 MATLAB 程序，求 $f(0.5)$ 的近似值，已知数据如下：

x	0.0	0.2	0.4	0.6	0.8
$f(x)$	0.1995	0.3965	0.5881	0.7721	0.9461

3. 对于三次样条插值的三弯矩方法，编制用于第一种和第二种边界条件的 MATLAB 程序，已知数据如下：

x	0.25	0.30	0.39	0.45	0.53
y	0.5000	0.5477	0.6245	0.6708	0.7280

第一种边界条件：$S'(0.25)=1.000$，$S'(0.53)=0.6868$；第二种边界条件：$S''(0.25)=S''(0.53)=0$。分别编制程序求解，输出各节点的弯矩值 $\{m_i\}$ 和插值中点的样条函数值，并作点列 $\{x_i, y_i\}$ 和样条函数的图形。

应用案例：黄河小浪底调水调沙问题(一)

2004 年 6 月至 7 月黄河进行了第三次调水调沙试验，特别是首次由小浪底、三门峡和万家寨三大水库联合调度，采用接力式防洪预泄放水，形成人造洪峰进行调沙试验获得成功。整个试验期为 20 多天，小浪底从 6 月 19 日开始预泄放水，至 7 月 13 日恢复正常供水结束。小浪底水利工程按设计拦沙量为 75.5 亿 m^3，在这之前，小浪底共积泥沙达 14.15 亿 m^3。这次调水调沙试验的一个重要目的就是由小浪底上游的三门峡和万家寨水库泄洪，在小浪底形成人造洪峰，冲刷小浪底库区沉积的泥沙，在小浪底水库开闸泄洪以后，从 6 月 27 日开始三门峡水库和万家寨水库陆续开闸放水，人造洪峰于 29 日先后到达小浪底，7 月 3 日达到最大流量 $2700m^3/s$，使小浪底水库的排沙量也不断地增加。应表 7.1 是由小浪底观测站从 6 月 29 日到 7 月 10 日检测到的试验数据。

应表 7.1 试验观测数据

水流为 m^3/s，含沙量为 kg/m^3

日期	6.29		6.30		7.1		7.2		7.3		7.4	
时间	8:00	20:00	8:00	20:00	8:00	20:00	8:00	20:00	8:00	20:00	8:00	20:00
水流量	1800	1900	2100	2200	2300	2400	2500	2600	2650	2700	2720	2650
含沙量	32	60	75	85	90	98	100	102	108	112	115	116
日期	7.5		7.6		7.7		7.8		7.9		7.10	
时间	8:00	20:00	8:00	20:00	8:00	20:00	8:00	20:00	8:00	20:00	8:00	20:00
水流量	2600	2500	2300	2200	2000	1850	1820	1800	1750	1500	1000	900
含沙量	118	120	118	105	80	60	50	30	26	20	8	5

注：以上数据主要是根据媒体公开报道的结果整理而成，不一定与真实数据完全相符。

现在，根据试验数据建立数学模型研究下面的问题：

问题1：给出估算任意时刻的排沙量及总排沙量的方法；

问题2：确定排沙量与水流量的变化关系。

在这里先解决的问题是找出任意时刻排沙量与总排沙量的函数关系，第8章再确定排水量与水流量的变化关系。

问题1：给出估算任意时刻的排沙量及总排沙量的方法。

(1) 建立模型

假设水流量和排沙量都是连续的，不考虑上游泄洪所带的含沙量和外界（如雨水等）带入的含沙量，时间是连续变化的，已知给定的观测时间间距是等间距的，以6月29日8点位第一个观测节点，所取 t 依次为 $1,2,\cdots,24$，单位时间为12h。

根据试验数据，要计算任意时刻的排沙量，就要确定出排沙量随时间变化的规律，可以通过插值来实现，考虑到实际中排沙量应该是时间的连续函数，为了提高精度，我们采用三次样条函数来进行插值。

记第 i 次观测时水流量为 $v_i(\mathrm{m^3/s})$，含沙量为 $h_i(\mathrm{kg/m^3})$，则第 i 次观测时的排沙量为 $y_i=v_ih_i(\mathrm{kg/s})$，已知给定的观测时刻是等间距的，以6月29日零时刻开始计时，则各次观测时刻分别为：$t_i=12i-4, i=1,2,\cdots,24$，计时单位为小时。第一次观测时刻是第8小时，最后一次观测时刻是第284小时。

由于时间间隔较大(12h)，直接计算排沙量误差很大，将排沙量的单位由(kg/s)，换算为吨/12小时(t/12h)，即

$$y_i=v_ih_i(\mathrm{kg/s})=12\times 3.6\cdot v_ih_i \quad (\mathrm{t/12h})。$$

将数据进行插值，用三次样条函数对排沙量 y_i 进行插值，设第 i 个观测节点到第 $i+1$ 个节点的三次样条插值函数为

$$y_i=a_{i1}(t-i)^3+a_{i2}(t-i)^2+a_{i3}(t-i)+a_{i4},\quad t\in[i,i+1],\quad i=1,2,\cdots,23,$$

则到时刻 t 时（假设存在正整数 j 使得：$j\leqslant t\leqslant j+1$）的总排沙量模型为

$$y=\begin{cases}\displaystyle\int_1^t(a_{i1}(t-i)^3+a_{i2}(t-i)^2+a_{i3}(t-i)+a_{i4})\mathrm{d}t, & j=1,\\ \displaystyle\sum_{i=1}^{j-1}\int_j^t(a_{i1}(t-i)^3+a_{i2}(t-i)^2+a_{i3}(t-i)+a_{i4})\mathrm{d}t, & j=1。\end{cases}$$

总排沙量模型为

$$y=\sum_{i=1}^{23}\int_i^{i+1}(a_{i1}(t-i)^3+a_{i2}(t-i)^2+a_{i3}(t-i)+a_{i4})\mathrm{d}t。$$

(2) 模型求解

计算总排沙量，关键是要找到三次样条插值函数 y_i，利用MATLAB进行插值时，可用

```
pp = csape(x0,y0)                      y = ppval(pp,x)
pp = csape(x0,y0,conds,valconds)       y = ppval(pp,x)
```

其中，x0，y0是已知数据点，x是插值点，y是插值点的函数值。

csape函数的返回值是pp结构数组，其中的coefs数据域返回的是一个矩阵，它的行数是插值小区间的个数（比数据点个数少1个），它的每一行是该小区间上插值三次多项式的系数，要求插值点的函数值，必须调用ppval函数。

下面利用MATLAB进行插值，用csape求出每两相邻观测节点间的三次样条函数，再

每段积分求和得排沙量，程序如下：

```
clc,clear
i=1:24;                          %观测节点
v=12 * 3.6. * [1800,1900,2100,2200,2300,2400,2500,2600,2650,2700,2720,...
  2650,2600,2500,2300,2200,2000,1850,1820,1800,1750,1500,1000,900];  %水流量
h=[32,60,75,85,90,98,100,102,108,112,115,116,118,120,118,105,80,60,50,30,26,20,
8,5]; %含沙量
y=v. * h ;                       %计算排沙量
pp=csape(i,y);                   %进行三次样条插值
xishu=pp.coefs                   %求三次样条插值多项式的系数矩阵
z=0;
syms x real;
for i=1:23                       %节点 i 到 i+1 段的定积分来计算这段的排沙量
  z=z+double(int(xishu(i,1) * (x-i)^3+xishu(i,2) * (x-i)^2+xishu(i,3) * (x-i) +
 xishu(i,4),i,i+1));
end
```

计算结果：

$$z = 1.8440e+08(t),$$

即总排沙量 1.844 亿 t，此与媒体报道的排沙量几乎一样。

第 8 章

函数逼近与曲线拟合

第 7 章我们学习了插值法，它是函数逼近的一个重要方法。插值法的特点是在区间节点处与被逼近函数无误差，而在其他点处就让插值函数 $y_n(x)$ 与被插值函数 $f(x)$ 存在误差，此时有可能很好逼近，也有可能误差很大。如果实际问题要求 $y_n(x)$ 在区间 $[a,b]$ 的每一点都要"很好"地逼近 $f(x)$ 的话，运用插值函数去逼近 $f(x)$ 有时就要失败，比如第 7 章所举的龙格振荡现象就是例证。在科学研究实践中，常常要求 x 在某一区间 $[a,b]$ 上变化时，作函数的近似计算，这就给我们提出新的课题，寻求一个新的近似函数 $\hat{y}(x)$，比如它还是一个 n 次多项式(或其他函数)，但却在 $[a,b]$ 范围内"均匀"地逼近函数 $f(x)$。

历史上，人们早就注意到"均匀"地逼近问题，其间在维尔斯特拉斯(Weierstrass)、伯恩斯坦(Bernstein)、切比雪夫(Chebyshev)、勒让德等数学家的不断努力探索下，取得了丰硕的成果。本章将简单地介绍相关理论与算法，更为深入的讨论请读者参阅相关文献，自行研究学习。

8.1 逼近的概念

区间 $[a,b]$ 上的所有实连续函数组成一个空间，记作 $C[a,b]$。按照函数空间的意义，函数逼近问题实际就是指：对于 $f(x)\in C[a,b]$，要求在另一类较简单的函数类 Φ 中，求函数 $y(x)\in C[a,b]$，且 $y(x)\in\Phi$，使 $y(x)$ 与 $f(x)$ 之差在整个区间 $[a,b]$ 上最小。函数类 Φ 通常是代数多项式、三角多项式或分式有理函数等，这就必须指出近似的意义或者误差的度量标准。

定义 8.1.1 设定义在区间 $[a,b]$ 上的函数 $\rho(x)$ 满足：

(1) $\rho(x)\geqslant 0,\ \forall x\in[a,b]$；

(2) $\int_a^b \rho(x)\mathrm{d}x > 0$；

(3) $\int_a^b x^n\rho(x)\mathrm{d}x$ 存在，$n=0,1,2,\cdots$。

则称 $\rho(x)$ 为在区间 $[a,b]$ 上的权函数。

定义 8.1.2 设 $f(x),g(x)\in C[a,b]$，$\rho(x)$ 为区间 $[a,b]$ 上的权函数，称

$$(f,g)=\int_a^b \rho(x)f(x)g(x)\mathrm{d}x$$

为函数 $f(x),g(x)$ 在区间 $[a,b]$ 上带权函数 $\rho(x)$ 的内积。

不难验证，这样定义的内积满足下列 4 条公理：

(1) $(f,g)=(g,f)$；

(2) $(\mu f,g)=\mu(g,f)$，μ 为常数；

(3) $(f_1+f_2,g)=(f_1,g)+(f_2,g)$；

(4) $(f,f)\geqslant 0$，$(f,f)=0$ 当且仅当 $f=0$。

满足内积定义的函数空间称为内积空间。因此，连续函数空间 $C[a,b]$ 上定义了内积就构成了一个内积空间。

定义 8.1.3 $f(x)$在 $C[a,b]$上的范数定义为

$$\| f \|_1=\int_a^b \rho(x)\mid f(x)\mid \mathrm{d}x,$$

$$\| f \|_2=\left[\int_a^b \rho(x)[f(x)]^2\mathrm{d}x\right]^{\frac{1}{2}}=\sqrt{(f,f)}\quad \text{（欧几里得范数），}$$

$$\| f \|_\infty=\max_{x\in[a,b]}\mid f(x)\mid 。$$

定义 8.1.4 若$(f,g)=0$，则称 $f(x)$，$g(x)$在区间$[a,b]$上带权 $\rho(x)$正交，记为$f\perp g$。

性质 (1) 柯西—希瓦茨(Cauchy-Schwartz)不等式

$$\mid (f,g)\mid \leqslant \| f \|_2 \| g \|_2 。$$

(2) $\left\|f+g\right\|_2^2+\left\|f-g\right\|_2^2=2\left(\left\|f\right\|_2^2+\left\|g\right\|_2^2\right)$(平行四边形定律)。特殊地，若 f 与 g 正交，则

$$\left\|f+g\right\|_2^2=\left\|f\right\|_2^2+\left\|g\right\|_2^2 。$$

定义 8.1.5 若函数族$\{\varphi_0(x),\varphi_1(x),\cdots,\varphi_m(x),\cdots\}$满足

$$(\varphi_i,\varphi_j)=\int_a^b \rho(x)\varphi_i(x)\varphi_j(x)\mathrm{d}x=\begin{cases}0, & i\neq j,\\ \left\|\varphi_i\right\|_2^2>0, & i=j 。\end{cases}$$

则称$\{\varphi_0(x),\varphi_1(x),\cdots,\varphi_m(x),\cdots\}$是区间$[a,b]$上带权 $\rho(x)$的正交函数族。

如$\{1,\sin x,\cos x,\cdots,\sin nx,\cos nx,\cdots\}$是区间$[-\pi,\pi]$上带权 $\rho(x)\equiv 1$ 的正交函数族。

定义 8.1.6 设有函数组 $\varphi_0(x),\varphi_1(x),\cdots,\varphi_m(x)\in C[a,b]$，若等式

$$a\varphi_0(x)+a_1\varphi_1(x)+\cdots+a_m\varphi_m(x)=0$$

当且仅当 $a_0=a_1=\cdots=a_m=0$ 时成立，则称函数组在区间$[a,b]$上是线性无关的。

若函数族$\{\varphi_0(x),\varphi_1(x),\cdots,\varphi_m(x),\cdots\}$中的任何有限个函数都是线性无关的，则称函数族为线性无关函数族。如$\{1,x,x^2,\cdots,x^n,\cdots\}$就是区间$[a,b]$上的线性无关函数族。

定理 8.1.1 函数族 $\varphi_0(x),\varphi_1(x),\cdots,\varphi_m(x)$在区间$[a,b]$上线性无关的充分必要条件是格拉姆(Gram)矩阵的行列式 $\det\boldsymbol{G}\neq 0$，其中

$$\boldsymbol{G}=\begin{bmatrix}(\varphi_0,\varphi_0) & (\varphi_0,\varphi_1) & \cdots & (\varphi_0,\varphi_m)\\ (\varphi_1,\varphi_0) & (\varphi_1,\varphi_1) & \cdots & (\varphi_1,\varphi_m)\\ \vdots & \vdots & & \vdots\\ (\varphi_m,\varphi_0) & (\varphi_m,\varphi_1) & \cdots & (\varphi_m,\varphi_m)\end{bmatrix}。$$

定义 8.1.7 设 X 为线性空间，$\forall x\in X$，定义范数 $\| x \|$，则称 X 为线性赋范空间，Φ 是 X 的一个子集，若对 X 中给定的函数 f，在 Φ 中存在一函数 φ^*，使

$$\| f-\varphi^* \| =\min_{\varphi\in\Phi}\| f-\varphi \| ,$$

则称 φ^* 是 Φ 中对 f 的最佳逼近函数。

若 $\| f-\varphi^* \|_\infty=\min\limits_{\varphi\in\Phi}\| f-\varphi \|_\infty$，则称 φ^* 是 Φ 中对 f 的最佳一致逼近或均匀逼近

函数。

若 $\| f-\varphi^* \|_2=\min\limits_{\varphi\in\Phi}\| f-\varphi \|_2$，则称 φ^* 是 Φ 中对 f 的最佳平方逼近或均方逼近函数。

本章主要研究在上述两种度量标准下，用代数多项式逼近未知或较复杂函数的方法。

8.2 最佳一致逼近

8.2.1 一致逼近多项式的存在性

第7章给出的龙格现象指出：用插值多项式逼近 $f(x)\in C[a,b]$，在某些点上可能没有误差，但在整个区间 $[a,b]$ 上误差可能很大，因此，用 $P_n(x)$ 一致逼近 $f(x)$，首先要考虑是否存在多项式 $P_n(x)$ 一致收敛于 $f(x)$。魏尔斯特拉斯给出了下面定理。

定理 8.2.1 设 $f(x)\in C[a,b]$，则对于任意的 $\varepsilon>0$，存在一个多项式 $P(x)$，使得 $\left\| f(x)-p(x)\right\|_\infty<\varepsilon$ 在区间 $[a,b]$ 上一致成立。

在定理8.2.1的诸多证明方法中，伯恩斯坦在1912年给出的证明是一种构造性证明，他根据函数整体逼近的特性，构造出伯恩斯坦多项式

$$B_n(f,x)=\sum_{k=0}^{n} f\left(\frac{k}{n}\right)P_k(x),\quad 其中\quad P_k(x)=\binom{n}{k}k^k(1-x)^{n-k},\qquad(8.2.1)$$

并证明了 $\lim\limits_{n\to\infty}B_n(f,x)=f(x)$ 在 $[0,1]$ 上一致成立；若 $f(x)$ 在 $[0,1]$ 上的 m 阶导数连续，则

$$\lim_{n\to\infty}B_n^{(m)}(f,x)=f^{(m)}(x)。$$

这不但证明了定理8.2.1，而且由(8.2.1)式给出了 $f(x)$ 的一个逼近多项式，虽然 $B_n(f,x)$ 有良好的逼近性质，但是它收敛太慢，逼近效果比三次样条函数差，故在实际问题中很少应用。

8.2.2 切比雪夫定理

记次数不大于 n 的多项式集合为 H_n，则 H_n 是由线性无关函数组 $1,x,\cdots,x^n$ 张成的线性空间，记作 $H_n=\mathrm{span}\{1,x,\cdots,x^n\}$，其中 $1,x,\cdots,x^n$ 是 $[a,b]$ 上线性无关的函数组，是 H_n 中的一组基，显然，$H_n\subseteq C[a,b]$，H_n 中元素 $P_n(x)$ 可表为

$$P_n(x)=a_0+a_1x+\cdots+a_nx^n,$$

其中 $a_0,a_1,\cdots,a_n$ 为任意实数，要 H_n 在中求 $P_n^*(x)$ 逼近 $f(x)\in C[a,b]$，使其误差

$$\max_{a\leqslant x\leqslant b}|f(x)-P_n^*(x)|=\min_{P_n\in H_n}\max_{a\leqslant x\leqslant b}|f(x)-P_n(x)|。$$

这就是所谓的最佳一致逼近或切比雪夫逼近。为了说明这一概念，先给出如下定义。

定义 8.2.1 若 $P_n(x)\in H_n$，$f(x)\in C[a,b]$，称

$$\Delta(f,P_n)=\left\| f-P_n\right\|_\infty=\max_{a\leqslant x\leqslant b}|f(x)-P_n(x)|$$

为 $f(x)$ 与 $P_n(x)$ 在区间 $[a,b]$ 上的偏差。

显然，$\Delta(f,P_n)\geqslant 0$，将全体 $\Delta(f,P_n)$ 组成一个集合，记作 $\{\Delta(f,P_n)\}$。

定义 8.2.2 设 $P_n(x)\in H_n$，$f(x)\in C[a,b]$，记

$$E_n=\inf_{P_n\in H_n}\{\Delta(f,P_n)\}=\inf_{P_n\in H_n}\max_{a\leqslant x\leqslant b}|f(x)-P_n(x)|,$$

则称 E_n 为 $f(x)$ 在区间 $[a,b]$ 上的最小偏差。

定义 8.2.3 假定 $f(x)\in C[a,b]$，若存在

$$P_n^*(x)\in H_n,\quad \Delta(f,P_n^*)=E_n,$$

则称 $P_n^*(x)$ 是 $f(x)$ 在区间 $[a,b]$ 上的最佳一致逼近多项式或最小偏差逼近多项式。

上述定义没有说明最佳一致逼近多项式是否存在，下面给出存在性定理。

定理 8.2.2 设 $f(x)\in C[a,b]$，则总存在 $P_n^*(x)\in H_n$，使

$$\left\|f(x)-P_n^*(x)\right\|_\infty=E_n。$$

定义 8.2.4 假定 $f(x)\in C[a,b]$，$P(x)\in H_n$，若在 $x=x_0$ 处有

$$|P(x_0)-f(x_0)|=\max_{a\leqslant x\leqslant b}|P(x)-f(x)|\overset{\text{def}}{=\!=}\mu,$$

则称 x_0 是 $P(x)$ 的偏差点。若 $P(x_0)-f(x_0)=\mu$（或 $-\mu$），则称 x_0 为正（或负）偏差点。

由于函数 $P(x)-f(x)$ 在区间 $[a,b]$ 上连续，因此，至少存在一个点 $x_0\in[a,b]$，使得 $|P(x_0)-f(x_0)|=\mu$。也就是说，$P(x)$ 的偏差点总是存在的。

定义 8.2.5 设 $f(x)\in C[a,b]$，$P(x)\in H_n$，若存在 $[a,b]$ 上 n 个点

$$a\leqslant x_1<x_2<\cdots<x_n\leqslant b,$$

使

$$P(x_k)-f(x_k)=\pm(-1)^k\left\|P(x)-f(x)\right\|_\infty,\quad k=1,2,\cdots,n。\tag{8.2.2}$$

则称该点组为切比雪夫交错点组。

需要注意，切比雪夫交错点组实际上是多项式 $P(x)$ 在区间 $[a,b]$ 上一组轮流为正或负偏差点的点组。下面讨论最佳一致逼近多项式的偏差点的性质。

定理 8.2.3 函数 $f(x)\in C[a,b]$ 的最佳一致逼近多项式 $P(x)\in H_n$ 同时存在正、负偏差点。

证明 因 $P(x)$ 是 $f(x)$ 的最佳一致逼近多项式，故 $\mu=E_n$。由于 $P(x)$ 在区间 $[a,b]$ 上总有偏差点存在，故可用反证法证明。不妨假定只有正偏差点，没有负偏差点。于是，对于一切 $x\in[a,b]$，都有

$$P(x)-f(x)>-E_n。$$

因为 $P(x)-f(x)$ 在区间 $[a,b]$ 上连续，故有最小值大于 $-E_n$，用 $-E_n+2h$ 表示此最小值，其中 $h>0$。于是，对于一切 $x\in[a,b]$，有

$$-E_n+2h\leqslant P(x)-f(x)\leqslant E_n\Rightarrow -E_n+h\leqslant[P(x)-h]-f(x)\leqslant E_n-h,$$

即

$$|[P(x)-h]-f(x)|\leqslant E_n-h。$$

这表示多项式 $P(x)-h$ 与 $f(x)$ 的偏差小于 E_n，与 E_n 是最小偏差的假定矛盾。

同样，可以证明只有负偏差点没有正偏差点也是不成立的。

定理 8.2.3 的证明从几何上看是十分明显的，如图 8.2.1 所示，现考虑两曲线

$$y=f(x)+E_n\quad 与\quad y=f(x)-E_n$$

在区间 $[a,b]$ 上形成的带状区域，曲线 $y=P(x)$ 在区间 $[a,b]$ 上位于该带状区域之间，定理 8.2.1 表明，$P(x)$ 的图形应当与这两条曲线至少各接触一次。假若不与 $y=f(x)-E_n$ 接触，则可以把曲线 $y=P(x)$ 稍微向下移动一点，就得到位于曲线 $y=f(x)$ 的较窄带状区域内的曲线 $y=P(x)-h$。

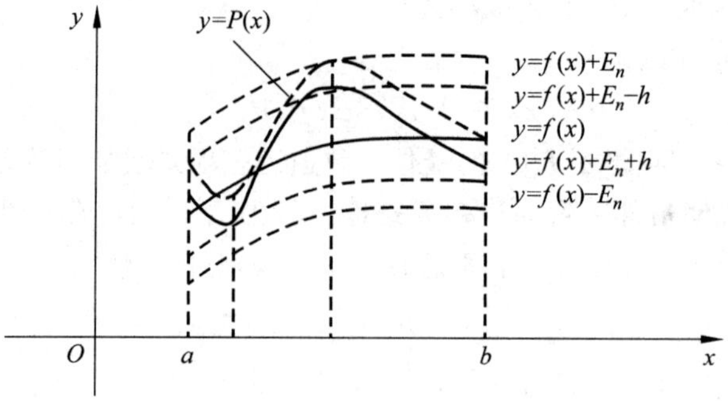

图 8.2.1

定理 8.2.4(切比雪夫定理) 设 $f(x)\in C[a,b]$，$P(x)\in H_n$，则 $P(x)$ 是 $f(x)$ 的最佳一致逼近多项式的充分必要条件是：$P(x)$ 在区间 $[a,b]$ 上至少有 $n+2$ 个正、负偏差点构成的切比雪夫交错点组。

证明 充分性。设在区间 $[a,b]$ 上有 $n+2$ 个点使(8.2.2)式成立，用反证法证明 $P(x)$ 是 $f(x)$ 在区间 $[a,b]$ 上的最佳一致逼近多项式。若存在 $Q(x)\in H_n$，$Q(x)\neq P(x)$，使

$$\|f(x)-Q(x)\|_\infty<\|f(x)-P(x)\|_\infty,$$

因为

$$P(x)-Q(x)=[P(x)-f(x)]-[Q(x)-f(x)]$$

在点 $x_1,x_2,\cdots,x_{n+2}$ 上的符号与 $P(x_k)-f(x_k)(k=1,2,\cdots,n+2)$ 一致，故 $P(x)-Q(x)$ 也在 $n+2$ 个点上轮流取"+"或"−"号。根据连续函数的性质，它在 (a,b) 内有 $n+1$ 个零点，但 $P(x)-Q(x)\neq 0$ 是次数不超过 n 多项式，它的零点个数不超过 n，这个矛盾说明 $P(x)$ 就是所求最佳一致逼近多项式。

必要性的证明思想与定理 8.2.3 类似，但过程较繁，此处从略。

由定理 8.2.4 还可得出以下重要结论。

定理 8.2.5 若 $f(x)\in C[a,b]$，则在 H_n 中存在唯一的最佳一致逼近多项式。

证明 若 $P(x)$ 与 $Q(x)$ 是 H_n 中两个最佳一致逼近多项式，那么对任意 $x\in[a,b]$，都有

$$-E_n\leqslant P(x)-f(x)\leqslant E_n,\quad -E_n\leqslant Q(x)-f(x)\leqslant E_n,$$

从而有

$$-E_n\leqslant\frac{P(x)+Q(x)}{2}-f(x)\leqslant E_n。$$

这说明 $R(x)=\dfrac{P(x)+Q(x)}{2}$ 也是 H_n 中的最佳一致逼近多项式，因而 $R(x)-f(x)$ 的 $n+2$ 个点的交错点组 $\{x_k\}$ 满足

$$R(x_k)-f(x_k)=\pm(-1)^kE_n,\quad k=1,2,\cdots,n+2,$$

$$E_n=|R(x_k)-f(x_k)|=\left|\frac{P(x_k)-f(x_k)}{2}+\frac{Q(x_k)-f(x_k)}{2}\right|。\tag{8.2.3}$$

因为 $|P(x_k)-f(x_k)|\leqslant E_n$，$|Q(x_k)-f(x_k)|\leqslant E_n$，故当且仅当 $\dfrac{P(x_k)-f(x_k)}{2}=$

$\dfrac{Q(x_k)-f(x_k)}{2}=\pm\dfrac{E_n}{2}$时，(8.2.3)式才能成立，所以

$$P(x_k)-f(x_k)=Q(x_k)-f(x_k),$$

于是得到 $P(x_k)=Q(x_k)(k=1,2,\cdots,n+2)$，它表明 $P(x)-Q(x)$有 $n+2$ 个根，从而产生矛盾，即 $P(x)\equiv Q(x)$。

8.2.3 最佳一次逼近多项式

虽然定理 8.2.4 给出了最佳一致逼近多项式 $P(x)$的特性，但在一般情况下要求出 $P(x)$是相当困难的。不过在 $n=1$ 的情形，有比较好的结果。

例 8.2.1 求 $f(x)=\sqrt{1+4x^2}$ 在区间$[0,1]$上的一次最佳一致逼近多项式。

解 设一次最佳一致逼近多项式为 $P_1(x)=a_0+a_1x$，根据定理 8.2.4，$P_1(x)-f(x)$的交错点组至少有 3 个偏差点 $0\leqslant x_1<x_2<x_3\leqslant 1$。

因为

$$f''(x)=\frac{4}{(1+4x^2)\sqrt{(1+4x^2)}}>0,\quad x\in[0,1]。$$

所以 $f'(x)$单调上升，$f'(x)-a_1$ 在(a,b)内只有一个零点，记作 x_2，于是

$$P_1'(x_2)-f'(x_2)=a_1-f'(x_2),$$

即 $f'(x_2)=a_1$。

此外，由 $f'(x)$的单调性可知，其余两个偏差点必在区间端点，即 $x_1=0,x_3=1$，且满足

$$P_1(0)-f(0)=P_1(1)-f(1)=-[P_1(x_2)-f(x_2)],$$

由此得到

$$\begin{cases}a_0-1=a_0+a_1-\sqrt{5},\\ a_0-1=-(a_0+a_1x_2-\sqrt{1+4x_2^2})。\end{cases}\tag{8.2.4}$$

解出 $a_1=\sqrt{5}-1\approx 1.236$。

又因为

$$f'(x_2)=\frac{4x_2}{\sqrt{1+4x_2^2}}=a_1=\sqrt{5}-1,$$

故

$$x_2=\frac{1}{2}\sqrt{\frac{\sqrt{5}-1}{2}}\approx 0.3931,\quad f(x_2)=\sqrt{1+4x_2^2}\approx 1.272。$$

由(8.2.4)式得 $a_0=\dfrac{1}{2}(1-a_1x_2+\sqrt{1+4x_2^2})\approx 0.893$。

综上得 $f(x)=\sqrt{1+4x^2}$ 的最佳一次逼近多项式为

$$P(x)=0.893+1.236x,\quad x\in[0,1]。$$

8.3 最佳平方逼近

8.3.1 函数的最佳平方逼近

定义 8.3.1 设 $f(x)\in C[a,b]$，若存在 $\varphi^*\in\Phi=\mathrm{span}\{\varphi_0,\varphi_1,\cdots,\varphi_m\}$，使

$$\|f-\varphi^*\|_2^2=\min_{\varphi\in\Phi}\|f-\varphi\|_2^2=\min_{\varphi\in\Phi}\int_a^b\rho(x)(f(x)-\varphi(x))^2\mathrm{d}x,$$

则称 φ^* 是 $f(x)$ 在 Φ 中的最佳平方逼近函数。

定理 8.3.1 $f(x)\in C[a,b]$在 Φ 中的最佳平方逼近函数存在且唯一。

证明 令 $\varphi(x)=\sum_{j=0}^{m}a_j\varphi_j(x)$，由此定义关于 $a_0,a_1,\cdots,a_m$ 的 $m+1$ 元函数

$$H(a_0,a_1,\cdots,a_m)=\|f-\varphi\|_2^2=\int_a^b\rho(x)\left[f(x)-\sum_{j=0}^{m}a_j\varphi_j(x)\right]^2\mathrm{d}x。$$

由多元函数的极值的必要条件知，在最小值点处有

$$\frac{\partial H}{\partial a_i}=0,\quad i=0,1,2,\cdots,m,$$

即 $-2\int_a^b\rho(x)\left[f(x)-\sum_{j=0}^{m}a_j\varphi_j(x)\right]\varphi_i(x)\mathrm{d}x=0$。故有

$$\sum_{j=0}^{m}(\varphi_i,\varphi_j)a_j=(f,\varphi_i),\quad i=0,1,2,\cdots,m。\tag{8.3.1}$$

把(8.3.1)式用矩阵表示为如下的(8.3.2)式，称为法方程组(正则、正规方程组)

$$\begin{bmatrix}(\varphi_0,\varphi_0)&(\varphi_0,\varphi_1)&\cdots&(\varphi_0,\varphi_m)\\(\varphi_1,\varphi_0)&(\varphi_1,\varphi_1)&\cdots&(\varphi_1,\varphi_m)\\\vdots&\vdots&&\vdots\\(\varphi_m,\varphi_0)&(\varphi_m,\varphi_1)&\cdots&(\varphi_m,\varphi_m)\end{bmatrix}\begin{bmatrix}a_0\\a_1\\\vdots\\a_m\end{bmatrix}=\begin{bmatrix}(f,\varphi_0)\\(f,\varphi_1)\\\vdots\\(f,\varphi_m)\end{bmatrix}。\tag{8.3.2}$$

由于 $\varphi_0,\varphi_1,\cdots,\varphi_m$ 线性无关，故方程组(8.3.2)的系数行列式不等于 0。由克莱姆法则，线性方程组(8.3.2)存在唯一的一组解 $a_0^*,a_1^*,\cdots,a_m^*$，故有

$$\varphi^*(x)=\sum_{j=0}^{m}a_j^*\varphi_j(x)。$$

由方程组(8.3.1)有$(f-\varphi^*,\varphi_i)=0(i=0,1,2,\cdots,m)$，故余项

$$\begin{aligned}\|E(x)\|_2^2&=\|f(x)-\varphi^*(x)\|_2^2=(f-\varphi^*,f-\varphi^*)\\&=(f-\varphi^*,f)-\left(f-\varphi^*,\sum_{j=0}^{m}a_j^*\varphi_j\right)\\&=\|f\|_2^2-\sum_{j=0}^{m}(f,\varphi_j)a_j^*。\end{aligned}$$

8.3.2 最佳平方逼近多项式

如 $\rho(x)\equiv1,f(x)\in C[a,b],\Phi=\mathrm{span}\{1,x,x^2,\cdots,x^m\}$，则逼近函数为多项式

$$\varphi(x)=a_0+a_1x+a_2x^2+\cdots+a_mx^m,$$

其中，$(\varphi_i,\varphi_j)=\int_a^b x^{i+j}\mathrm{d}x=\frac{1}{i+j+1}(b^{i+j+1}-a^{i+j+1})$，$(f,\varphi_i)=\int_a^b f(x)x^i\mathrm{d}x=d'_i$建立法方程组，求出系数，得出逼近多项式。

特殊情形，取 $\rho(x)\equiv1,f(x)\in C[0,1],\Phi=\mathrm{span}\{1,x,x^2,\cdots,x^m\}$，则有，$(\varphi_i,\varphi_j)=\int_0^1 x^{i+j}\mathrm{d}x=\frac{1}{i+j+1}$，$(f,\varphi_i)=\int_0^1 f(x)x^i\mathrm{d}x=d_i$，此时，法方程的系数矩阵为希尔伯特矩

阵，即

$$G=\begin{bmatrix} 1 & \frac{1}{2} & \frac{1}{3} & \cdots & \frac{1}{m+1} \\ \frac{1}{2} & \frac{1}{3} & \frac{1}{4} & \cdots & \frac{1}{m+2} \\ \frac{1}{3} & \frac{1}{4} & \frac{1}{5} & \cdots & \frac{1}{m+3} \\ \vdots & \vdots & \vdots & & \vdots \\ \frac{1}{m+1} & \frac{1}{m+2} & \frac{1}{m+3} & \cdots & \frac{1}{2m+1} \end{bmatrix}。\tag{8.3.3}$$

最佳平方逼近多项式的 MATLAB 程序如下：

```
function [dxs,yuxiang]=pfbijin(a,b,n,f)
%用于求函数 f(x)在指定区间[a,b]上的 n 次最佳平方逼近函数多项式 dxs.
%f 为输入被逼近函数,a,b 为逼近区间端点,n 为逼近多项式的次数
ff=[f,'.* ',f];                                    %用于后面计算误差余项;
mm=0:n; m=length(mm);                              %逼近多项式的项数.
for i=1:m
  youduan(i)=quad(f,a,b); f=['x.* ',f];
end
A=zeros(m,m); syms x; %计算正则矩阵.
for i=1:m
  for j=1:m
  A(i,j)=int(x^(mm(i)+mm(j)),a,b);
  end
end
xishu=A\youduan';                                  %求逼近多项式的系数;
dxs=0;                                             %求 n 次逼近多项式;
for i=1:m
  dxs=dxs+xishu(i) * x^(i-1);
end
yuxiang=quad(ff,a,b);                              %求余项;
for i=1:m
  yuxiang=yuxiang-xishu(i) * youduan(i);
end
dxs=collect(dxs); dxs=vpa(dxs,4);
```

例 8.3.1 设 $f(x)=\mathrm{e}^x$，求 $f(x)$在$[0,1]$上的最佳二次平方逼近多项式。

解 $d_0=\int_0^1 \mathrm{e}^x\,\mathrm{d}x=\mathrm{e}-1\approx 1.71828$，$\quad d_1=\int_0^1 x\,\mathrm{e}^x\,\mathrm{d}x=1$，

$$d_2=\int_0^1 x^2\mathrm{e}^x\,\mathrm{d}x=\mathrm{e}-2\approx 0.71828。$$

故二次多项式逼近的法方程为

$$\begin{bmatrix} 1 & \frac{1}{2} & \frac{1}{3} \\ \frac{1}{2} & \frac{1}{3} & \frac{1}{4} \\ \frac{1}{3} & \frac{1}{4} & \frac{1}{5} \end{bmatrix} \begin{bmatrix} a_0 \\ a_1 \\ a_2 \end{bmatrix} = \begin{bmatrix} 1.71828 \\ 1 \\ 0.71828 \end{bmatrix},$$

解之有 $a_0=1.01299, a_1=0.85112, a_2=0.83918$。

最佳二次平方逼近多项式为

$$\varphi_2(x)=1.01299+0.85112x+0.83918x^2,$$

余项为 $\|E\|_2^2=\|f\|_2^2-\sum_{j=0}^{2}a_jd_j=0.0000278$。

利用 MATLAB 编写如下 M 文件 Example8_3_1.m，并运行。

```
%Example8_3_1
clc;clear;
f='exp(x)';            %输入被逼近函数;
a=0,b=2,               %逼近区间端点;
n=3;                   %逼近多项式的次数;
[dxs,yuxiang]=pfbijin(a,b,n,f)
```

计算结果：

```
dxs=
0.8392*x^2+0.8511*x+ 1.013
yuxiang=2.7829e-05
```

例 8.3.2 在$[-1,1]$上，分别求函数 $f(x)=|x|$在

$$\Phi_1=\mathrm{span}\{1,x,x^3\},\quad \Phi_2=\mathrm{span}\{1,x^2,x^4\}$$

中的最佳平方逼近函数。

解 (1) 令 $\varphi_0=1,\varphi_1=x,\varphi_2=x^3$，则有

$$(\varphi_0,\varphi_0)=\int_{-1}^{1}1\mathrm{d}x=2,\quad (\varphi_1,\varphi_1)=\int_{-1}^{1}x^2\mathrm{d}x=\frac{2}{3},$$

$$(\varphi_0,\varphi_1)=\int_{-1}^{1}x\mathrm{d}x=0,\quad (\varphi_0,\varphi_2)=\int_{-1}^{1}x^3\mathrm{d}x=0,$$

$$(\varphi_1,\varphi_2)=\int_{-1}^{1}x^4\mathrm{d}x=\frac{2}{5},\quad (f,\varphi_0)=\int_{-1}^{1}|x|\mathrm{d}x=1,$$

$$(f,\varphi_1)=\int_{-1}^{1}x|x|\mathrm{d}x=0,\quad (f,\varphi_2)=\int_{-1}^{1}x^3|x|\mathrm{d}x=0。$$

法方程为

$$\begin{bmatrix} 2 & 0 & 0 \\ 0 & \frac{2}{3} & \frac{2}{5} \\ 0 & \frac{2}{5} & \frac{2}{7} \end{bmatrix} \begin{bmatrix} a_0 \\ a_1 \\ a_3 \end{bmatrix} = \begin{bmatrix} 1 \\ 0 \\ 0 \end{bmatrix}。$$

解之有 $a_0=\frac{1}{2}, a_1=a_2=0$，最佳平方逼近函数为 $\varphi_1=\frac{1}{2}$，平方误差为

$$\|f-\varphi_1\|_2^2=\|f\|_2^2-\sum_{j=0}^{2}a_j(f,\varphi_j)=\int_{-1}^{1}|x|^2\mathrm{d}x-\frac{1}{2}=\frac{1}{6}。$$

(2) 令 $\varphi_0=1,\varphi_1=x^2,\varphi_2=x^4$，则有

$$(\varphi_0,\varphi_0)=\int_{-1}^{1}1\mathrm{d}x=2,\quad (\varphi_0,\varphi_1)=(\varphi_1,\varphi_0)=\int_{-1}^{1}x^2\mathrm{d}x=\frac{2}{3},$$

$$(\varphi_0,\varphi_2)=(\varphi_2,\varphi_0)=(\varphi_1,\varphi_1)=\int_{-1}^{1}x^4\mathrm{d}x=\frac{2}{5},$$

$$(\varphi_1,\varphi_2)=(\varphi_2,\varphi_1)=\int_{-1}^{1}x^6\mathrm{d}x=\frac{2}{7},\quad (\varphi_2,\varphi_2)=\int_{-1}^{1}x^8\mathrm{d}x=\frac{2}{9},$$

$$(f,\varphi_0)=\int_{-1}^{1}|x|\mathrm{d}x=1,\quad (f,\varphi_1)=\int_{-1}^{1}x^2|x|\mathrm{d}x=\frac{1}{2},$$

$$(f,\varphi_2)=\int_{-1}^{1}x^4|x|\mathrm{d}x=\frac{1}{3}。$$

法方程组为

$$\begin{bmatrix}2&\frac{2}{3}&\frac{2}{5}\\\frac{2}{3}&\frac{2}{5}&\frac{2}{7}\\\frac{2}{3}&\frac{2}{7}&\frac{2}{9}\end{bmatrix}\begin{bmatrix}a_0\\a_1\\a_3\end{bmatrix}=\begin{bmatrix}1\\\frac{1}{2}\\\frac{1}{3}\end{bmatrix}。$$

解之得 $a_0=0.11719, a_1=1.64060, a_2=-0.82031$，最佳平方逼近为

$$\varphi_2=0.11719+1.64060x^2-0.82031x^4,$$

平方误差为 $\|f-\varphi_2\|_2^2=\|f\|_2^2-\sum_{j=0}^{2}a_j(f,\varphi_j)=0.00262$。

8.3.3 以正交函数族作最佳平方逼近

求最佳平方逼近函数即求解法方程组(8.3.2)，但当需增加一项 $\varphi_{m+1}(x)$ 时，法方程组的系数矩阵将增加一行、一列，右端向量也将增加一项，成为

$$\begin{bmatrix}(\varphi_0,\varphi_0)&(\varphi_0,\varphi_1)&\cdots&(\varphi_0,\varphi_m)&(\varphi_0,\varphi_{m+1})\\(\varphi_1,\varphi_0)&(\varphi_1,\varphi_1)&\cdots&(\varphi_1,\varphi_m)&(\varphi_1,\varphi_{m+1})\\\vdots&\vdots&&\vdots&\vdots\\(\varphi_m,\varphi_0)&(\varphi_m,\varphi_1)&\cdots&(\varphi_m,\varphi_m)&(\varphi_m,\varphi_{m+1})\\(\varphi_{m+1},\varphi_0)&(\varphi_{m+1},\varphi_1)&\cdots&(\varphi_{m+1},\varphi_m)&(\varphi_{m+1},\varphi_{m+1})\end{bmatrix}\begin{bmatrix}a_0\\a_1\\\vdots\\a_m\\a_{m+1}\end{bmatrix}=\begin{bmatrix}(f,\varphi_0)\\(f,\varphi_1)\\\vdots\\(f,\varphi_m)\\(f,\varphi_{m+1})\end{bmatrix}。\tag{8.3.4}$$

法方程(8.3.4)的解中前 $m+1$ 个值 $a_0,a_1,\cdots,a_m$ 与法方程(8.3.2)中的解一般来说是不相同的；从(8.3.3)式知，当进行[0,1]上的最佳平方多项式逼近时，法方程系数矩阵是希尔伯特矩阵，由于希尔伯特矩阵是病态矩阵，所以求解法方程将会产生很大的误差。

我们用正交函数族逼近，就可以有效克服以上两个缺点。当 $\{\varphi_0,\varphi_1,\cdots,\varphi_m,\cdots\}$ 是 $[a,b]$ 上的正交函数族时，由于 $(\varphi_i,\varphi_j)=0, i\neq j$，法方程(8.3.4)的系数矩阵是对角型矩阵，

则法方程组为

$$(\varphi_i,\varphi_i)a_i=(f,\varphi_i),\quad i=0,1,2,\cdots,m。$$

方程组的解为 $a_i^*=\dfrac{(f,\varphi_i)}{(\varphi_i,\varphi_i)}(i=0,1,2,\cdots,m)$，最佳平方逼近函数为 $\varphi^*(x)=\sum\limits_{i=0}^{m}a_i^*\varphi_i(x)$。

当需要增加一项 $\varphi_{m+1}(x)$时，法方程只在原方程组的基础上增加一个方程

$$(\varphi_{m+1},\varphi_{m+1})a_{m+1}^*=(f,\varphi_{m+1}),$$

最佳平方逼近函数也只需增加一项 $a_{m+1}^*\varphi_{m+1}$即可。此时的最佳平方逼近函数为

$$\varphi^*(x)=\sum_{i=0}^{m}a_i^*\varphi_i(x)+a_{m+1}^*\varphi_{m+1}(x)。$$

所以进行正交函数逼近时，既能克服法方程的病态性质，又能在增加逼近函数的项时，充分利用原有数据结果，工程应用非常方便。

8.4 正交多项式及性质

8.4.1 正交多项式

定义 8.4.1 若多项式序列 $g_0(x),g_1(x),\cdots,g_n(x),\cdots$满足

$$(g_i,g_j)=\int_a^b\rho(x)g_i(x)g_j(x)\mathrm{d}x=\begin{cases}0, & i\neq j,\\ \|g_i\|_2^2>0, & i=j,\end{cases}$$

其中 $g_n(x)$是首项系数不为0的 n 次多项式。则称$\{g_n(x)\}$是区间$[a,b]$上带权函数 $\rho(x)$的正交多项式序列。并称 $g_n(x)$是区间$[a,b]$上带权 $\rho(x)$的 n 次正交多项式。

定理 8.4.1(格拉姆—施密特)(Gram-Schmidt 正交化方法) 对给定的区间$[a,b]$及权函数 $\rho(x)$，总存在一个多项式序列$\{g_n(x)\}$，其中 $g_n(x)$是 n 次多项式，且 $(g_i,g_j)=0$，$i\neq j$，而且还可使多项式序列满足

(1) $(g_i,g_i)=1,\forall i$；

(2) $g_n(x)$的首项系数为正。

具有以上性质的多项式序列唯一，称为正交多项式序列。

证明 ① 令 $g_0(x)=c$，其中 c 为待定参数，由 $1=(g_0,g_0)=\|g_0\|_2^2=c^2\int_a^b\rho(x)\mathrm{d}x$，得

$$c=\left[\int_a^b\rho(x)\mathrm{d}x\right]^{-\frac{1}{2}}。$$

② 设 $\varphi_1(x)=x+a_{10}g_0(x)$，其中 a_{10} 为待定参数，由$(\varphi_1,g_0)=0$，得 $0=(x,g_0)+a_{10}(g_0,g_0)$，故取 $a_{10}=-(x,g_0)=-c\int_a^b x\rho(x)\mathrm{d}x$。

令 $g_1(x)=\dfrac{\varphi_1(x)}{\|\varphi_1(x)\|_2}$，则有 $\|g_0\|_2=1$，$\|g_1\|_2=1$，且$(g_0,g_1)=0$。

③ 设已构造出 $g_0(x),g_1(x),\cdots,g_{n-1}(x)$满足

$$(g_i,g_j)=\begin{cases}0, & i\neq j,\\ 1, & i=j,\end{cases}\quad i,j=0,1,2,\cdots,n-1。$$

令 $\varphi_n(x)=x^n+a_{n0}g_0(x)+a_{n1}g_1(x)+\cdots+a_{nn-1}g_{n-1}(x)$，由$(\varphi_n,g_i)=0$，有

$$a_{ni}=-(x^n,g_i(x))=-\int_a^b\rho(x)x^n g_i(x)\mathrm{d}x,\quad i=0,1,\cdots,n-1。$$

取 $g_n(x)=\dfrac{\varphi_n(x)}{\|\varphi_n(x)\|_2}$,由此可得首项系数为正且 $\|g_n\|_2=1$ 的正交多项式序列 $\{g_n(x)\}$。

8.4.2 正交多项式的性质

(1) 线性无关性：设 $g_0,g_1,\cdots,g_n$ 是正交多项式序列 $\{g_n(x)\}$ 的前 $n+1$ 个正交多项式,则它们线性无关。

(2) 任何次数不超过 n 次的多项式 $P(x)$ 均可由正交多项式 $g_0(x),g_1(x),\cdots,g_n(x)$ 线性表示,即

$$P(x)=\sum_{i=0}^{n}c_i g_i(x),$$

其中

$$c_i=\frac{\int_a^b\rho(x)P(x)g_i(x)\mathrm{d}x}{\int_a^b\rho(x)g_i^2(x)\mathrm{d}x}。$$

(3) 对给定的权函数 $\rho(x)$ 及 $[a,b]$,$g_n(x)$ 与任何次数小于 n 次的多项式在区间 $[a,b]$ 上带权 $\rho(x)$ 正交。

(4) 三项递推关系：设 $g_n(x)$ 的首项系数为 A_n,次项系数为 B_n,且记 $r_n=\|g_n\|_2^2$,则正交多项式序列 $\{g_n(x)\}$ 中次数相邻的三个多项式 $g_{n-1}(x),g_n(x),g_{n+1}(x)$ 具有递推关系

$$g_{n+1}(x)=(a_n x+b_n)g_n(x)-c_n g_{n-1}(x),\quad n=1,2,\cdots,$$

其中 a_n,b_n,c_n 是与 x 无关的常数,且

$$a_n=\frac{A_{n+1}}{A_n},\quad b_n=\frac{A_{n+1}}{A_n}\left(\frac{B_{n+1}}{A_{n+1}}-\frac{B_n}{A_n}\right),\quad c_n=\frac{a_n r_n}{a_{n-1}r_{n-1}}=\frac{A_{n+1}A_{n-1}r_n}{A_n^2 r_{n-1}}。$$

(5) 零点性质：设 $g_0(x),g_1(x),\cdots,g_n(x)$ 是在区间 $[a,b]$ 上带权 $\rho(x)$ 的正交多项式,则 $g_n(x)(n\geqslant 1)$ 的 n 个根都是区间 (a,b) 内的单重实根(即有 n 个互异的零点)。

性质(1)～性质(4)显然,留给读者自行证明,下面仅就性质(5)给出简要证明。

证明 当 $n\geqslant 1$ 时,由性质 3,$g_n(x)$ 与 $g_0(x)$ 正交,即

$$\int_a^b\rho(x)g_n(x)g_0(x)\mathrm{d}x=0,$$

而 $g_0(x)=1\neq 0$,因此

$$\int_a^b\rho(x)g_n(x)\mathrm{d}x=0,$$

这说明 $g_n(x)$ 在 (a,b) 内必异号,因此必有奇重实根。设 $g_n(x)$ 在 (a,b) 内共有 k 个互异奇重实根 $x_1,x_2,\cdots,x_k$,令

$$q_k(x)=(x-x_1)(x-x_2)\cdots(x-x_k),$$

则 $g_n(x)q_k(x)$ 在 (a,b) 内的有限个实根均为偶重根,从而

$$\rho(x)g_n(x)q_k(x)\geqslant 0\quad(\text{或}\leqslant 0),$$

于是

$$\int_a^b \rho(x) g_n(x) q_k(x) \mathrm{d}x > 0 \quad (\text{或} < 0)。$$

由性质3，若 $n>k$，则上述积分等于零，因此，必有 $n\leqslant k$。但 k 不可能大于 n。故必有 $n=k$，即 $g_n(x)$ 在 (a,b) 内恰有 n 个互异的实根。

8.4.3 常见的正交多项式

1. 切比雪夫多项式

当权函数 $\rho(x)=\dfrac{1}{\sqrt{1-x^2}}$，区间为 $[-1,1]$ 时，由 $\{1,x,x^2,\cdots,x^n,\cdots\}$ 正交化得到的正交多项式称为切比雪夫多项式，它可以表示为 $\{\mathrm{T}_n(x)\}$

$$\mathrm{T}_n(x)=\cos(n\arccos x), \qquad |x|\leqslant 1。$$

若令 $x=\cos\theta$，则 $\mathrm{T}_n(x)=\cos(n\theta)$，$0\leqslant\theta\leqslant\pi$。

性质

(1) 递推关系 $\begin{cases}\mathrm{T}_0(x)=1, & \mathrm{T}_1(x)=x,\\ \mathrm{T}_{n+1}(x)=2x\mathrm{T}_n(x)-\mathrm{T}_{n-1}(x), & n=1,2,\cdots。\end{cases}$

(2) 正交性 $(\mathrm{T}_m,\mathrm{T}_n)=\begin{cases}0, & m\neq n,\\ \dfrac{\pi}{2}, & m=n\neq 0,\\ \pi, & m=n=0。\end{cases}$

(3) 首项系数 $\mathrm{T}_n(x)$ 是首项系数为 2^{n-1} 的 n 次多项式。

2. 勒让德多项式

当区间为 $[-1,1]$，权函数 $\rho(x)=1$ 时，由正交化 $\{1,x,x^2,\cdots,x^n,\cdots\}$ 得到的多项式就称为勒让德多项式，并可表示为

$$\mathrm{P}_n(x)=\frac{1}{2^n n!}\frac{\mathrm{d}^n}{\mathrm{d}x^n}(x^2-1)^n, \quad n=0,1,2,\cdots。$$

性质

(1) 递推关系 $\begin{cases}\mathrm{P}_0(x)=1, & \mathrm{P}_1(x)=x,\\ \mathrm{P}_{n+1}(x)=\dfrac{2n+1}{n}x\mathrm{P}_n(x)-\dfrac{n}{n+1}\mathrm{P}_{n-1}(x), & n=1,2,\cdots。\end{cases}$

(2) 正交性 $(\mathrm{P}_m,\mathrm{P}_n)=\begin{cases}0, & m\neq n,\\ \dfrac{1}{2n+1}, & m=n。\end{cases}$

(3) 首项系数 $\mathrm{P}_n(x)$ 是首项系数为 $\dfrac{(2n)!}{2^n(n!)^2}$ 的 n 次多项式。

3. 拉盖尔多项式

$$\mathrm{L}_n(x)=\mathrm{e}^x\frac{\mathrm{d}^n}{\mathrm{d}x^n}(x^n\mathrm{e}^{-x}), \quad n=0,1,2,\cdots。$$

$\{L_n(x)\}$在$[0,+\infty)$上关于权函数$\rho(x)=c^{-x}$正交。

性质

(1) 递推关系 $\begin{cases} L_0(x)=1, & L_1(x)=1-x, \\ L_{n+1}(x)=(2n+1-x)L_n(x)-n^2L_{n-1}(x), & n=1,2,\cdots。\end{cases}$

(2) 正交关系 $(L_n,L_m)=\begin{cases} 0, & n\neq m, \\ (n!)^2, & n=m。\end{cases}$

4. 埃尔米特多项式

$$H_n(x)=(-1)^n e^{x^2}\frac{d^n}{dx^n}(e^{-x^2}),\quad n=0,1,2,\cdots。$$

$\{H_n(x)\}$在$(-\infty,+\infty)$上关于权函数$\rho(x)=e^{-x^2}$正交。

性质

(1) 递推关系 $\begin{cases} H_0(x)=1, & H_1(x)=2x, \\ H_{n+1}(x)=2xH_n(x)-2nH_{n-1}(x), & n=1,2,\cdots。\end{cases}$

(2) 正交关系 $(H_n,H_m)=\begin{cases} 0, & n\neq m, \\ 2^n n!\sqrt{\pi}, & n=m。\end{cases}$

8.4.4 用正交多项式作最佳平方逼近

下面以勒让德多项式为例来讨论。由勒让德多项式在$[-1,1]$上的正交性,就可以考虑$f(x)\in C[-1,1]$时,利用勒让德多项式$\{P_0,P_1,\cdots,P_m,\cdots\}$作最佳平方逼近。

$$\varphi^*(x)=\sum_{i=0}^{m}a_i^*P_i(x),$$

其中$a_i^*=\dfrac{(f,P_i)}{(P_i,P_i)}=\dfrac{2i+1}{2}\int_{-1}^{1}f(x)P_i(x)dx$。

平方误差为 $\|E\|_2^2=\|f-\varphi^*(x)\|_2^2=\int_{-1}^{1}f^2(x)dx-\sum_{i=0}^{m}\dfrac{2}{2i+1}(a_i^*)^2$。

若$f(x)\in C[a,b]$,对区间$[a,b]$上带权$\rho(x)\equiv1$的最佳平方逼近多项式,作变换

$$x=\frac{b-a}{2}t+\frac{b+a}{2},\quad t\in[-1,1]。$$

令$F(t)=f\left(\dfrac{b-a}{2}t+\dfrac{b+a}{2}\right)$,在$[-1,1]$上用勒让德多项式作$F(t)$的最佳平方逼近多项式$\bar{\varphi}^*(t)$,从而得到$f(x)$在$[a,b]$上带权$\rho(x)\equiv1$的最佳平方逼近多项式$\varphi^*\left(\dfrac{2x-a-b}{b-a}\right)$。

例 8.4.1 求$f(x)=e^x$在$[0,1]$上的最佳二次平方逼近多项式。

解 令$x=\dfrac{t+1}{2}$,$t\in[-1,1]$,则有$F(t)=e^{\frac{t+1}{2}}\in C[-1,1]$,此时有

$$P_0(t)=1,\quad P_1(t)=t,\quad P_2(t)=\frac{3t^2-1}{2},$$

$$a_0^*=\frac{1}{2}(F,P_0)=\frac{1}{2}\int_{-1}^{1}e^{\frac{t+1}{2}}dt=e-1=1.7182818,$$

$$a_1^* = \frac{3}{2}(F, P_1) = \frac{3}{2}\int_{-1}^{1} t e^{\frac{t+1}{2}} dt = 0.845155,$$

$$a_2^* = \frac{5}{2}(F, P_2) = \frac{5}{2}\int_{-1}^{1} (3t^2 - 1)e^{\frac{t+1}{2}} dt = 5(7e - 19) = 0.139863。$$

故所求最佳二次平方逼近多项式为

$$\bar{\varphi}^*(t) = 1.718282 + 0.845155t + 0.139863(3t^2 - 1)$$

由 $t = 2x - 1$ 得 $f(x)$的最佳二次平方逼近多项式为

$$\begin{aligned}\varphi^*(x) &= 1.718283 + 0.845155(2x - 1) + 0.139863[3(2x - 1)^2 - 1] \\ &= 1.01299 + 0.85112x + 0.83918x^2。\end{aligned}$$

同理可以利用其他的正交多项式在其定义区间和相应权函数下的正交多项式做最佳平方逼近，应当指出，用勒让德多项式展开时不用解线性方程组，不存在病态问题，计算公式使用起来比较方便，因此通常都用正交多项式方法求最佳平方逼近多项式。

8.5 数据拟合与最小二乘法

8.5.1 问题的提出

设函数 $f(x)$有一组数据$(x_i, \bar{f}_i)(i=0,1,2,\cdots,n)$，数据 $\bar{f}_i$ 是通过实验、测量或计算而得到，通常带有误差。现寻求一个函数 $y(x)$来逼近数据$(x_i, \bar{f}_i)(i=0,1,2,\cdots,n)$，允许在节点 x_i 处具有误差，但整体误差达到最小。从几何上来说是寻找一条曲线 $y=y(x)$来拟合这 $n+1$ 个点$(x_i, \bar{f}_i)$，因此称为数据拟合或曲线拟合。

拟合与插值是在处理数据时经常碰到的两种方法，但二者有着本质的区别。对插值函数 $y(x)$来说，在节点 x_i 处有 $y(x_i)=\bar{f}_i(i=0,1,2,\cdots,n)$，即在节点处的函数值是准确成立，但在非节点处将可能产生很大的误差，对此问题，我们在第 7 章中已做了详细讨论。而对于拟合函数 $y(x)$只需按某种度量从总体对数据误差达到最小，而不要求严格经过数据节点。下面就来研究这个问题。

8.5.2 一元函数的最小二乘法

定义 8.5.1 设函数 $f(x)$，$g(x)$在每个点 $x_i(i=0,1,2,\cdots,n)$处均有定义。称

$$(f, g) = \sum_{i=0}^{n} \omega_i f(x_i) g(x_i)$$

为 $f(x)$，$g(x)$在点集$\{x_i\}$上关于权系数$\{\omega_i\}$的内积。称

$$\| f \|_2 = \sqrt{\sum_{i=0}^{n} \omega_i f^2(x_i)} = \sqrt{(f, f)}$$

为 $f(x)$在点集$\{x_i\}$上关于权系数$\{\omega_i\}$的 2-范数。

若$(f, g)=0$，则称 $f(x)$，$g(x)$在点集$\{x_i\}$上关于权系数$\{\omega_i\}$正交，记为 $f \perp g$。

定义 8.5.2 函数 $f(x)$，对给定一组数据 $(x_i, y_i)(i=0,1,2,\cdots,n)$，若存在函数

$$\varphi^*(x) \in \Phi_m = \operatorname{span}\{\varphi_0, \varphi_1, \cdots, \varphi_m\}$$

使 $\sum_{i=0}^{n}\omega_i[\varphi^*(x_i)-y_i]^2 = \min_{\varphi\in\Phi_m}\sum_{i=0}^{n}\omega_i[\varphi(x_i)-y_i]^2$，即

$$\varphi^*(x) = a_0^*\varphi_0(x) + a_1^*\varphi_1(x) + \cdots + a_n^*\varphi_n(x)$$

则称 $\varphi^*(x)$ 是 $f(x)$ 在函数类 Φ_m 中关于权系数 $\{\omega_i\}$ 的最小二乘逼近函数，简称为最小二乘逼近。其中 $\omega_i=\omega(x_i)>0(i=0,1,2,\cdots,n)$ 称为权系数。求最小二乘函数的方法称为最小二乘法。

定理 8.5.1 若 $\varphi_0(x),\varphi_1(x),\cdots,\varphi_m(x)\in C[a,b]$ 的任意线性组合在点集 $\{x_i, i=0,1,\cdots,n\}(n\geqslant m)$ 上至多只有 m 个不同的零点，则由定义 8.5.2 给出的最小二乘逼近函数存在且唯一。

证明 记 $\varphi(x)=\sum_{j=0}^{m}a_j\varphi_j(x)$，$y(x)=\sum_{j=0}^{m}a_j^*\varphi_j(x)$，定义 $m+1$ 元函数

$$H(a_0, a_1, \cdots, a_m) = \sum_{i=0}^{n}\omega_i\left[\bar{f}_i - \sum_{j=0}^{m}a_j\varphi_j(x_i)\right]^2。$$

由多元函数极值的必要条件有

$$\frac{\partial H}{\partial a_k} = -2\sum_{i=0}^{n}\omega_i\left[\bar{f}_i - \sum_{j=0}^{m}a_j\varphi_j(x_i)\right]\varphi_k(x_j) = 0, \quad k=0,1,2,\cdots,m,$$

则有线性方程组

$$\sum_{j=0}^{m}(\varphi_k\varphi_j)a_j = (\bar{f}, \varphi_k), \quad k=0,1,2,\cdots,m, \tag{8.5.1}$$

其中 $(\bar{f}, \varphi_k)=\sum_{i=0}^{n}\omega_i\bar{f}_i\varphi_k(x_i)$。称方程组(8.5.1)为法方程(正则方程，正规方程)。写成矩阵形式有

$$\begin{bmatrix} (\varphi_0,\varphi_0) & (\varphi_0,\varphi_1) & \cdots & (\varphi_0,\varphi_m) \\ (\varphi_1,\varphi_0) & (\varphi_1,\varphi_1) & \cdots & (\varphi_1,\varphi_m) \\ \vdots & \vdots & & \vdots \\ (\varphi_m,\varphi_0) & (\varphi_m,\varphi_1) & \cdots & (\varphi_m,\varphi_m) \end{bmatrix}\begin{bmatrix} a_0 \\ a_1 \\ \vdots \\ a_m \end{bmatrix} = \begin{bmatrix} (\bar{f},\varphi_0) \\ (\bar{f},\varphi_1) \\ \vdots \\ (\bar{f},\varphi_m) \end{bmatrix}。 \tag{8.5.2}$$

因为 $\varphi_0(x),\varphi_1(x),\cdots,\varphi_m(x)\in C[a,b]$ 的任意线性组合在点集 $\{x_i, i=0,1,\cdots,n\}(n\geqslant m)$ 上至多只有 m 个不同的零点，$\varphi_0,\varphi_1,\cdots,\varphi_m$ 线性无关。可以证明，方程组(8.5.2)的系数矩阵非奇异。方程组有一组唯一的解 $a_0^*, a_1^*, \cdots, a_m^*$，则有

$$y(x) = \sum_{j=0}^{m}a_j^*, \quad \varphi_j(x)。$$

由(8.5.1)式有 $(\bar{f}, y, \varphi_m)=0, k=0,1,2,\cdots,m$。

数据拟合的余项(平方误差)为

$$\|E(x)\|_2^2 = \|\bar{f}(x)-y(x)\|_2^2 = (\bar{f}-y, \bar{f}-y)$$

$$=(\bar{f}-y,\bar{f})-\sum_{j=0}^{m}(\bar{f}-y,\varphi_j)a_j^*$$

$$=(\bar{f}-y,\bar{f})$$

$$=\|\bar{f}\|_2^2-\sum_{j=0}^{m}a_j^*(\bar{f},\varphi_j)。$$

8.5.3 多元函数的最小二乘法

上面介绍的最小二乘法的有关概念与方法可以直接推广到多元函数。假定已知多元函数

$$y=f(x_1,x_2,\cdots,x_l)$$

的一组测量数据$(x_{1i},x_{2i},\cdots,x_{li},y_i)(i=0,1,\cdots,n)$，以及一组权系数$\omega_i>0(i=0,1,2,\cdots,n)$，要求函数

$$Q_m=(x_1,x_2,\cdots,x_l)=\sum_{k=0}^{m}a_k\varphi_k(x_1,x_2,\cdots,x_l),\quad m\leqslant n,$$

使得

$$F(a_0,a_1,\cdots,a_m)=\sum_{i=0}^{n}\omega_i[y_i-Q_m(x_{1i},x_{2i},\cdots,x_{li})]^2$$

最小，这与一元函数最小二乘法极值问题完全一样，系数$a_0,a_1,a_2,\cdots,a_m$同样满足法方程组(8.5.1)或方程组(8.5.2)，只是这里

$$(\varphi_k,\varphi_j)=\sum_{i=0}^{n}\omega_i\varphi_k(x_{1i},x_{2i},\cdots,x_{li})\varphi_j(x_{1i},x_{2i},\cdots,x_{li})。$$

求解法方程组(8.5.2)就可得到$a_k(k=0,1,2,\cdots,m)$，从而得到$Q_m(x_1,x_2,\cdots,x_l)$，称$Q_m(x_1,x_2,\cdots,x_l)$为函数$y=f(x_1,x_2,\cdots,x_l)$的最小二乘拟合。

8.6 多项式拟合

8.6.1 多项式的数据拟合

数据拟合的一种常用情况是利用代数多项式作数据拟合，对于一组给定的数据$(x_i,\bar{f}_i)$，$i=1,2,\cdots,n$，求一个函数

$$\varphi(x)=a_0+a_1x+a_2x^2+\cdots+a_mx^m。$$

取$\Phi=\text{span}\{1,x,x^2,\cdots,x^m\}$，$\omega_i\equiv1$，$n>m$，有

$$(\varphi_k,\varphi_j)=\sum_{i=0}^{n}x_i^{k+j},\quad(\bar{f},\varphi_k)=\sum_{i=0}^{n}\bar{f}_ix_i^k,k,\quad j=0,1,\cdots,m。$$

法方程为

$$\begin{bmatrix} n+1 & \sum_{i=0}^{n} x_i & \sum_{i=0}^{n} x_i^2 & \cdots & \sum_{i=0}^{n} x_i^m \\ \sum_{i=0}^{n} x_i & \sum_{i=0}^{n} x_i^2 & \sum_{i=0}^{n} x_i^3 & \cdots & \sum_{i=0}^{n} x_i^{m+1} \\ \sum_{i=0}^{n} x_i^2 & \sum_{i=0}^{n} x_i^3 & \sum_{i=0}^{n} x_i^4 & \cdots & \sum_{i=0}^{n} x_i^{m+2} \\ \vdots & \vdots & \vdots & & \vdots \\ \sum_{i=0}^{n} x_i^m & \sum_{i=0}^{n} x_i^{m+1} & \sum_{i=0}^{n} x_i^{m+2} & \cdots & \sum_{i=0}^{n} x_i^{2m} \end{bmatrix} \begin{bmatrix} a_0 \\ a_1 \\ a_2 \\ \vdots \\ a_m \end{bmatrix} = \begin{bmatrix} \sum_{i=0}^{n} \bar{f}_i \\ \sum_{i=0}^{n} \bar{f}_i x_i \\ \sum_{i=0}^{n} \bar{f}_i x_i^2 \\ \vdots \\ \sum_{i=0}^{n} \bar{f}_i x_i^m \end{bmatrix}。$$

用 MATLAB 软件编程得多项式的数据拟合 MATLAB 程序如下：

```
function [f,yuxiang]=dxsnihe(X,Y,n)
%用于已知 m 个数据点(xi,yi),求 n 次多项式拟合函数 f(x);
%X,Y 为 m 个数据节点向量,f 为输出拟合函数,yuxiang 为余项;
m=length(Y);
A=zeros(n+1,n+1);          %求系数方程组的系数矩阵 A(i,j);
for i=1:(n+1)
  for j=1:(n+1)
      for k=1:m
          A(i,j)=A(i,j)+X(k)^(i-1) * X(k)^(j-1);
      end
  end
end
d=zeros(1,n+1);            %求系数方程组的常数项矩阵 d(i);
for i=1:(n+1)
  for k=1:m
      d(i)=d(i)+X(k)^(i-1) * Y(k);
  end
end
xishu=inv(A) * d';         %求 n 次拟合多项式的系数;
dxszhi=zeros(1,m);         %求拟合多项式在已知点的函数值 f(xi);
for i=1:m
  f=0;
  for j=1:(n+1)
      f=f+xishu(j) * X(i)^(j-1);
  end
  dxszhi(i)=f;
end
yuxiang=0;                 %求 n 次多项式拟合的误差项;
for i=1:(n+1)
  yuxiang=yuxiang+(dxszhi(i)-Y(i))^2;
end
syms x; f=0;               %求 n 次拟合多项式 f;
```

```
for i=1:(n+1)
  f=f+xishu(i) * x^(i-1);
end
f=simplify(f); f=collect(f); f=vpa(f,4);
```

例 8.6.1 已知一组数据如表所示，利用最小二乘法求该组数据的多项式拟合。

x_i	1	3	4	5	6	7	8	9	10
$\bar{f}_i$	10	5	4	2	1	1	2	3	4

解 将表中数据点用 MATLAB 绘制散点图(图 8.6.1)，可以看出这些点近似为一条抛物线。

$$y_2(x)=a_0+a_1x+a_2x^2,$$

法方程为

$$\begin{bmatrix}9 & 53 & 381\\53 & 381 & 3017\\381 & 3017 & 25317\end{bmatrix}\begin{bmatrix}a_0\\a_1\\a_2\end{bmatrix}=\begin{bmatrix}32\\147\\1025\end{bmatrix}。$$

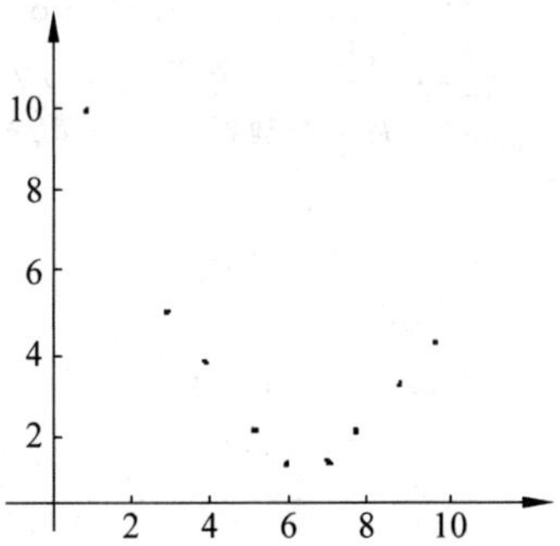

图 8.6.1

解之得

$$a_0=13.4597,\quad a_1=-3.6053,\quad a_2=0.2676。$$

故所求的多项式拟合曲线为

$$y_2=13.4597-3.6053x+0.2676x^2。$$

利用 MATLAB 编写如下 M 文件 Example8_6_1.m，并运行。

```
%Example8_6_1
clc;clear
n=2;
X=[1,3,4,5,6,7,8,9,10];
Y=[10,5,4,2,1,1,2,3,4];
[f,yuxiang]=dxsnihe(X,Y,n)
```

计算结果：

```
f =13.46-3.605 * x+.2676 * x^2
yuxiang =0.4806
```

对例 8.6.1 的数据，若使用插值多项式，因有 9 个节点，则插值多项式的次数为 8 次，而且效果还不好。在应用中也可逐次增加拟合多项式的次数，寻求效果最好的拟合多项式。

例 8.6.2 设有一组数据如表所示，求其多项式拟合曲线。

x_i	0	0.25	0.5	0.75	1.00
$\bar{f}_i$	1.0000	1.2840	1.6487	2.1170	2.7183

解 (1) 先求一次拟合曲线 $y_1(x)=a_0+a_1x$。

法方程为$\begin{bmatrix}5 & 2.5\\2.5 & 1.875\end{bmatrix}\begin{bmatrix}a_0\\a_1\end{bmatrix}=\begin{bmatrix}8.7680\\5.4514\end{bmatrix}$。

解之有 $a_0=0.89968, a_1=1.70784$。

拟合曲线为 $y_1(x)=0.89968+1.70784x$，平方误差为

$$\begin{aligned}\|E_1\|_2^2&=\|f\|_2^2-\sum_{j=0}^{1}a_j(\bar{f},\varphi_j)\\&=17.23771-0.89968\times 8.7680-1.70784\times 5.4514\\&=3.92\times 10^{-2}。\end{aligned}$$

(2) 求二次拟合曲线

$$y_2(x)=a_0^*+a_1^*x+a_2^*x^2。$$

法方程组为

$$\begin{bmatrix}5 & 2.5 & 1.875\\2.5 & 1.875 & 1.5265\\1.875 & 1.5265 & 1.3828\end{bmatrix}\begin{bmatrix}a_0\\a_1\\a_2\end{bmatrix}=\begin{bmatrix}8.7680\\5.4514\\4.4015\end{bmatrix}。$$

解之得 $a_0^*=1.5002, a_1^*=0.8641, a_2^*=0.8437$。

拟合曲线为 $y_2(x)=1.0054+0.8641x+0.8437x^2$，平方误差为

$$\begin{aligned}\|E_2\|_2^2&=\|f\|_2^2-\sum_{j=0}^{2}a_j^*(f,\varphi_j)\\&=17.23771-1.0052\times 8.7680-0.8641\times 504514-0.8437\times 4.4015\\&=2.76\times 10^{-4}。\end{aligned}$$

显然用 $y_2(x)$ 作拟合曲线的效果较好。

利用 MATLAB 编写如下 M 文件 Example8_6_2.m，并运行。

(1) 求一次拟合曲线，输入：

```
%Example8_6_2(1)
clc;clear
n=1;X=[0,0.25,0.5,0.75,1];Y=[1,1.284,1.6487,2.117,2.7183];
[f,yuxiang]=dxsnihe(X,Y,n)
```

计算结果：

```
f =.8997+1.708 * x
yuxiang =0.0119
```

(2) 求二次拟合曲线，输入：

```
%Example8_6_2(2)
clc;clear
n=2;X=[0,0.25,0.5,0.75,1];Y=[1,1.284,1.6487,2.117,2.7183];
[f,yuxiang]=dxsnihe(X,Y,n)
```

计算结果：

```
f =1.005+.8642 * x+.8437 * x^2
yuxiang =1.2848e-004
```

对某些曲线可以通过适当地变换后转化为线性拟合问题，如表 8.6.1 所示。

表 8.6.1

曲线拟合方程	变量转换关系	变换后的线性拟合方程
$y=ax^b$	$Y=\ln y, X=\ln x$	$Y=\ln a+bX$
$y=ax^b+c$	$Y=y, X=x^b$	$Y=aX+c$
$y=a\mathrm{e}^{bx}$	$Y=\ln y, X=x$	$Y=\ln a+bX$
$y=a+b\ln x$	$Y=y, X=\ln x$	$Y=a+bX$
$y=\dfrac{x}{ax+b}$	$Y=\dfrac{1}{y}, X=\dfrac{1}{x}$	$Y=a+bX$
$y=\dfrac{\mathrm{e}^{a+bx}}{1+\mathrm{e}^{a+bx}}$	$Y=\ln\dfrac{y}{1-y}, X=x$	$Y=a+bX$

例 8.6.3 如下表给出的已知数据，求一个形如 $y=a\mathrm{e}^{bx}$ 的经验公式，a，b 为待定常数。

x_i	1	2	3	4	5	6	7	8
y_i	15.3	20.5	27.4	36.6	49.1	65.6	87.8	117.6

解 两边取对数有 $\ln y=\ln a+bx$。令 $Y=\ln y$，$A=\ln a$，则有 $Y=A+bx$。

构造数据如表 8.6.2 所示，正规方程为

$$\begin{bmatrix}8 & 36\\36 & 204\end{bmatrix}\begin{bmatrix}A\\b\end{bmatrix}=\begin{bmatrix}29.9787\\147.1354\end{bmatrix}。$$

解之有 $A=2.4368$，$b=0.2912$，故 $a=\mathrm{e}^A=11.4369$。

拟合的经验公式为 $y=11.4369\mathrm{e}^{0.2912x}$，拟合效果如图 8.6.2 所示。

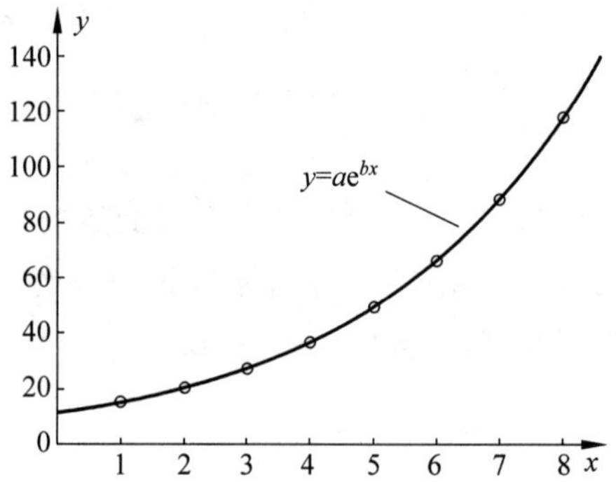

图 8.6.2

表 8.6.2

x_i	y_i	Y_i	x_i^2	x_iY_i
1	15.3	2.7279	1	2.7279
2	20.5	3.0204	4	6.0408
3	27.4	3.3105	9	9.9315
4	36.6	3.600	16	14.4000
5	49.1	3.8939	25	19.4695
6	65.6	4.1836	36	25.1016
7	87.8	4.4751	47	31.3257
8	117.6	4.7673	64	38.1384
36	—	29.9787	204	147.1354

8.6.2 最小二乘法求法方程存在的问题

与最佳平方逼近相似,最小二乘法也存在两个方面影响拟合效果的问题。

从例 8.6.2 可知。一方面,当需提高拟合多项式的次数时,法方程组中的每个方程均需增加一项,并且还需增加一个方程,而且新方程的解与原来所求得的值毫不相关。即当需提高拟合多项式的次数时,所有的多项式系数都必须重新计算,这将增加很大的工作量。

另一方面,法方程组的系数矩阵可能是病态矩阵。比如,设所有的节点均在区间[0,1]上,且均匀分布。即取 $x_i=\frac{i}{n}, i=0,1,2,\cdots,n$。此时

$$(\varphi_0,\varphi_0)=\sum_{i=0}^{n}1^2=n+1。$$

当 $k+j\neq 0$ 时有:

$$\begin{aligned}(\varphi_k,\varphi_j)&=\sum_{i=0}^{n}x_i^{k+j}=\sum_{i=1}^{n}\left(\frac{i}{n}\right)^{k+j}=n\sum_{i=1}^{n}\left(\frac{i}{n}\right)^{k+j}\cdot\frac{1}{n}\\&\approx n\int_0^1 x^{k+j}\mathrm{d}x=\frac{n}{k+j+1},\quad j,k=0,1,2,\cdots,m,\end{aligned}$$

即法方程组的系数矩阵近似为 $m+1$ 阶希尔伯特矩阵 $\boldsymbol{H}$ 的 n 倍

$$n\boldsymbol{H}=n\begin{bmatrix}1&\frac{1}{2}&\frac{1}{3}&\cdots&\frac{1}{m+1}\\\frac{1}{2}&\frac{1}{2}&\frac{1}{3}&\cdots&\frac{1}{m+2}\\\frac{1}{3}&\frac{1}{4}&\frac{1}{5}&\cdots&\frac{1}{m+3}\\\vdots&\vdots&\vdots&&\vdots\\\frac{1}{m+1}&\frac{1}{m+2}&\frac{1}{m+3}&\cdots&\frac{1}{2m+1}\end{bmatrix}。$$

而希尔伯特矩阵是病态矩阵,使得求解法方程将会产生很大的计算误差。与最佳平方逼近相似,最小二乘法也有上述两个方面的问题。为了克服上述问题,常用正交函数族作曲线拟合。

8.6.3 正交多项式的数据拟合

定义 8.6.1 设函数族 $P_0(x),P_1(x),\cdots,P_k(x),\cdots$满足

$$\sum_{i=0}^{n}\omega_iP_k(x_i)P_j(x_i)=(P_k,P_j)=0,\quad j\neq k,$$

其中 $P_k(x)$是一个 k 次多项式,则称函数族$\{P_k(x)\}$在点集$\{x_i\}$上关于权系数$\{\omega_i\}$正交。

当利用正交多项式作曲线拟合时,法方程(8.5.2)就是对角型方程组,其解为

$$a_j=\frac{(\bar{f},\varphi_j)}{(\varphi_j,\varphi_j)}=\frac{\sum\limits_{i=0}^{n}\omega_i\bar{f}_i\varphi_j(x_i)}{\sum\limits_{i=0}^{n}\omega_i\varphi_j^2(x_j)},\quad j=0,1,2,\cdots,m,$$

拟合曲线为 $y_m(x)=\sum_{j=0}^{m}a_j\varphi_j(x)$。

当需增加一项 $\varphi_{m+1}(x)$时，只需求

$$a_{m+1}=\frac{(\bar{f},\varphi_{m+1})}{(\varphi_{m+1},\varphi_{m+1})},$$

拟合曲线为

$$y_{m+1}(x)=y_m(x)+a_{m+1}\varphi_{m+1}(x)=\sum_{j=0}^{m+1}a_j\varphi_j(x)。$$

在离散点集$\{x_i\}$上生成正交多项式序列$\{P_k(x)\}$，常用的有两种方法。

方法1 从线性无关的多项式 $1,x,x^2,\cdots,x^k,\cdots$出发，利用格拉姆—施密特正交化方法构造正交多项式序列。

令

$$P_0(x)=1,$$

$$P_k(x)=x^k-\sum_{j=0}^{k-1}\alpha_{jk}P_j(x),\quad k=1,2,\cdots,m,$$

其中 $P_k(x)$是首项系数为1的 k 次多项式，α_{jk} 可取为

$$\alpha_{jk}=\frac{(x^k,P_j)}{(P_j,P_j)}=\frac{\sum_{i=0}^{n}\omega_i x_i^k P_j(x_i)}{\sum_{i=0}^{n}\omega_i P_j^2(x_i)},\quad j=0,1,\cdots,k-1;k=1,2,\cdots,m。\tag{8.6.1}$$

方法2 利用相邻三项递推关系构造正交多项式。

设递推公式为

$$P_{k+1}(x)=(x-\alpha_{k+1})P_k(x)-\beta_k P_{k+1}(x),\quad k=0,1,2,\cdots,m,$$

其中，$P_0(x)=1,P_{-1}(x)=0,\alpha_{k+1},\beta_k$ 为待定参数。其值可取为

$$\alpha_{k+1}=\frac{(xP_k,P_k)}{(P_k,P_k)}=\frac{\sum_{i=0}^{n}\omega_i x_i P_k^2(x_i)}{\sum_{i=0}^{n}\omega_i P_k^2(x_i)},\tag{8.6.2}$$

$$\beta_k=\frac{(P_k,P_k)}{(P_{k-1},P_{k-1})}=\frac{\sum_{i=0}^{n}\omega_i P_k^2(x_i)}{\sum_{i=0}^{n}\omega_i P_{k-1}^2(x_i)}。\tag{8.6.3}$$

例8.6.4 利用正交多项式的方法对例8.6.2的数据逐次作曲线拟合。

解 利用方法2构造正交多项式序列。

(1) 由(8.6.2)式及(8.6.3)式有

$$P_0(x)=1,\quad \alpha_1=\frac{(xP_0,P_0)}{(P_0,P_0)}=\frac{\sum_{i=0}^{4}x_i}{\sum_{i=0}^{4}1}=0.5,$$

$$P_1(x)=x-0.5,\quad \alpha_0^*=\frac{(\bar{f},P_0)}{(P_0,P_0)}=\frac{\sum_{i=0}^{4}\bar{f}_i}{\sum_{i=0}^{4}1^2}=1.75360,$$

$$\alpha_1^*=\frac{(\bar{f},P_1)}{(P_1,P_1)}=\frac{\sum_{i=0}^{4}\bar{f}_iP_1(x_i)}{\sum_{i=0}^{4}P_1^2(x_i)}=1.70784。$$

一次拟合曲线为

$$\begin{aligned}y_1(x)&=\alpha_0^*P_0(x)+\alpha_1^*P_1(x)=1.75360+1.70784(x-0.5)\\&=0.89968+1.70784x。\end{aligned}$$

(2) 二次拟合

$$\alpha_2=\frac{(xP_1,P_1)}{(P_1,P_1)}=\frac{\sum_{i=0}^{4}x_i(x_i-0.5)^2}{\sum_{i=0}^{4}(x_i-0.5)^2}=0.5,$$

$$\beta_1=\frac{(P_1,P_1)}{(P_0,P_0)}=\frac{\sum_{i=0}^{4}(x_i-0.5)^2}{\sum_{i=0}^{4}1}=0.125,$$

$$P_2(x)=(x-\alpha_2)P_1(x)-\beta_1P_0(x)=(x-0.5)^2-0.125,$$

$$\alpha_2^*=\frac{(\bar{f},P_2)}{(P_2,P_2)}=\frac{\sum_{i=0}^{4}\bar{f}_iP_2(x_i)}{\sum_{i=0}^{4}P_2^2(x_i)}=0.84366。$$

故二次拟合曲线为

$$\begin{aligned}y_2(x)&=1.75360P_0(x)+1.70784P_1(x)+0.84366P_2(x)\\&=1.00514+0.86424x+0.84366x^2。\end{aligned}$$

与例 8.6.2 的结果是相吻合的。

8.7 小　结

函数的逼近方法一直是数值分析领域研究的主要内容，本章首先介绍了逼近的概念，其次给出了最佳平方逼近方法、介绍了最小二乘法，最后给出了多项式拟合方法。

已知函数在有限维内积空间中的最佳平方逼近，是该函数在有限维空间中的投影。它可以用有限维空间中的一组基线性表示，组合系数是法方程组的解，法方程组的系数矩阵为该组基的格拉姆矩阵。特别地，当选取的基为正交基时，法方程组的系数矩阵简化为对角矩阵，这时计算量小，方法稳定。正交多项式系不仅在实际计算中非常重要，它也是理论分析的重要工具，我们还给出了常用的四个正交多项式系及其性质。

离散数据的最小二乘曲线拟合在实验数据的处理中有着非常广泛的应用，它也是统计学研究的重要问题。应用基于离散点的正交多项式系作最小二乘曲线拟合,可以避免求解病态的方程组。需要详细了解或需要深入研究本章涉及的相关内容的读者可参看其他文献。

8.8 习 题

1. 填空题

取 $\rho(x)=1,\omega_i=1$。

(1) 设 $f(x)=x,x\in[-1,1]$,则 $\|f\|_1=$________,$\|f\|_2=$________,$\|f\|_\infty=$________;

(2) $\boldsymbol{x}=(-1,0,1)^{\mathrm{T}},\boldsymbol{y}=(0,1,0)^{\mathrm{T}}$,作一次多项式拟合时法方程为________,一次最小二乘多项式为 $y_1=$________;

(3) 求二次平方逼近多项式时,若 $f(x)\in C[-1,1]$,法方程的系数矩阵为________,若 $f(x)\in C[0,2]$,法方程的系数矩阵为________。

2. 已知 $f(x)=\ln(x+2),x\in[-1,1]$,求 $f(x)$在$[-1,1]$上的最佳二次平方逼近多项式,并计算平方误差。

3. 求 $f(x)=\sin\pi x$ 在$[0,1]$上的最佳二次平方逼近多项式。

4. 已知 $\sin 0=0,\sin\frac{\pi}{6}=\frac{1}{2},\sin\frac{\pi}{3}=\frac{\sqrt{3}}{2},\sin\frac{\pi}{3}=1$,由最小二乘法求 $\sin x$ 的拟合曲线 $\varphi(x)=ax+bx^3$。

5. 已知下列数据求拟合曲线 $\varphi(x)=a_0+a_1x+a_2x^2+a_3x^3$。

x	-2	-1	0	1	2
$f(x)$	-1	-1	0	1	1

8.9 数值实验题

1. 求函数 $y=\sin x,x\in[0,1]$的最佳平方逼近多项式。

2. 编制求以函数 $x^k(k=0,1,2,\cdots,m)$为基的最小二乘拟合多项式的 MATLAB 程序,并用下列数据:

x	-1.0	-0.5	0	0.5	1.0	1.5	2.0
$f(x)$	-4.447	-0.452	0.551	0.048	-0.447	0.549	4.552

求三次多项式拟合曲线 $\varphi(x)=a_0+a_1x+a_2x^2+a_3x^3$ 中的参数$\{a_k\}$、平方误差 δ^2,并作离散数据$\{x_i,y_i\}$和拟合曲线 $y=\varphi(x)$的图形。

3. 对某品牌的电热沐浴器进行保温测试,当室温保持在 20℃,水温加热到 80℃切断电源,每隔 6h 测量水温,时间 x 和水温 y 见下页数据表:

时间 x/h	0	6	12	18	24
水温 y/℃	80	62	49	40	34

根据传热理论，应有公式：$y=ae^{bx}+20$。

(1) 拟合出经验公式：$Y=ae^{bx}$（令 $Y=y-20$，a，b 是待定参数）；

(2) 按照以上公式，当时间分别为 1h，2h，5h 时，水温是多少？

4. 已知数据如下：

x	−1.00	−0.75	−0.5	−0.25	0	0.25	0.5	0.75	1.00	1.25
$f(x)$	0.2209	0.3295	0.8826	1.4392	2.0003	2.5645	3.1334	3.7061	4.2836	3.1334

试用一次、二次、三次多项式拟合上述数据，计算平方误差并进行比较。

应用案例：黄河小浪底调水调沙问题(二)

2004 年 6 月至 7 月黄河进行了第三次调水调沙试验，特别是首次由小浪底、三门峡和万家寨三大水库联合调度，采用接力式防洪预泄放水，形成人造洪峰进行调沙试验获得成功。整个试验期为 20 多天，小浪底从 6 月 19 日开始预泄放水，至 7 月 13 日恢复正常供水结束。小浪底水利工程按设计拦沙量为 75.5 亿 m^3，在这之前，小浪底共积泥沙达 14.15 亿 m^3。这次调水调沙试验的一个重要目的就是由小浪底上游的三门峡和万家寨水库泄洪，在小浪底形成人造洪峰，冲刷小浪底库区沉积的泥沙，在小浪底水库开闸泄洪以后，从 6 月 27 日开始三门峡水库和万家寨水库陆续开闸放水，人造洪峰于 29 日先后到达小浪底，7 月 3 日达到最大流量 $2700m^3/s$，使小浪底水库的排沙量也不断地增加。应表 8.1 是由小浪底观测站从 6 月 29 日到 7 月 10 日检测到的试验数据。

应表 8.1　试验观测数据　　水流为 m^3/s，含沙量为 kg/m^3

日期	6.29		6.30		7.1		7.2		7.3		7.4	
时间	8:00	20:00	8:00	20:00	8:00	20:00	8:00	20:00	8:00	20:00	8:00	20:00
水流量	1800	1900	2100	2200	2300	2400	2500	2600	2650	2700	2720	2650
含沙量	32	60	75	85	90	98	100	102	108	112	115	116
日期	7.5		7.6		7.7		7.8		7.9		7.10	
时间	8:00	20:00	8:00	20:00	8:00	20:00	8:00	20:00	8:00	20:00	8:00	20:00
水流量	2600	2500	2300	2200	2000	1850	1820	1800	1750	1500	1000	900
含沙量	118	120	118	105	80	60	50	30	26	20	8	5

注：以上数据主要是根据媒体公开报道的结果整理而成，不一定与真实数据完全相符。

现在，根据试验数据建立数学模型研究下面的问题：

问题 1：给出估算任意时刻的排沙量及总排沙量的方法；

问题 2：确定排沙量与水流量的变化关系。

第 7 章已经解决了任意时刻排沙量与总排沙量的函数关系，这里将确定排水量与水流量的变化关系。

问题2：确定排沙量与水流量的变化关系。

(1) 建立模型

假设水流量和排沙量都是连续的，不考虑上游泄洪所带入的含沙量和外界(如雨水等)带入的含沙量，时间是连续变化的，已知给定的观测时间间距是等间距的，以2004年6月29日8点位第一个观测节点，所取 t 依次为 $1,2,\cdots,24$，单位时间为12h。从试验数据可以看出，在排水排沙的过程中，随着时间的推移，水库内所剩泥沙越来越少，开始排沙量是随着水流量的增加而增加，而随后是随着水流量的减少而减少，显然变化规律并非是线性关系。因此，将问题分为两个部分，从开始水流量增加到最大值 $2720\text{m}^3/\text{s}$ 为第一阶段，共11个观测数据，从水流量最大值到结束为第二阶段，共13个观测数据，对两个阶段我们都用 m 次多项式进行拟合来研究水流量与排沙量的关系。

设 m 次多项式拟合函数为

$$y=\sum_{i=1}^{m}a_i x^i。$$

m 次多项式拟合的最小误差为

$$S=\sum_{j=1}^{11}\Big(\sum_{i=1}^{m}a_i x_j^i-y_j\Big)^2\quad(\text{第一阶段}),$$

$$S=\sum_{j=1}^{13}\Big(\sum_{i=1}^{m}a_i x_j^i-y_j\Big)^2\quad(\text{第二阶段})。$$

最终采用的拟合多项式的次数 m 由最小误差 S 来确定，误差 S 越小，拟合效果越好。

(2) 模型求解

第一阶段多项式拟合：可利用MATLAB分别做1次、2次、3次、4次多项式拟合，从拟合效果及误差来看，4次多项式拟合效果最好，编程如下：

```
clc,clear
v=[1800,1900,2100,2200,2300,2400,2500,2600,2650,2700,2720];        %第一阶段水流量
h=[32,60,75,85,90,98,100,102,108,112,115];                          %第一阶段含沙量
y=v.*h;                                                             %计算排沙量
tt=800:10:2800;
a=polyfit(v,y,4)                      %计算排沙量 y 与水流量 v 的 4 次多项式拟合时的系数
z=polyval(a,tt);                      %排沙量 y 与水流量 v 的 4 次多项式拟合
plot(tt,z,'r'),hold on;               %画排沙量 y 与水流量 v 的 4 次多项式拟合曲线
plot(v,y,'k+') ; axis([1800 2800 5000 350000]);      %画排沙量 y 与水流量 v 的散点图
S4=sum((a(1)*v.^4+a(2)*v.^3+a(3)*v.^2+a(4)*v+a(5)-y).^2)
                                      %4 次多项式拟合的误差
```

运行结果为S4=3.042796821308041e+008，4次多项式为

$$y_4=-1.1\times10^{-7}v^4+1.348\times10^{-3}v^3-5.809v^2+10880.7188v-7408344.7。$$

第一阶段多项式拟合结果见应图8.1。

第二阶段多项式拟合：可利用MATLAB只做3次、4次多项式拟合，从拟合效果及误差来看，显然4次多项式拟合要好于3次多项式拟合，编程如下：

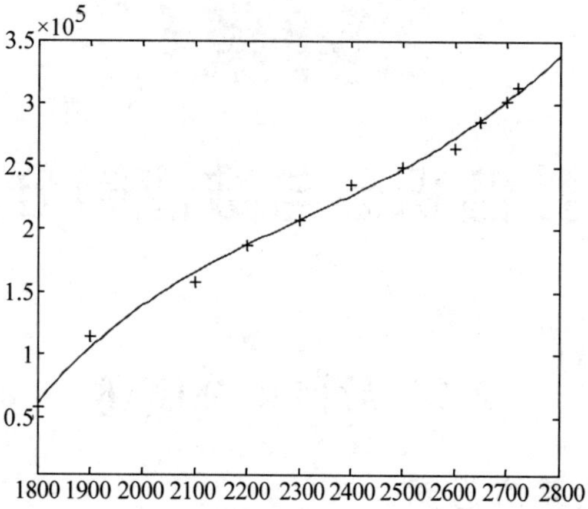

应图 8.1

```
clc,clear
v=[2650,2600,2500,2300,2200,2000,1850,1820,1800,1750,1500,1000,900];
                                                    %第二段水流量
h=[116,118,120,118,105,80,60,50,30,26,20,8,5];     %第二阶段含沙量
y=v.*h;                                             %计算排沙量
tt=800:10:2800;
a=polyfit(v,y,4)                   %计算排沙量 y 与水流量 v 的 4 次多项式拟合时的系数
z=polyval(a,tt);                   %排沙量 y 与水流量 v 的 4 次多项式拟合
plot(tt,z,'r'),hold on;            %画排沙量 y 与水流量 v 的 4 次多项式拟合曲线
plot(v,y,'k+')                     %画排沙量 y 与水流量 v 的散点图
axis([800 2800 5000 350000])
S4=sum((a(1)*v.^4+a(2)*v.^3+a(3)*v.^2+a(4)*v+a(5)-y).^2)
                                   %4 次多项式拟合的误差
```

运行的结果为：S4 = 1.748805174191605e+009,4 次多项式为：

$$y_4=-2.8\times10^{-7}v^4+1.811\times10^{-3}v^3-4.092v^2+3891.0441v-1322627.4967。$$

第二阶段多项式拟合结果见应图 8.2。

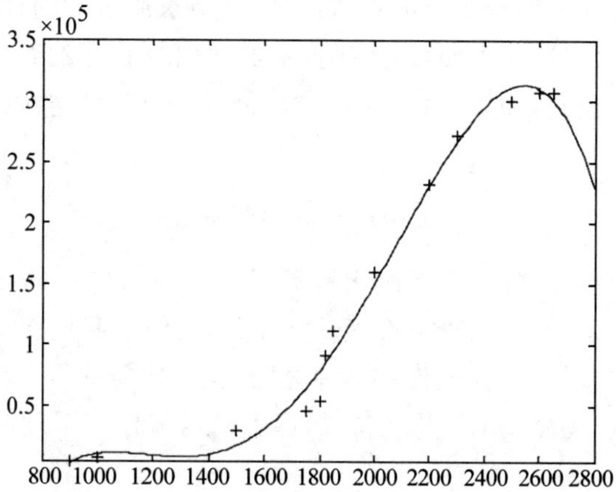

应图 8.2

第 9 章

数值积分与数值微分

9.1 数值积分概述

9.1.1 数值积分的基本思想

实际问题当中常常需要计算定积分。在微积分中，牛顿—莱布尼茨(Newton-Leibnitz)公式是计算定积分的一种有效工具，对于定积分

$$I=\int_a^b f(x)\mathrm{d}x,$$

只要找到 $f(x)$ 的原函数为 $F(x)$，则有下列公式：

$$\int_a^b f(x)\mathrm{d}x=F(b)-F(a)。$$

但实际上使用这种求积方法往往有困难。通常表现有下面几种情况：因为 $f(x)$ 可能不是连续函数，或是由测量及数值计算给出的一张数据表，此时牛顿—莱布尼茨公式不能直接运用；$f(x)$ 的原函数不能用初等函数的形式表示，如

$$f(x)=\sqrt{1+x^3},\quad \frac{\sin x}{x},\quad \sin x^2,\quad \cos x^2,\quad \frac{1}{\ln x},\quad \mathrm{e}^{-x^2}。$$

某些函数虽然能求得其原函数，但原函数表达式相当复杂。如下列积分

$$\int\frac{1}{1+x^4}\mathrm{d}x=\frac{1}{4\sqrt{2}}\ln\frac{x^2+\sqrt{2}x+1}{x^2-\sqrt{2}x+1}+\frac{1}{2\sqrt{2}}[\arctan(\sqrt{2}x+1)+\arctan(\sqrt{2}x-1)]+C,$$

计算 $F(a)$，$F(b)$ 仍然很困难。

工程计算中需要建立一种定积分的近似计算，避免求原函数的计算，并保证在允许误差范围内计算时既节省工作量，又方便可行，因此有必要研究积分的数值计算问题。

积分中值定理告诉我们，如果函数 $f(x)$ 在区间 $[a,b]$ 上是连续的，则存在一点 ξ，使得成立

$$\int_a^b f(x)\mathrm{d}x=f(\xi)(b-a)。$$

就是说，底为 $b-a$ 而高为 $f(\xi)$ 的矩形面积恰等于所求曲边梯形的面积。然而点 ξ 的具体位置一般情况下是不知道的，因而难以准确算出 $f(\xi)$ 的值。我们将 $f(\xi)$ 称为区间 $[a,b]$ 上的平均高度。这样，只要对平均高度提供一种算法，相应地便获得一种数值求积方法。

如果我们用两端点“高度”$f(a)$ 与 $f(b)$ 的算术平均值作为平均高度 $f(\xi)$ 的近似值，这样导出的求积公式

$$\int_a^b f(x)\mathrm{d}x \approx \frac{b-a}{2}[f(a)+f(b)]。$$

称其为梯形公式。而如果改用区间中点的“高度”近似取代平均高度 $f(\xi)$，则又可导出中矩形公式

$$\int_a^b f(x)\mathrm{d}x \approx (b-a)f\left(\frac{a+b}{2}\right)。$$

更一般地，我们可以在区间 $[a,b]$ 上适当选取某些节点 x_k，然后用 $f(x_k)$ 的加权平均得到平均高度 $f(\xi)$ 的近似值。这样构造出来的求积公式具有下列形式。

$$\int_a^b f(x)\mathrm{d}x = \sum_{k=0}^{n} A_k f(x_k) + R[f], \tag{9.1.1}$$

其中，x_k 称为求积节点，A_k 称为求积系数，亦称伴随节点 x_k 的权，仅仅与节点 x_k 有关，而与 $f(x)$ 的形式无关，$R[f]$ 称为余项。这类数值积分方法通常称为机械求积，其特点是将积分求值问题归结为被积函数值的计算。这就避开了牛顿—莱布尼茨公式需要求原函数的困难，很适合在计算机上使用。

从求积公式(9.1.1)可知，当求积节点确定时，只要找到一种求求积系数 A_k 的方法，就可以得到一种求积分的数值方法。

9.1.2 代数精度

数值积分方法是近似的方法，计算结果的准确性或精度与采用数值积分方法、计算步长以及被积分函数的性质等有关。为了保证精度，我们自然希望求积公式能对“尽可能多”的函数准确地成立。这就提出了代数精度的概念。

定义 9.1.1 如果求积公式(9.1.1)对于次数不超过 m 的多项式均准确地成立，但对于 $m+1$ 次多项式就不准确成立，则称求积公式(9.1.1)具有 m 次代数精度(或代数精确度)。

不难验证，梯形公式和矩形公式均具有一次代数精度。

一般地，欲使求积公式(9.1.1)具有 m 次代数精度，只要令它对于 $f(x)=1,x,\cdots,x^m$ 都准确成立，即

$$\begin{cases} \sum A_k = b-a, \\ \sum A_k x_k = \dfrac{1}{2}(b^2-a^2), \\ \qquad\vdots \\ \sum A_k x_k^m = \dfrac{1}{m+1}(b^{m+1}-a^{m+1})。 \end{cases} \tag{9.1.2}$$

这里省略了符号 $\sum\limits_{k=0}^{n}$ 中的上、下标。可以通过求解方程组(9.1.2)的方法来构造求积公式，称为待定系数法。但当 n 较大时，求解方程组(9.1.2)是较困难的事。

如果事先确定求积节点 x_k，如区间 $[a,b]$ 中的 $n+1$ 个节点 $a\leqslant x_0<x_1<\cdots x_n\leqslant b$，这时取 $m=n$ 求解线性方程组(9.1.2)即可确定求积系数 A_k，而使求积公式(9.1.1)至少具有 n 次代数精度，所以有下述定理。

定理 9.1.1 对于任意给定的 $n+1$ 个节点 $a\leqslant x_0<x_1<\cdots x_n\leqslant b$，总存在相应的求积系

数 $A_0,A_1,\cdots,A_n$，使求积公式(9.1.1)至少具有 n 次代数精度。

证明 在求积公式(9.1.1)中，分别令 $f(x)=1,x,x^2,\cdots,x^n$，则有线性方程组(9.1.2)。此方程组的系数行列式是范德蒙德行列式。由于节点是相异节点，故此方程组的系数行列式不等于 0。由克莱姆法则，方程组有唯一的解 $A_0,A_1,\cdots,A_n$。

如果我们事先不确定求积节点 x_k 和求积系数 A_k，那么方程组(9.1.2)是关于 x_k 和 $A_k(k=0,1,\cdots,n)$ 的 $2n+2$ 个参数的非线性方程组。此方程组当 $n>1$ 时求解是较困难的，所以为了避免求解非线性方程组，往往不采用待定系数法求解。

方程组(9.1.2)是根据形如(9.1.1)式的求积公式得到的，按照代数精度的定义，如果求积公式中除了 $f(x_k)$ 还有 $f'(x)$ 在某些节点上的值，也同样可得到相应的求积公式。

例 9.1.1 给定形如 $\int_0^1 f(x)\mathrm{d}x \approx A_0 f(0)+A_1 f(1)+B_0 f'(0)$ 的求积公式，试确定系数 A_0,A_1,B_0，使公式具有尽可能高的代数精度。

解 根据题意，可令 $f(x)=1,x,x^2$ 分别代入求积公式使它精确成立。

$$\begin{cases} A_0+A_1=\int_0^1 1\mathrm{d}x=1, \\ A_1+B_0=\int_0^1 x\mathrm{d}x=\dfrac{1}{2}, \\ A_1=\int_0^1 x^2\mathrm{d}x=\dfrac{1}{3}。\end{cases}$$

解得 $A_0=\dfrac{2}{3},A_1=\dfrac{1}{3},B_0=\dfrac{1}{6}$，于是有

$$\int_0^1 f(x)\mathrm{d}x \approx \frac{2}{3}f(0)+\frac{1}{3}f(1)+\frac{1}{6}f'(0)。$$

当 $f(x)=x^3$ 时 $\int_0^1 x^3\mathrm{d}x=\dfrac{1}{4}$，而上式右端为 $\dfrac{1}{3}$，故公式对 $f(x)=x^3$ 不精确成立，其代数精度为 2。

9.1.3 插值型求积公式

设给定一组节点

$$a \leqslant x_0 < x_1 < \cdots < x_n \leqslant b$$

且已知函数 $f(x)$ 在这些节点上的值。做拉格朗日插值 $L_n(x)$，有

$$f(x)=\sum_{j=0}^{n} l_j(x)f(x_j)+\frac{f^{(n+1)}(\xi)}{(n+1)!}P_{n+1}(x),$$

其中 $l_j(x)=\prod\limits_{\substack{i=0\\ i\neq j}}^{n}\dfrac{x-x_i}{x_j-x_i}, P_{n+1}(x)=\prod\limits_{i=0}^{n}(x-x_i)$。

由于代数多项式 $L_n(x)$ 的原函数是容易求出的，对 $f(x)$ 表达式的两端在 $[a,b]$ 上积分，有

$$\int_a^b f(x)\mathrm{d}x=\sum_{j=0}^{n}\left[\int_a^b l_j(x)\mathrm{d}x\right]f(x_j)+\int_a^b \frac{f^{(n+1)}(\xi)}{(n+1)!}P_{n+1}(x)\mathrm{d}x。$$

令 $A_j=\int_a^b l_j(x)\mathrm{d}x(j=0,1,2,\cdots,n)$，求积公式的余项

$$R(f)=\int_a^b (f(x)-L_n(x))\mathrm{d}x=\int_a^b \frac{f^{(n+1)}(\xi)}{(n+1)!}P_{n+1}(x)\mathrm{d}x, \tag{9.1.3}$$

ξ 依赖于 x，这样构造出的求积公式

$$\int_a^b f(x)\mathrm{d}x \approx I_n=\sum_{j=0}^{n}A_j f(x_j) \tag{9.1.4}$$

称为是插值型的。

如果公式(9.1.4)是插值型的，由(9.1.3)式知，对于次数不超过 n 的多项式 n，其余项 $R(f)$等于零，因而这时求积公式至少具有 n 次代数精度。

反之，如果求积公式(9.1.4)至少具有 n 次代数精度，则它必定是插值型的。因为，这时公式(9.1.4)对于特殊的 n 次多项式——插值基函数 $l_k(x)$应准确成立，即有

$$\int_a^b l_k(x)\mathrm{d}x=\sum_{j=0}^{n}A_j l_k(x_j),\qquad k=0,1,2,\cdots,n。$$

注意到基函数在节点取值的特点，有

$$A_k=\int_a^b l_k(x)\mathrm{d}x,\qquad k=0,1,2,\cdots,n。$$

因而必定是插值型求积公式。

综下所述，有下面的结论。

定理 9.1.2 形如(9.1.4)式的求积公式至少有 n 次代数精度的充分必要条件为它是插值型的。

定义 9.1.2 若积分区间的端点为求积节点，称此类求积公式为闭型公式。若积分区间的端点不是求积节点，称此类求积公式为开型公式。若只有一个端点是求积节点，称此类求积公式为半开半闭公式。

9.1.4 求积公式的余项

若求积公式(9.1.1)的代数精度为 m，则由求积公式余项表达式可将余项表示为

$$R(f)=\int_a^b f(x)\mathrm{d}x-\sum_{k=1}^{n}A_k f(x_k)=Kf^{(m+1)}(\eta), \tag{9.1.5}$$

其中，K 为不依赖于 $f(x)$的待定参数，$\eta\in(a,b)$。这个结果表明当 $f(x)$是次数小于等于 m 的多项式时，由于 $f^{(m+1)}(x)=0$，故此时 $R(f)=0$，即求积公式(9.1.1)精确成立。而当 $f(x)=x^{m+1}$时，$f^{(m+1)}(x)=(m+1)!$，(9.1.5)式的左端 $R_n(f)\neq 0$，故可求得

$$\begin{aligned}K&=\frac{1}{(m+1)!}\left[\int_a^b x^{m+1}\mathrm{d}x-\sum_{k=0}^{n}A_k x_k^{m+1}\right]\\&=\frac{1}{(m+1)!}\left[\frac{1}{m+2}(b^{m+2}-a^{m+2})-\sum_{k=0}^{n}A_k x_k^{m+1}\right]。\end{aligned} \tag{9.1.6}$$

代入余项(9.1.5)式中可以得到具体的余项表达式。

例 9.1.2 求例 9.1.1 中求积公式

$$\int_0^1 f(x)\mathrm{d}x \approx A_0 f(0)+A_1 f(1)+B_0 f'(0)$$

的余项。

解 由于此求积公式的代数精度为 2，故余项表达式为

$$R(f)=Kf'''(\eta)。$$

令 $f(x)=x^3$，得 $f'''(\eta)=3!$，于是有

$$K=\frac{1}{3!}\left[\int_0^1 x^3\mathrm{d}x-\left(\frac{2}{3}f(0)+\frac{1}{3}f(1)+\frac{1}{6}f'(0)\right)\right]=-\frac{1}{72},$$

故得

$$R(f)=-\frac{1}{72}f'''(\eta),\quad \eta\in(0,1)。$$

9.1.5 求积公式的收敛性与稳定性

定义 9.1.3 在求积公式(9.1.1)中，若

$$\lim_{\substack{n\to\infty\\h\to 0}}\sum_{k=0}^{n}A_k f(x_k)=\int_a^b f(x)\mathrm{d}x,$$

其中 $h=\max\limits_{1\leqslant i\leqslant n}\{x_i-x_{i-1}\}$，则称求积公式(9.1.1)是收敛的。

在求积公式(9.1.1)中，由于计算 $f(x_k)$ 可能产生误差 δ_k，实际得到 $\bar{f}_k$，即

$$f(x_k)=\bar{f}_k+\delta_k。$$

记

$$I_n(f)=\sum_{k=0}^{n}A_k f(x_k),\qquad I_n(\bar{f})=\sum_{k=0}^{n}A_k\bar{f}_k。$$

定义 9.1.4 对任给 $\varepsilon>0$，若存在 $\delta>0$，只要 $|f(x_k)-\bar{f}_k|\leqslant\delta(k=0,1,\cdots,n)$ 就有

$$|I_n(f)-I_n(\bar{f})|=\left|\sum_{k=0}^{n}A_k[f(x_k)-\bar{f}_k]\right|\leqslant\varepsilon$$

成立，则称求积公式(9.1.1)是稳定的。

定理 9.1.3 若求积公式(9.1.1)中系数 $A_k>0(k=0,1,\cdots,n)$，则此求积公式是稳定的。

证明 对任给 $\varepsilon>0$，若取 $\delta=\dfrac{\varepsilon}{b-a}$，对 $k=0,1,\cdots,n$ 都要求 $|f(x_k)-\bar{f}_k|\leqslant\delta$，则有

$$|I_n(f)-I_n(\bar{f})|=\left|\sum_{k-0}^{n}A_k[f(x_k)-\bar{f}_k]\right|\leqslant\sum_{k=0}^{n}|A_k||f(x_k)-\bar{f}_k|$$

$$\leqslant\delta\sum_{k=0}^{n}A_k=\delta(b-a)=\varepsilon。$$

由定义 9.1.4 可知求积公式是稳定的。

上述定理表明只要求积系数 $A_k>0$，就能保证计算的稳定性。

9.2 牛顿—柯特斯求积公式

9.2.1 牛顿—柯特斯公式

由上节讨论可知，假设在区间 $[a,b]$ 中选取一组节点 $x_k(k=0,1,2,\cdots,n)$，对应的函数值为 $f(x_k)$，如果采用拉格朗日插值多项式近似函数 $f(x)$，可得如下求积公式：

$$I=\int_a^b f(x)\mathrm{d}x \approx \int_a^b \sum_{k=0}^{n} f(x_k)l_k(x)\mathrm{d}x=\sum_{k=0}^{n} f(x_k)\int_a^b \sum_{k=0}^{n} l_k(x)\mathrm{d}x,$$

其中,$l_k(x)$为拉格朗日插值基函数。在实际计算中,往往采用等距节点,则有下述定义。

定义 9.2.1 对插值型求积公式$\int_a^b f(x)\mathrm{d}x \approx \sum_{k=0}^{n} A_k f(x_k)$,若取等距节点 $x_k=a+kh$,$h=(b-a)/n$,则

$$l_k(x)=\prod_{\substack{i=0\\i\neq k}}^{n}\frac{x-x_i}{x_k-x_i}=\prod_{\substack{i=0\\i\neq k}}^{n}\frac{t-i}{k-i},\quad t=\frac{x-a}{h},\quad A_k=\int_a^b l_k(x)\mathrm{d}x,$$

此时称求积公式为牛顿—柯特斯(Newton-Cotes)公式。

记 $C_j=\dfrac{A_j}{b-a}=\dfrac{(-1)^{n-j}}{n\cdot j!\,(n-j)!}\int_0^{n-1}\left(\prod_{\substack{k=0\\k\neq j}}^{n}\dfrac{t-k+1}{j-k}\right)\mathrm{d}t$,称为柯特斯系数,则有

$$\int_a^b f(x)\mathrm{d}x=(b-a)\sum_{j=0}^{n}C_j f(x_j)+\int_a^b \frac{f^{(n+1)}(\xi)}{(n+1)!}\prod_{i=0}^{n}(x-x_i)\mathrm{d}x。$$

令 $f(x)=1$,易验证$\sum_{i=1}^{n}C_i=1$。

下面介绍几种常用的牛顿—莱布尼茨公式

1. 梯形公式($n=1$)

$$C_0=\int_0^1(t-1)\mathrm{d}t=\frac{1}{2},\quad C=\int_0^1 t\,\mathrm{d}t=\frac{1}{2},$$

因此有

$$\int_a^b f(x)\mathrm{d}x=\frac{h}{2}[f(a)+f(b)]=\frac{b-a}{2}[f(a)+f(b)]。$$

2. 辛普森(Simpson)公式($n=2$,抛物形公式)

$$C_0=\frac{1}{6},\quad C_1=\frac{4}{6},\quad C_2=\frac{1}{6},$$

因此有

$$\int_a^b f(x)\mathrm{d}x=\frac{h}{3}\left[f(a)+4f\left(\frac{a+b}{2}\right)+f(b)\right]=\frac{b-a}{6}\left[f(a)+4f\left(\frac{a+b}{2}\right)+f(b)\right]。$$

3. 柯特斯公式($n=4$)

$$\int_a^b f(x)\mathrm{d}x=\frac{b-a}{90}[7f(x_0)+32f(x_1)+12f(x_2)+32f(x_3)+7f(x_4)],$$

其中 $x_i=a+i\dfrac{b-a}{4}(i=0,1,2,3,4)$。

从表 9.2.1 中看到当 $n=8$ 时,柯特斯系数 $C_k^{(n)}$ 出现负值,于是有

$$\sum_{k=0}^{n}|C_k^{(n)}|>\sum_{k=0}^{n}C_k^{(n)}=1。$$

表 9.2.1

n	$C_k^{(n)}$								
1	$\frac{1}{2}$	$\frac{1}{2}$							
2	$\frac{1}{6}$	$\frac{4}{6}$	$\frac{1}{6}$						
3	$\frac{1}{8}$	$\frac{3}{8}$	$\frac{3}{8}$	$\frac{1}{8}$					
4	$\frac{7}{90}$	$\frac{16}{45}$	$\frac{2}{15}$	$\frac{16}{45}$	$\frac{7}{90}$				
⋮	⋮	⋮	⋮	⋮	⋮				
8	$\frac{989}{28350}$	$\frac{5888}{28350}$	$\frac{-928}{28350}$	$\frac{10496}{28350}$	$\frac{-4540}{28350}$	$\frac{10496}{28350}$	$\frac{-928}{28350}$	$\frac{5888}{28350}$	$\frac{989}{28350}$

特别地,假设 $C_k^{(n)}(f(x_k)-\bar{f}_k)>0$,且 $|f(x_k)-\bar{f}_k|=\delta$,则有

$$|I_n(f)-I_n(\bar{f})|=\left|\sum_{k=0}^{n}C_k^{(n)}[f(x_k)-\bar{f}_k]\right|=\sum_{k=0}^{n}C_k^{(n)}[f(x_k)-\bar{f}_k]$$

$$=\sum_{k=0}^{n}|C_k^{(n)}||f(x_k)-\bar{f}_k|=\delta\sum_{k=0}^{n}|C_k^{(n)}|>\delta。$$

它表明初始数据误差将会引起计算结果误差增大,即计算不稳定。事实上,当 $n\geqslant 10$ 时,均出现负值,故 $n\geqslant 8$ 时的牛顿—柯特斯公式一般不能使用。

9.2.2 牛顿—柯特斯公式的代数精度

对牛顿—柯特斯公式,当 $f(x)\in C^n[a,b]$,$f^{(n+1)}(x)$在区间$[a,b]$上存在时,求积公式的余项为

$$R_n[f]=\int_a^b\frac{f^{(n+1)}(\xi)}{(n+1)!}\omega(x)\mathrm{d}x,\quad \xi\in[a,b]。$$

如 $f(x)$为任何不超过 n 次的多项式,则有 $f^{(n+1)}(x)\equiv 0$,故有 $R_n[f]\equiv 0$,即有 $n+1$ 个求积节点的牛顿—柯特斯公式的代数精度至少为 n。

作为插值型的求积公式,n 阶的牛顿—柯特斯公式至少具有 n 次的代数精度,实际的代数精度能否进一步提高呢?

我们知道辛普森公式是二阶牛顿—柯特斯公式,因此至少具有二次代数精度。进一步用 $f(x)=x^3$ 进行检验,得

$$S=\frac{b-a}{6}\left[a^3+4\left(\frac{a+b}{2}\right)^3+b^3\right]。$$

另一方面,直接求积得

$$I=\int_a^b x^3\mathrm{d}x=\frac{b^4-a^4}{4}。$$

这时有 $I=S$,即公式对次数不超过三次的多项式均能准确成立。又容易验证它对 $f(x)=x^4$ 通常不成立。因此,辛普森公式实际上具有三次代数精度。

一般地,我们可以证明下述结论。

定理 9.2.1 当 n 为偶数时,牛顿—柯特斯公式具有 $n+1$ 次代数精度。

证明 我们只要验证，当 n 为偶数时，牛顿—柯特斯公式对 $f(x)=x^{n+1}$ 的余项为零。

令 $n=2k$，设 $n+1$ 次多项式为 $f(x)=x^{n+1}$，则其 $n+1$ 阶导数为 $f^{(n+1)}(x)=(n+1)!$，从而有

$$R[f(x)]=\int_a^b \prod_{j=0}^{n}(x-x_j)\mathrm{d}x。$$

引进变换 $x=a+th$，并注意到 $x_j=a+jh$，又令 $t=u+k$，有

$$R[f(x)]=h^{n+2}\int_0^{2k}\prod_{i=0}^{n}(t-i)\mathrm{d}t=h^{n+2}\int_{-k}^{k}\prod_{i=0}^{n}(u+k-i)\mathrm{d}u。$$

令

$$g(u)=\prod_{i=0}^{n}(u+k-i)=\prod_{i=0}^{2k}(u+k-i)=\prod_{i=-k}^{k}(u-i)。$$

易知 $g(u)$ 是个奇函数，故 $R[f(x)]=0$。

在牛顿—柯特斯公式中，辛普森公式是较常用的一个公式，下面讨论其余项，其他公式余项可类似求得。

我们知道辛普森公式的代数精度为 3，则可将其余项表示为

$$R(f)=Kf^{(4)}(\eta),\qquad \eta\in(a,b),$$

其中 K 由(9.1.6)式及辛普森公式可得

$$\begin{aligned}K&=\frac{1}{4!}\left[\frac{1}{5}(b^5-a^5)-\frac{b-a}{6}\left(a^4+4\left(\frac{a+b}{2}\right)^4+b^4\right)\right]\\&=-\frac{1}{4!}\frac{(b-a)^5}{120}=-\frac{b-a}{180}\left(\frac{b-a}{2}\right)^4,\end{aligned}$$

从而可得辛普森公式的余项为

$$R(f)=-\frac{b-a}{180}\left(\frac{b-a}{2}\right)^4 f^{(4)}(\eta),\qquad \eta\in(a,b)。$$

对 $n=4$ 的柯特斯公式，因其代数精度为 5，故类似可得其余项为

$$R(f)=-\frac{2(b-a)}{945}\left(\frac{b-a}{2}\right)^6 f^{(6)}(\eta),\qquad \eta\in(a,b)。$$

9.3 复化求积法

正如在插值法中指出的那样，并不是构造的插值多项式次数越高，所得到的计算方法越好，由于牛顿—柯特斯公式在 $n\geqslant 8$ 时时，柯特斯系数有正有负，这时稳定性得不到保证。故不能通过提高阶的办法来提高求积精度。为了提高计算精度，通常把积分区间分成若干个子区间(通常是等分)，再在每个子区间上用低阶求积公式，这种方法称为复化(复合)求积公式。

将区间$[a,b]$划分为 n 等分，分点为 $x_k=a+kh$，$h=(b-a)/n$，$k=0,1,\cdots,n$，则得

$$I=\int_a^b f(x)\mathrm{d}x=\sum_{k=0}^{n-1}\int_{x_k}^{x_{k+1}}f(x)\mathrm{d}x。\tag{9.3.1}$$

9.3.1 复化梯形公式

对(9.3.1)式中每个区间$[x_k,x_{k+1}]$$(k=0,1,\cdots,n-1)$使用梯形求积公式，则有

$$T_n=\sum_{k=0}^{n-1}\frac{h}{2}[f(x_k)+f(x_{k+1})]=\frac{h}{2}\left[f(a)+2\sum_{k=1}^{n-1}f(x_k)+f(b)\right],$$

称其为复化梯形公式,用 T_n 表示。进一步将区间$[x_k,x_{k+1}]$分为两个区间

$$\left[x_k,x_{k+\frac{1}{2}}\right]\cup\left[x_{k+\frac{1}{2}}+x_{k+1}\right],$$

有

$$\int_a^b f(x)\mathrm{d}x=\sum_{k=0}^{n-1}\left[\int_{x_k}^{x_{k+\frac{1}{2}}}f(x)\mathrm{d}x+\int_{x_{k+\frac{1}{2}}}^{x_{k+1}}f(x)\mathrm{d}x\right],$$

$$\begin{aligned}T_{2n}&=\sum_{k=0}^{n-1}\left[\frac{h}{4}\left(f(x_k)+f\left(x_{k+\frac{1}{2}}\right)\right)+\frac{h}{4}\left(f\left(x_{k+\frac{1}{2}}\right)+f(x_{k+1})\right)\right]\\&=\frac{h}{4}\sum_{k=0}^{n-1}[f(x_k)+f(x_{k+1})]+\frac{h}{2}\sum_{k=0}^{n-1}f\left(x_{k+\frac{1}{2}}\right)。\end{aligned}$$

记 $U_n=h\sum_{k=0}^{n-1}f\left(x_{k+\frac{1}{2}}\right)$,则有

$$T_{2n}=\frac{1}{2}[T_n+U_n]。$$

复化梯形公式的余项为

$$R_n(f)=-\frac{h^3}{12}\sum_{k=0}^{n-1}f''(\eta_k)=-\frac{(b-a)h^2}{12}\frac{1}{n}\sum_{k=0}^{n-1}f''(\eta_k),\quad \eta_k\in(x_k,x_{k+1})。$$

由于 $f(x)\in C^2[a,b]$,且

$$\min_{0\leqslant k\leqslant n-1}f''(\eta_k)\leqslant\frac{1}{n}\sum_{k=0}^{n-1}f''(\eta_k)\leqslant\max_{0\leqslant k\leqslant n-1}f''(\eta_k),$$

所以存在 $\eta\in(a,b)$,使

$$f''(\eta)=\frac{1}{n}\sum_{k=0}^{n-1}f''(\eta_k),$$

于是复化梯形公式余项为

$$R(f)=-\frac{b-a}{12}h^2f''(\eta),\quad \eta\in(a,b)。\tag{9.3.2}$$

由此可以看出误差是 h^2 阶的。

9.3.2 复化辛普森公式

在每个区间$[x_k,x_{k+1}]$上采用辛普森公式,若记 $x_{k+\frac{1}{2}}=x_k+\frac{1}{2}h$,则得

$$\begin{aligned}I&=\int_a^b f(x)\mathrm{d}x=\sum_{k=0}^{n-1}\int_{x_k}^{x_{k+1}}f(x)\mathrm{d}x\\&=\frac{h}{6}\sum_{k=0}^{n-1}\left[f(x_k)+4f\left(x_{k+\frac{1}{2}}\right)+f(x_{k+1})\right]+R_n(f)。\end{aligned}$$

记

$$S_n=\frac{h}{6}\left[f(a)+4\sum_{k=0}^{n-1}f\left(x_{k+\frac{1}{2}}\right)+2\sum_{k=1}^{n-1}f(x_k)+f(b)\right],$$

称其为复化辛普森求积公式,其余项为

$$R_n(f)=I-S_n=-\frac{h}{180}\left(\frac{h}{2}\right)^4\sum_{k=0}^{n-1}f^{(4)}(\eta_k),\quad \eta_k\in(x_k,x_{k+1})。$$

于是当 $f(x)\in C^4[a,b]$时,与复化梯形公式相似有

$$R_n(f)=I-S_n=-\frac{b-a}{180}\left(\frac{h}{2}\right)^4 f^{(4)}(\eta),\quad \eta\in(a,b)。\tag{9.3.3}$$

例 9.3.1 分别用复化梯形公式($n=8$)和复化辛普森公式($n=4$)计算$\int_0^1\frac{\sin x}{x}\mathrm{d}x$。

x	0	1/8	2/8	…	5/8	6/8	7/8	1
$f(x)$	1	0.9973978	0.9896158	…	0.9361556	0.9088516	0.8771925	0.8414709

解
$$T_8=\frac{h}{2}\left[f(a)+2\sum_{k=1}^{n}f(a+kh)+f(b)\right]$$
$$=\frac{1}{2}\cdot\frac{1}{8}\left[f(0)+2\sum_{k=1}^{7}f\left(\frac{k}{8}\right)+f(1)\right]\approx 0.9456909,$$
$$S_4=\frac{h}{3}\left[f(a)+4\sum_{k=0}^{n-1}f(a+(2k+1)h)+2\sum_{k=0}^{n-1}f(a+2kh)+f(b)\right]$$
$$=\frac{1}{3}\cdot\frac{1}{2\times 4}\left[f(0)+4\sum_{k=0}^{3}f\left(\frac{2k+1}{8}\right)+2\sum_{k=1}^{3}f\left(\frac{2k}{8}\right)+f(1)\right]\approx 0.9460832。$$

说明:$\int_0^1\frac{\sin x}{x}\mathrm{d}x$ 的精度更高的近似值为 0.9460831,如果我们将其当成准确值,把上题两种计算的结果与其比较,可知:在几乎相同计算复杂度的情况下,复化辛普森公式比复化梯形公式精度高。

利用复化辛普森公式进行数值积分计算的 MATLAB 程序如下:

```
%ComSimpsonR.m
%a,b 为积分限,n 为区间等分数,s 为返回积分值,fun 为被积函数
function s=ComsimpsonR(fun,a,b,n)
syms x;                                          %函数变量
h=(b-a)/n;                                       %求步长
xvalue=zeros(1,n+1);xvalue(1)=a;
for k1=1:n;                                      %求节点
  xvalue(k1+1)=xvalue(k1)+h;
end
yvalue=zeros(1,n+1);
for k2=1:n+1;                                    %求节点函数值
  yvalue(k2)=double(subs(fun,x,xvalue(k2)));
end
s=h/3*(yvalue(1)-yvalue(n+1));                   %给出初始迭代值
for k3=1:n/2;                                    %利用复化 Simpson 公式求积分
  s=h/3*(2*yvalue(2*k3+1)+4*yvalue(2*k3))+s
end
```

例 9.3.2 取 $n=12$,利用复化辛普森公式求积分的近似值,积分的精确值为 π。

$$I=\int_0^1 \frac{4}{1+x^2}\mathrm{d}x。$$

解 调用函数 ComsimpsonR.m，并运行：

```
clc;clear;format long;
a=0; b=1;n=12;syms x;
fun=4/(1+x^2);
Hfun=@ComsimpsonR;                %获得函数句柄
Ivalue=feval(Hfun,fun,a,b,n)      %调用函数计算
```

计算结果为

```
Ivalue=
        3.14159264030538
```

例 9.3.3 计算积分 $I=\int_0^1 e^x\mathrm{d}x$，若用复化梯形公式，问区间[0,1]应分多少等份才能使误差不超过 0.5×10^{-5}，若改用复化辛普森公式，要达到同样精度，区间[0,1]应分多少等份？

解 本题只要根据余项公式(9.3.2)及(9.3.3)式求得其截断误差满足精度即可求解。

由复化梯形公式的余项公式有

$$|R_n(f)|=\left|-\frac{b-a}{12}h^2f''(\eta)\right|\leqslant\frac{1}{12}\left(\frac{1}{n}\right)^2 e\leqslant 0.5\times10^{-5}。$$

由此有 $n^2\geqslant\frac{e}{6}\times10^5$，$n\geqslant212.85$，可取 $n=213$，即将区间分为 213 等份，则可使误差不超过 0.5×10^{-5}。

由复化辛普森公式余项公式有

$$|R_n(f)|=\frac{b-a}{2880}h^4\,|f^{(4)}(\eta)|\leqslant\frac{1}{2880}\left(\frac{1}{n}\right)^4 e\leqslant 0.5\times10^{-5}。$$

由此求得

$$n^4\geqslant\frac{e}{144}\times10^4,\quad n\geqslant3.707。$$

可取 $n=4$，即用 $n=4$ 的复化辛普森公式计算即可达到精度要求，此时区间实际上分为 8 等份。达到同样精度，后者只需计算 9 个函数值，而复化梯形公式则需 214 个函数值，工作量相差近 24 倍。

9.4 龙贝格加速收敛法

9.4.1 理查森外推法

当选取的步长合适时，利用上节介绍的复化求积方法，能够获得满意的计算精度。但要事先给出一个恰当的步长，使其不太大，也不太小，往往是一件困难的工作。当精度不够需要改变步长时，已有的结果需要重新计算，所以有必要考虑变步长的计算公式，下面先介绍

理查森(Richardson)外推法,然后再介绍龙贝格(Romberg)数值积分方法,也可称为龙贝格加速收敛法。

设将区间$[a,b]$作 n 等分,共有 $n+1$ 个分点,如果将求积区间再二分一次,则分点增至 $2n+1$ 个,现将二分前后两个积分值联系起来加以考虑。注意到每个子区间$[x_k,x_{k+1}]$经过二分只增加了一个分点 $x_{k+\frac{1}{2}}=\frac{1}{2}(x_k+x_{k+1})$,用复化梯形公式求得该子区间上的积分值为

$$\frac{h}{4}\left[f(x_k)+2f\left(x_{k+\frac{1}{2}}\right)+f(x_{k+1})\right]。$$

注意:这里 $h=\dfrac{b-a}{n}$代表二分前的步长。将每个子区间上的积分值相加得

$$T_{2n}=\frac{h}{4}\sum_{k=0}^{n-1}\left[f(x_k)+f(x_{k+1})\right]+\frac{h}{2}\sum_{k=0}^{n-1}f\left(x_{k+\frac{1}{2}}\right),$$

即

$$T_{2n}=\frac{1}{2}T_n+\frac{h}{2}\sum_{k=0}^{n-1}f\left(x_{k+\frac{1}{2}}\right)。$$

这表明,将步长由 h 缩小为$h/2$ 时,T_{2n}等于 T_n 的一半再加新增加节点处的函数值乘以当前步长。

由复化梯形误差公式

$$I-T_n=-\frac{h^3}{12}\sum_{k=0}^{n-1}f''(\eta_k),\quad \eta_k\in(x_k,x_{k+1}),$$

知

$$\lim_{h\to 0}\frac{I-T_n}{h^2}=-\frac{1}{12}\lim_{h\to 0}h\sum_{k=0}^{n-1}f''(\eta_k)=-\frac{1}{12}\int_a^b f''(x)\mathrm{d}x=-\frac{1}{12}[f'(b)-f'(a)]。$$

所以当 n 充分大时,有

$$I-T_n\approx-\frac{h^2}{12}[f'(b)-f'(a)]=-\frac{1}{12}\left(\frac{b-a}{n}\right)^2[f'(b)-f'(a)],$$

及

$$I-T_{2n}\approx-\frac{1}{12}\left(\frac{b-a}{2n}\right)^2[f'(b)-f'(a)]。$$

从而得

$$\frac{I-T_{2n}}{I-T_n}\approx\frac{1}{4},$$

故有

$$I-T_{2n}\approx\frac{1}{3}(T_{2n}-T_n)。$$

这说明,若把 T_{2n}作为积分值I 的近似值,误差大约为$(T_{2n}-T_n)/3$。

假设用某种数值方法求量 I 的近似值,一般地,近似值是步长 h 的函数,记为 $I_1(h)$,相应的误差为

$$I-I_1(h)=\alpha_1h^{p_1}+\alpha_2h^{p_2}+\cdots+\alpha_kh^{p_k}+\cdots,\tag{9.4.1}$$

其中,$\alpha_i(i=1,2,\cdots)$,$0<p_1<p_2<\cdots<p_k<\cdots$是与 h 无关的常数。若用αh 代替(9.4.1)式

中的 h，则得

$$\begin{aligned}I-I_1(\alpha h)&=\alpha_1(\alpha h)^{p_1}+\cdots+\alpha_k(\alpha h)^{p_k}+\cdots\\&=\alpha_1\alpha^{p_1}h^{p_1}+\cdots+\alpha_k\alpha^{p_k}h^{p_k}+\cdots。\end{aligned}\tag{9.4.2}$$

(9.4.2)式减去(9.4.1)式乘以 α^{p_1}，得

$$\begin{aligned}&I-I_1(\alpha h)-\alpha^{p_1}[I-I_1(h)]\\&=\alpha_2(\alpha^{p_2}-\alpha^{p_1})h^{p_2}+\alpha_3(\alpha^{p_3}-\alpha^{p_1})h^{p_3}+\cdots+\\&\quad\alpha_k(\alpha^{p_k}-\alpha^{p_1})h^{p_k}+\cdots。\end{aligned}$$

取 α 满足 $|\alpha|\neq 1$，以 $1-\alpha^{p_1}$ 除上式两端，得

$$I-\frac{I_1(\alpha h)-\alpha^{p_1}I_1(h)}{1-\alpha^{p_1}}=b_2h^{p_2}+b_3h^{p_3}+\cdots+b_kh^{p_k}+\cdots,\tag{9.4.3}$$

其中 $b_i=\alpha_2(\alpha^{p_i}-\alpha^{p_1})/(1-\alpha^{p_1})(i=2,3,\cdots)$ 仍与 h 无关。令

$$I_2(h)=\frac{I_1(\alpha h)-\alpha^{p_1}I_1(h)}{1-\alpha^{p_1}}。$$

由(9.4.3)式，以 $I_2(h)$ 作为 I 的近似值，其误差至少为 $O(h^{p_2})$，因此 $I_2(h)$ 收敛于 I 的速度比 $I_1(h)$ 快。不断重复以上作法，可以得到一个函数序列

$$I_m(h)=\frac{I_{m-1}(\alpha h)-\alpha^{p_{m-1}}I_{m-1}(h)}{1-\alpha^{p_{m-1}}},\quad m=2,3,\cdots。\tag{9.4.4}$$

以 $I_m(h)$ 近似 I，误差为 $I-I_m(h)=O(h^{p_m})$。随着 m 的增大，收敛速度越来越快，这就是理查森外推法。

9.4.2 龙贝格求积公式

由前面知道，复化梯形公式的截断误差为 $O(h^2)$。进一步分析，我们有下面的欧拉—麦克劳林(Euler-Maclaurin)公式。

定理 9.4.1 设 $f(x)\in C^\infty[a,b]$，则有

$$I-T(h)=\alpha_1h^2+\alpha_2h^4+\cdots+\alpha_kh^{2k}+\cdots,$$

其中系数 $\alpha_k(k=1,2,\cdots)$ 与 h 无关。

把理查森外推法与欧拉—麦克劳林公式相结合，可以得到求积公式的外推算法。特别地，在外推算法(9.4.4)中，取 $\alpha=\dfrac{1}{2}$，$p_k=2k$，并记 $T_0(h)=T(h)$，则有

$$T_m(h)=\frac{4^mT_{m-1}(h/2)-T_{m-1}(h)}{4^m-1},\qquad m=1,2,\cdots。$$

经过 $m(m=1,2,\cdots)$ 次加速后，余项便取下列形式：

$$T_m(h)=I+\delta_1h^{2(m+1)}+\delta_2h^{2(m+2)}+\cdots。$$

上述处理方法通常称为理查森外推加速方法。

为研究理查森求积方法，引入记号：以 $T_0^{(k)}$ 表示二分 k 次后求得的梯形值，且以 $T_m^{(k)}$ 表示序列 $\{T_0^{(k)}\}$ 的 m 次加速值，则依以上递推公式得到

$$T_{m+1}^{(k)}(h)=\frac{4^{m+1}}{4^{m+1}-1}T_m^{(k+1)}-\frac{1}{4^{m+1}-1}T_m^{(k)},\qquad k=0,1,2,\cdots,m=0,1,2,\cdots$$

称为龙贝格求积算法。此算法的具体过程可参见表 9.4.1。

表 9.4.1 理查森公式的计算过程表

k	h	$T_0^{(k)}$		$T_1^{(k)}$		$T_2^{(k)}$		$T_3^{(k)}$	…	$T_n^{(k)}$
0	$b-a$	$T_0^{(0)}$								
1	$\frac{b-a}{2}$	$T_0^{(1)}$	→	$T_1^{(0)}$						
2	$\frac{b-a}{4}$	$T_0^{(2)}$	→	$T_1^{(1)}$	→	$T_2^{(0)}$				
3	$\frac{b-a}{8}$	$T_0^{(3)}$	→	$T_1^{(2)}$	→	$T_2^{(1)}$	→	$T_3^{(0)}$		
⋮	⋮	⋮	⋮	⋮	⋮	⋮	⋮	⋮	⋱	
n	$\frac{b-a}{2^n}$	$T_0^{(n)}$	→	$T_1^{(n-1)}$	→	$T_2^{(n-2)}$	→	$T_3^{(n-3)}$	…	$T_n^{(0)}$

利用龙贝格方法的 MATLAB 程序为：

```
function s=Romberg(fun,a,b,tol,varargin)
%Romberg.m
%s 为返回积分值,fun 为被积函数,a,b 为积分限,tol 为精度,r(n,m)表示计算值,n 为变步长指标,m 为加速次数
%varargin 表示 fun 函数的不定数目的参数
%本程序根据表 9.4.1 编制
if nargin<3;
  error('fun,a,b must be defined');                    %输入参数少于 3 个提示出错
else nargin==3;
  tol=10^(-4);                                          %设置 tol 的默认值
end
fab=feval(fun,[a,b],varargin{:});
r(1,1)=(b-a)/2*sum(fab);
k=0;D=inf;                                              %初始化脚标参数及设置误差的初值
while D>tol
  k=k+1;x=a+(b-a)/2^k*(2*[1:2^(k-1)]-1);                %更新脚标参数及计算采样点坐标
  fx=feval(fun,x,varargin{:});                          %计算函数值
  r(k+1,1)=0.5*(r(k,1)+(b-a)/2^(k-1)*sum(fx));          %计算第一列中的下一行元素值
  for m=2:k+1
      r(k+1,m)=(4^(m-1)*r(k+1,m-1)-r(k,m-1))/(4^(m-1)-1);     %计算下一行元素值
  end
  D=abs(r(k+1,k+1)-r(k,k));                             %更新当前误差
end
s=r(k+1,k+1);
```

例 9.4.1 用龙贝格算法计算积分 $I=\int_0^1 x^{3/2}\mathrm{d}x$。

解 利用逐次分半算法和龙贝格算法，计算过程及结果见表 9.4.2。

$$T_0^{(0)}=\frac{1}{2}[f(0)+f(1)]=0.500000,$$

$$T_0^{(1)}=\frac{1}{2}T_0^{(0)}+\frac{1}{2}f\left(\frac{1}{2}\right)=0.426777,$$

$$T_0^{(2)}=\frac{1}{2}T_0^{(1)}+\frac{0.5}{2}\left[f\left(\frac{1}{4}\right)+f\left(\frac{3}{4}\right)\right]=0.407018,$$

$$T_0^{(3)}=\frac{1}{2}T_0^{(2)}+\frac{0.25}{2}\left[f\left(\frac{1}{8}\right)+f\left(\frac{3}{8}\right)+f\left(\frac{5}{8}\right)+f\left(\frac{7}{8}\right)\right]$$

$$=0.401812,$$

$$\vdots$$

表 9.4.2

$T_0^{(k)}$	$T_1^{(k)}$	$T_2^{(k)}$	$T_3^{(k)}$	$T_4^{(k)}$	$T_5^{(k)}$
0.500000					
0.426777	0.402369				
0.407018	0.400432	0.400302			
0.401812	0.400077	0.400054	0.400050		
0.400463	0.400014	0.400009	0.400009	0.400009	
0.400118	0.400002	0.400002	0.400002	0.400002	0.400002

例 9.4.2 采用龙贝格算法求下列积分

$$f_1=\int_0^1\frac{4}{1+x^2}\mathrm{d}x,\quad f_2=\int_0^1\frac{2x+b}{1+cx^2}\mathrm{d}x,\quad b=4,\quad c=5$$

的近似值,精度 $\varepsilon=10^{-6}$。

解 编写M文件调用函数Romberg.m,并运行:

```
clc; clear all; format long;tol=1e-6;syms x;b=4;c=5;
f1=Romberg(@(x)(4./(1+x.^2)),0,1,tol)
f2=Romberg(@(x,b,c)(2*x+b)./(1+c*x.^2),0,1,tol,b,c)
```

计算结果为

```
f1 =
  3.141592665277717
f2 =
  2.416003112028962
```

9.5 高斯求积公式

前面介绍的牛顿—柯特斯公式和龙贝格算法,都是采用的等距且事先确定节点进行计算的。这种插值型求积公式,虽然计算简单,使用方便,但是这种事先确定且等距节点的规定却限制了求积公式的代数精度。如果对节点不加限制,能否适当选择节点和求积系数,而提高求积公式的精度呢?高斯型求积公式的思想正基于此,亦即在节点数 $n+1$ 固定时,适当地选取节点$\{x_k\}$与求积系数$\{A_k\}$,使求积分公式具有尽量高的精度。

9.5.1 高斯求积公式及其性质

设有 $n+1$ 个互异节点 $x_0,x_1,\cdots,x_n$ 的机械求积分公式

$$\int_a^b \rho(x)f(x)\mathrm{d}x \approx \sum_{k=0}^{n} A_k f(x_k) \tag{9.5.1}$$

具有 $2n+1$ 次代数精度,那么若取 $f(x)=x^l(l=0,1,2,\cdots,2n+1)$,使(9.5.1)式精确成立,即

$$\sum_{j=0}^{n} A_j x_j^l = \int_a^b \rho(x)x^l\mathrm{d}x, \qquad l=0,1,2,\cdots,2n+1。\tag{9.5.2}$$

(9.5.2)式构成 $2n+2$ 阶的非线性方程组,具有 $2n+2$ 个未知数 $x_k,A_k(k=0,1,\cdots,n)$,所以当 $\rho(x)$ 给定后,方程组有解。只要给定积分区间、被积函数和权函数,就可以利用(9.5.2)式建立非线性方程组,求出 $A_j,f(x_j)$,把这种方法称为待定系数法。然而这种算法只有在 n 比较小时,才是可行的。当 n 比较大时,计算工作量大,是不可取的。同时,上面求法还表明(9.5.2)式对于 $n+1$ 个节点的求积公式的代数精度可达到 $2n+1$ 次。

另外,对(9.5.1)式,不管如何选择$\{x_k\}$与$\{A_k\}$,最高精度不可能超过 $2n+1$。事实上,对任意的互异节点$\left\{x_k\right\}_{k=0}^{n}$,令

$$P_{2n+2}(x)=\omega_{n+1}^2(x)=(x-x_0)^2(x-x_1)^2\cdots(x-x_n)^2,$$

有 $\sum\limits_{k=0}^{n} A_k P_{2n+2}(x_k)=0$,而$\int_a^b \rho(x)P_{2n+1}(x)\mathrm{d}x>0$。

定义 9.5.1 如果求积公式(9.5.1)具有 $2n+1$ 次代数精度,则称这组节点$\{x_k\}$为高斯点,相应公式(9.5.1)称为带权 $\rho(x)$的高斯求积公式。

定理 9.5.1 插值型求积公式的节点

$$a \leqslant x_0 < x_1 < \cdots < x_n \leqslant b$$

是高斯点的充分必要条件是以这些节点为零点的多项式

$$\omega_{n+1}(x)=(x-x_0)(x-x_1)\cdots(x-x_n)$$

与任何次数不超过 n 的多项式 $P(x)$带权正交,即

$$\int_a^b \rho(x)P(x)\omega_{n+1}(x)\mathrm{d}x=0。\tag{9.5.3}$$

证明 (必要性)设 $P(x)\in H_n$,则 $P(x)\omega_{n+1}(x)\in H_{2n+1}$,因此,如果 $x_0,x_1,\cdots,x_n$ 是高斯点,则(9.5.1)式对于 $f(x)=P(x)\omega_{n+1}(x)$精确成立,即有

$$\int_a^b \rho(x)P(x)\omega_{n+1}(x)\mathrm{d}x=\sum_{k=0}^{n} A_k P(x_k)\omega_{n+1}(x_k)=0。$$

故(9.5.3)式成立。

(充分性)对于 $\forall f(x)\in H_{2n+1}$,用 $\omega_{n+1}(x)$除 $f(x)$,记商为 $P(x)$,余式为 $q(x)$,即 $f(x)=P(x)\omega_{n+1}(x)+q(x)$,其中 $P(x),q(x)\in H_n$,由(9.5.3)式可得

$$\int_a^b \rho(x)f(x)\mathrm{d}x=\int_a^b \rho(x)q(x)\mathrm{d}x。\tag{9.5.4}$$

由于所给求积公式(9.5.1) 是插值型的,它对于 $q(x)\in H_n$ 是精确成立的,即

$$\int_a^b \rho(x)f(x)\mathrm{d}x=\sum_{k=0}^{n}A_k q(x_k)。$$

由 $\omega_{n+1}(x_k)=0(k=0,1,\cdots,n)$，知 $q(x_k)=f(x_k)(k=0,1,\cdots,n)$，而由(9.5.4)式有

$$\int_a^b \rho(x)f(x)\mathrm{d}x=\int_a^b \rho(x)q(x)\mathrm{d}x=\sum_{k=0}^{n}A_k f(x_k)。$$

可见求积公式(9.5.1)对一切次数不超过 $2n+1$ 的多项式精确成立，因此 $x_k(k=0,1,\cdots,n)$ 为高斯点。

定理表明在 $[a,b]$ 上关于权 $\rho(x)$ 的正交多项式系中的 $n+1$ 次多项式的零点就是求积公式(9.5.1)的高斯点。因此，求高斯点等价于求 $[a,b]$ 上关于权 $\rho(x)$ 的 $n+1$ 次正交多项式的 $n+1$ 个实根。有了求积节点 $x_k(k=0,1,\cdots,n)$ 后，可如下确定求积系数

$$\int_a^b \rho(x)l_k(x)\mathrm{d}x=\sum_{j=0}^{n}A_j l_k(x_j)=A_k,$$

其中 $l_k(x)=\prod_{\substack{j=0\\ j\neq k}}^{n}\dfrac{x-x_j}{x_k-x_j}$。

例 9.5.1 确定求积公式

$$\int_0^1 \sqrt{x}f(x)\mathrm{d}x\approx A_0 f(x_0)+A_1 f(x_1)$$

的系数 A_0,A_1 及节点 x_0,x_1，使它具有最高代数精度。

解 具有最高代数精度的求积公式是高斯型求积公式，其节点为关于权函数 $\rho(x)=\sqrt{x}$ 的正交多项式零点 x_0 及 x_1，设 $\omega(x)=(x-x_0)(x-x_1)=x^2+bx+c$，由正交性知 $\omega(x)$ 与 1 及 x 带权正交，即得

$$\int_0^1 \sqrt{x}\omega(x)\mathrm{d}x=0,\quad \int_0^1 x\sqrt{x}\omega(x)\mathrm{d}x=0,$$

于是得 $\dfrac{2}{7}+\dfrac{2}{5}b+\dfrac{2}{3}c=0$ 及 $\dfrac{2}{9}+\dfrac{2}{7}b+\dfrac{2}{5}c=0$。

由此解得 $b=-\dfrac{10}{9},c=\dfrac{5}{21}$，即

$$\omega(x)=x^2-\frac{10}{9}x+\frac{5}{21}。$$

令 $\omega(x)=0$，则得 $x_0=0.289949,x_1=0.821162$。

由于两个节点的高斯型求积公式具有三次代数精确度，故公式对 $f(x)=1,x$，精确成立，即

当 $f(x)=1$ 时

$$A_0+A_1=\int_0^1 \sqrt{x}\,\mathrm{d}x=\frac{2}{3};$$

当 $f(x)=x$ 时

$$A_0x_0+A_1x_1=\int_0^1 \sqrt{x}\cdot x\mathrm{d}x=\frac{2}{5}。$$

由此解出 $A_0=0.277556,A_1=0.389111$。

下面讨论高斯求积公式的余项。设在节点 $x_k(k=0,1,\cdots,n)$ 上 $f(x)$ 的 $2n+1$ 次埃尔

米特插值多项式为 $H(x)$，即

$$H_{2n+1}(x_k)=f(x_k),\quad H'_{2n+1}(x_k)=f'(x_k),\quad k=0,1,\cdots,n。$$

由埃尔米特余项公式

$$f(x)-H(x)=\frac{f^{(2n+2)}(\xi)}{(2n+2)!}\omega_{n+1}^2(x),$$

有

$$\begin{aligned}R(f)&=\int_a^b\rho(x)f(x)\mathrm{d}x-\sum_{k=0}^nA_kf(x_k)\\&=\int_a^b\rho(x)f(x)\mathrm{d}x-\sum_{k=0}^nA_kH(x_k)\\&=\int_a^b\rho(x)f(x)\mathrm{d}x-\int_a^b\rho(x)H(x)\mathrm{d}x\\&=\int_a^b\rho(x)[f(x)-H(x)]\mathrm{d}x\\&=\int_a^b\rho(x)\frac{f^{(2n+2)}(\xi)}{(2n+2)!}\omega_{n+1}^2(x)\mathrm{d}x。\end{aligned}$$

定理 9.5.2 高斯求积公式的求积系数 $A_k(k=0,1,\cdots,n)$ 全是正的。

证明 由于具有高斯节点 $x_k(k=0,1,\cdots,n)$ 的高斯求积公式具有 $2n+1$ 次代数精度，所以对于多项式 $l_k(x)=\prod\limits_{\substack{j=0\\j\neq k}}^n\frac{x-x_j}{x_k-x_j}(k=0,1,\cdots,n)$，公式准确成立，即

$$\int_a^b\rho(x)l_k^2(x)\mathrm{d}x=\sum_{j=0}^nA_jl_k^2(x_j)=A_k,\quad k=0,1,\cdots,n。$$

推论 高斯求积公式是稳定的。

定理 9.5.3 设 $f(x)\in C[a,b]$，高斯求积公式是收敛的，即

$$\lim_{n\to\infty}\sum_{k=0}^nA_kf(x_k)=\int_a^b\rho(x)f(x)\mathrm{d}x。$$

9.5.2 常见的高斯求积公式

1. 高斯—勒让德求积公式

在高斯求积公式(9.5.4)中，若取权函数 $\rho(x)=1$，区间为 $[-1,1]$，则得公式

$$\int_{-1}^1f(x)\mathrm{d}x\approx\sum_{k=0}^nA_kf(x_k)。\tag{9.5.5}$$

勒让德多项式是区间 $[-1,1]$ 上以 $\rho(x)=1$ 为权函数的正交多项式，因此，勒让德多项式的零点就是求积公式(9.5.5)的高斯点。形如(9.5.5)式的高斯公式特别地称为高斯—勒让德求积公式。

若取 $P_1(x)=x$ 的零点 $x_0=0$ 做节点构造求积公式

$$\int_{-1}^1f(x)\mathrm{d}x\approx A_0f(0),$$

它对 $f(x)=1$ 准确成立，即可定出 $A_0=2$。这样构造出的一点高斯—勒让德求积公式是中矩形公式。表 9.5.1 列出高斯—勒让德求积公式(9.5.5)的节点和系数。

表 9.5.1 高斯—勒让德求积公式的节点和系数

n	x_k	A_k
0	0.0000000	2.0000000
1	±0.5773503	1.0000000
2	±0.7745967 0.0000000	0.5555556 0.8888889
3	±0.8611363 ±0.3399810	0.3478548 0.6521452
4	±0.9061798 ±0.5384693 0.0000000	0.2369269 0.4786287 0.5688889
5	±0.9324695 ±0.6612094 ±0.2386192	0.1713245 0.3607616 0.4679139

公式(9.5.5)的余项，由(9.5.4)式得

$$R_n[f]=\frac{f^{(2n+2)}(\eta)}{(2n+2)!}\int_{-1}^{1}\widetilde{P}_{n+1}^{2}(x)\mathrm{d}x,\qquad \eta\in[-1,1],$$

这里 $\widetilde{P}_{(n+1)}(x)$是最高项系数为 1 的勒让德多项式，则

$$R_n[f]=\frac{2^{2n+3}[(n+1)!]^4}{(2n+3)[(2n+2)!]^3}f^{(2n+2)}(\eta),\qquad \eta\in(-1,1)。\tag{9.5.6}$$

当 $n=1$ 时，有

$$R_1[f]=\frac{1}{135}f^{(4)}(\eta)。$$

它比辛普森公式余项 $R_1[f]=-\frac{1}{90}f^{(4)}(\eta)$(区间为$[-1,1]$)还小，且比辛普森公式少算一个函数值。

当积分区间不是$[-1,1]$，而是一般的区间$[a,b]$时，只要做变换

$$x=\frac{b-a}{2}t+\frac{a+b}{2}$$

可将$[a,b]$化为$[-1,1]$，则有

$$\int_{-1}^{1}f(x)\mathrm{d}x=\frac{b-a}{2}\int_{-1}^{1}f\left(\frac{b-a}{2}t+\frac{a+b}{2}\right)\mathrm{d}t。\tag{9.5.7}$$

再对等式右端的积分即可使用高斯—勒让德求积公式。

例 9.5.2 用四点($n=3$)的高斯—勒让德求积公式计算

$$I=\int_{0}^{\frac{\pi}{2}}x^2\cos x\,\mathrm{d}x。$$

解 先将区间$\left[0,\frac{\pi}{2}\right]$化为$[-1,1]$，由(9.5.7)式有

$$I=\int_{-1}^{1}\left(\frac{\pi}{4}\right)^3(1+t)^2\cos\frac{\pi}{4}(1+t)\mathrm{d}t。$$

根据表 9.5.1 中 $n=3$ 的节点及系数值可求得

$$I \approx \sum_{k=0}^{3} A_k f(x_k) = 0.467402(\text{准确值 } I = 0.467401\cdots)。$$

2. 高斯—切比雪夫求积公式

若 $a=-1, b=1$，且取权函数 $\rho(x)=\dfrac{1}{\sqrt{1-x^2}}$，则所建立的高斯公式

$$\int_{-1}^{1} \frac{f(x)}{\sqrt{1-x^2}} \mathrm{d}x \approx \sum_{k=0}^{n} A_k f(x_k) \tag{9.5.8}$$

称为高斯—切比雪夫求积公式。

由于区间$[-1,1]$上关于权函数 $\rho(x)=\dfrac{1}{\sqrt{1-x^2}}$ 的正交多项式是切比雪夫多项式，因此求积公式(9.5.8)的高斯点是 $n+1$ 次切比雪夫多项式的零点，即为

$$x_k = \cos\left(\frac{2k+1}{2n+2}\pi\right), \quad k=0,1,\cdots,n。$$

通过计算可知(9.5.8)式的系数 $A_k=\dfrac{\pi}{n+1}$，使用时将 $n+1$ 个节点公式改为 n 个节点，于是高斯—切比雪夫求积公式写成

$$\int_{-1}^{1} \frac{f(x)}{\sqrt{1-x^2}} \mathrm{d}x \approx \frac{\pi}{n} \sum_{k=1}^{n} f(x_k), \quad x_k = \cos\frac{(2k-1)}{2n}\pi。 \tag{9.5.9}$$

公式余项由(9.5.4)式得，即

$$R[f] = \frac{2\pi}{2^{2n}(2n)!} f^{(2n)}(\eta), \quad \eta \in (-1,1)。 \tag{9.5.10}$$

带权的高斯求积公式可用于计算奇异积分。

例 9.5.3 用五点($n=5$)的高斯—切比雪夫求积公式计算积分

$$I = \int_{-1}^{1} \frac{\mathrm{e}^x}{\sqrt{1-x^2}} \mathrm{d}x。$$

解 这里 $f(x)=\mathrm{e}^x$，$f^{(2n)}(x)=\mathrm{e}^x$，当 $n=5$ 时由求积公式(9.5.9)可得

$$I = \frac{\pi}{5} \sum_{k=1}^{5} \mathrm{e}^{\cos\frac{2k-1}{10}\pi} = 3.977463。$$

由余项公式(9.5.10)可估计误差

$$|R[f]| \leqslant \frac{\pi}{2^9 \times 10!} \mathrm{e} \leqslant 4.6 \times 10^{-9}。$$

3. 高斯—拉盖尔求积公式

区间为$[0,+\infty]$，权函数 $\rho(x)=\mathrm{e}^{-x}$ 的正交多项式为拉盖尔多项式

$$\mathrm{L}_n(x) = \mathrm{e}^x \frac{\mathrm{d}^n}{\mathrm{d}x^n}(x^n \mathrm{e}^{-x}),$$

对应的高斯型求积公式

$$\int_0^{+\infty} e^{-x} f(x) dx \approx \sum_{k=0}^{n} A_k f(x_k) \qquad (9.5.11)$$

称为高斯—拉盖尔求积公式，其节点 $x_0, x_1, \cdots, x_n$ 为 $n+1$ 次拉盖尔多项式的零点，系数为

$$A_k = \frac{[(n+1)!]^2 x_k}{[L_{n+1}(x_k)]^2}, \quad k = 0, 1, \cdots, n,$$

余项为

$$R[f] = \frac{[(n+1)!]^2}{[2(n+1)!]} f^{(2n+2)}(\xi), \quad \xi \in [0, +\infty), \qquad (9.5.12)$$

其节点系数可见表 9.5.2。

表 9.5.2 高斯—拉盖尔求积公式的节点和系数

n	x_k	A_k
0	1	1
1	0.585786438 3.414213562	0.853553391 0.146446609
2	0.415774557 2.294280360 6.289945083	0.711093010 0.278517734 0.010389257
3	0.322547690 1.745761101 4.536620297 9.395070912	0.603154104 0.357418692 0.038887909 0.000539295
4	0.263560320 1.413403059 30596425771 7.085810006 12.640800844	0.521755611 0.398666811 0.075942497 0.36117586×10^{-2} 0.233699724×10^{-4}
5	0.222846604 1.188932102 2.992736326 5.775143569 9.837467418 15.982 873981	0.458964674 0.417000831 0.113373382 0.1039919745 0.261017203×10^{-3} 0.898547906×10^{-6}

例 9.5.3 用高斯 — 拉盖尔求积公式计算 $\int_0^{+\infty} e^{-x} \sin x \, dx$ 的近似值。

解 取 $n=1$，查表得

$$x_0 = 0.58578644, \quad x_1 = 3.41421356,$$
$$A_0 = 0.85355339, \quad A_1 = 0.141644661。$$

故

$$\int_0^{+\infty} e^{-x} \sin x \, dx \approx A_0 \sin x_0 + A_1 \sin x_1 = 0.43246。$$

若取 $n=2$，可得 $\int_0^{+\infty} e^{-x} \sin x \, dx \approx 0.49603$；若取 $n=5$，可得 $\int_0^{+\infty} e^{-x} \sin x \, dx \approx 0.50005$。

而准确值$\int_0^{+\infty} e^{-x}\sin x\,dx = 0.5$，它表明取 $n=5$ 的求积公式已相当精确。

4. 高斯—埃尔米特求积公式

区间为$(-\infty,+\infty)$，权函数 $\rho(x)=e^{-x^2}$ 的正交多项式为埃尔米特多项式

$$H_n(x)=(-1)^n e^{x^2}\frac{d^n}{dx^n}e^{-x^2},\quad n=0,1,\cdots,$$

对应的高斯型求积公式

$$\int_{-\infty}^{+\infty} e^{-x^2} f(x)dx \approx \sum_{k=0}^{n} A_k f(x_k) \tag{9.5.13}$$

称为高斯—埃尔米特求积公式。节点 $x_0,x_1,\cdots,x_n$ 为 $n+1$ 次埃尔米特多项式的零点。而求积系数为

$$A_k=\frac{2^{n+2}(n+1)!\sqrt{\pi}}{[H'_{n+1}(x_k)]^2},\quad k=0,1,\cdots,n。\tag{9.5.14}$$

高斯—埃尔米特求积公式的节点和系数可见表 9.5.3。

表 9.5.3 高斯—埃尔米特求积公式的节点和系数

n	x_k	A_k
0	0	1.772453851
1	±0.707106781	0.886226926
2	±1.2247448710 0	0.295408975 1.181635901
3	±1.650680124 ±0.524647623	0.081312835 0.804914090
4	±2.020182871 ±0.9585724650 0	0.019953242 0.393619323 0.945308721
5	±2.350604974 ±1.335849074 ±0.436077412	0.004530010 0.157067320 0.724629595

公式(9.5.13)的余项为

$$R[f]=\frac{(n+1)!\ \sqrt{\pi}}{2^{n+1}(2n+2)!}f^{(2n+2)}(\xi),\quad \xi\in(-\infty,+\infty)。$$

例 9.5.4 用两个节点的高斯—埃尔米特求积公式(9.5.13)计算积分$\int_{-\infty}^{+\infty} x^2 e^{-x^2}dx$。

解 先求节点 x_0,x_1，由 $H_2(x)=4x^2-2$，其零点为 $x_0=-\frac{\sqrt{2}}{2}$，$x_1=\frac{\sqrt{2}}{2}$，由(9.5.14)式可求得

$$A_0=A_1=\frac{\sqrt{\pi}}{2},$$

于是

$$\int_{-\infty}^{+\infty} e^{-x^2} x^2 dx \approx \frac{\sqrt{\pi}}{2}\left[\left(-\frac{\sqrt{2}}{2}\right)^2 + \left(\frac{\sqrt{2}}{2}\right)^2\right] = \frac{\sqrt{\pi}}{2}。$$

高斯型求积公式代数精度为 3，故对 $f(x)=x^2$ 求积公式精确成立，从而得

$$\int_{-\infty}^{+\infty} e^{-x^2} x^2 dx = \frac{\sqrt{\pi}}{2}。$$

9.6 数值微分

9.6.1 中点方法与误差分析

数值微分就是用函数值的线性组合近似函数在某点的导数值。按导数定义可以简单地用差商近似导数，这样立即得到几种数值微分公式

$$\begin{aligned} f'(a) &\approx \frac{f(a+h)-f(a)}{h}, \\ f'(a) &\approx \frac{f(a)-f(a-h)}{h}, \\ f'(a) &\approx \frac{f(a+h)-f(a-h)}{2h}, \end{aligned} \tag{9.6.1}$$

其中 h 为增量，称为步长。后一种数值微分方法称为中点方法，它其实是前两种方法的算术平均，但它的误差阶却由 $O(h)$ 提高到 $O(h^2)$。上面给出的三个公式是很实用的，尤其是中点公式更为常用。

为了利用中点公式

$$G(h) = \frac{f(a+h)-f(a-h)}{2h}$$

计算导数 $f'(a)$ 的近似值，首先必须选取合适的步长，为此需要进行误差分析。分别将 $f(a \pm h)$ 在 $x=a$ 处做泰勒展开有

$$f(a \pm h) = f(a) \pm h f'(a) + \frac{h^2}{2!} f''(a) \pm \frac{h^3}{3!} f'''(a) + \frac{h^4}{4!} f^{(4)}(a) \pm \frac{h^5}{5!} f^{(5)}(a) + \cdots,$$

代入上式得

$$G(h) = f'(a) + \frac{h^2}{3!} f'''(a) + \frac{h^4}{5!} f^{(5)}(a) + \cdots,$$

由此得知，从截断误差的角度看，步长越小，计算结果越准确。且

$$| f'(a) - G(h) | \leqslant \frac{h^2}{6} M, \tag{9.6.2}$$

其中 $M \geqslant \max\limits_{|x-a| \leqslant h} | f'''(x) |$。

再考察舍入误差，按中点公式计算，当 h 很小时，因 $f(a+h)$ 与 $f(a-h)$ 很接近，直接相减会造成有效数字的严重损失。因此，从舍入误差的角度来看，步长是不宜太小的。

例如，用中点公式求 $f(x)=\sqrt{x}$ 在 $x=2$ 处的一阶导数

$$G(h)=\frac{\sqrt{2+h}-\sqrt{2-h}}{2h}。$$

设取四位数字计算，结果见表 9.6.1(导数的准确值 $f'(2)=0.353553$)。

表 9.6.1 计算结果

h	$G(h)$	h	$G(h)$	h	$G(h)$
1	0.3660	0.05	0.3530	0.001	0.3500
0.5	0.3564	0.01	0.3500	0.005	0.3500
0.1	0.3535	0.005	0.3000	0.0001	0.3500

从表 9.6.1 中看到 $h=0.1$ 的逼近效果最好，如果进一步缩小步长，则逼近效果反而变差。这是因为当 $f(a+h)$ 及 $f(a-h)$ 分别有舍入误差 ε_1 和 ε_2。若令 $\varepsilon=\max\{|\varepsilon_1|,|\varepsilon_2|\}$，则计算 $f'(a)$ 的舍入误差上界为

$$\delta(f'(a))=|f'(a)-G(a)|\leqslant\frac{|\varepsilon_1|+|\varepsilon_2|}{2h}=\frac{\varepsilon}{h}。$$

这表明 h 越小，舍入误差 $\delta(f'(a))$ 越大，故它是病态的。用(9.6.1)式的中点公式计算 $f'(a)$ 的误差上界为

$$E(h)=\frac{h^2}{6}M+\frac{\varepsilon}{h}。$$

要使误差 $E(h)$ 最小，步长 h 应使 $E'(h)=0$，由

$$E'(h)=\frac{h}{3}M-\frac{\varepsilon}{h^2}=0$$

可得 $h=\sqrt[3]{3\varepsilon/M}$。如果 $h<\sqrt[3]{3\varepsilon/M}$，有 $E'(h)<0$；如果 $h>\sqrt[3]{3\varepsilon/M}$，有 $E'(h)<0$。由此得出 $h>\sqrt[3]{3\varepsilon/M}$ 时 $E(h)$ 最小。当 $f(x)=\sqrt{x}$ 时，有

$$f'''(x)=\frac{3}{8}x^{-5/2},\quad M=\max_{1.9\leqslant x\leqslant 2.1}\left|\frac{3}{8}x^{-5/2}\right|\leqslant 0.07536。$$

假定 $\varepsilon=\frac{1}{2}\times 10^{-4}$，则

$$h=\sqrt[3]{\frac{1.5\times 10^{-4}}{0.07536}}\approx 0.125。$$

这与表 9.6.1 给出的结果基本相符。

9.6.2 插值型的求导公式

对于列表函数 $y=f(x)$

x	x_1	x_2	x_3	…	x_n
y	y_1	y_2	y_3	…	y_n

运用插值原理，可以建立插值多项式 $y=P_n(x)$ 作为它的近似。由于多项式的求导比较容

易，我们取 $P'_n(x)$ 的值作为 $f'(x)$ 的近似值，这样建立的数值公式

$$f'(x) \approx P'_n(x) \tag{9.6.3}$$

统称插值型的求导公式。

必须指出，即使 $f(x)$ 与 $P_n(x)$ 的值相差不多，导数的近似值 $P'_n(x)$ 与导数的真值 $f'(x)$ 仍然可能差别很大，因而在使用求导公式(9.6.3)时应特别注意误差的分析。

依据插值余项定理，求导公式(9.6.3)的余项为

$$f'(x) - P'_n(x) = \frac{f^{(n+1)}(\xi)}{(n+1)!}\omega'_{n+1}(x) + \frac{\omega_{n+1}(x)}{(n+1)!}\frac{\mathrm{d}}{\mathrm{d}x}f^{(n+1)}(\xi),$$

其中 $\omega_{n+1}(x) = \prod_{i=0}^{n}(x - x_i)$。

在这一余项公式中，由于 ξ 是 x 的未知函数，我们无法对它的第二项

$$\frac{\omega_{n+1}(x)}{(n+1)!} \cdot \frac{\mathrm{d}}{\mathrm{d}x}f^{(n+1)}(\xi)$$

做出进一步的说明。因此，对于随意给出的点 x，误差 $f'(x) - P'_n(x)$ 是无法预估的。但是，如果我们限定求某个节点 x_k 上的导数值，那么上面的第二项因式 $\omega_{n+1}(x_k)$ 变为零，这时有余项公式

$$f'(x) - P'_n(x) = \frac{f^{(n+1)}(\xi)}{(n+1)!}\omega'_{n+1}(x_k)。\tag{9.6.4}$$

下面我们仅仅考察节点处的导数值。为简化讨论，假定所给的节点是等距的。

1. 两点公式

设已给出两个节点 x_0, x_1 上的函数值 $f(x_0), f(x_1)$，做线性插值得公式

$$P_1(x) = \frac{x - x_1}{x_0 - x_1}f(x_0) + \frac{x - x_0}{x_1 - x_0}f(x_1)。$$

对上式两端求导，记 $x_1 - x_0 = h$，则有

$$P'_1(x) = \frac{1}{h}[-f(x_0) + f(x_1)],$$

于是有下列求导公式：

$$P'_1(x_0) = \frac{1}{h}[f(x_1) - f(x_0)], \quad P'_1(x_1) = \frac{1}{h}[f(x_1) - f(x_0)]。$$

而利用余项公式(9.6.4)知，带余项的两点公式是

$$f'(x_0) = \frac{1}{h}[f(x_1) - f(x_0)] - \frac{h}{2}f''(\xi),$$

$$f'(x_1) = \frac{1}{h}[f(x_1) - f(x_0)] + \frac{h}{2}f''(\xi)。$$

2. 三点公式

设已给出三个节点 $x_0, x_1 = x_0 + h, x_2 = x_0 + 2h$ 上的函数值，做二次插值

$$P_2(x) = \frac{(x - x_1)(x - x_2)}{(x_0 - x_1)(x_0 - x_2)}f(x_0) + \frac{(x - x_0)(x - x_2)}{(x_1 - x_0)(x_1 - x_2)}f(x_1) +$$

$$\frac{(x-x_0)(x-x_1)}{(x_2-x_0)(x_2-x_1)}f(x_2)。$$

令 $x=x_0+th$，上式可表示为

$$P_2(x_0+th)=\frac{1}{2}(t-1)(t-2)f(x_0)-t(t-2)f(x_1)+\frac{1}{2}t(t-1)f(x_2),$$

两端对 t 求导，有

$$P'_2(x_0+th)=\frac{1}{2h}[(2t-3)f(x_0)-(4t-4)f(x_1)+(2t-1)f(x_2)], \tag{9.6.5}$$

这里撇号(′)表示对变量 x 求导数。上式分别取 $t=0,1,2$，得到三种三点公式：

$$P'_2(x_0)=\frac{1}{2h}[-3f(x_0)+4f(x_1)-f(x_2)],$$

$$P'_2(x_1)=\frac{1}{2h}[-f(x_0)+f(x_2)],$$

$$P'_2(x_2)=\frac{1}{2h}[f(x_0)-4f(x_1)+3f(x_2)]。$$

而带余项的三点求导公式如下：

$$\begin{cases} f'(x_0)=\dfrac{1}{2h}[-3f(x_0)+4f(x_1)-f(x_2)]+\dfrac{h^2}{3}f'''(\xi_0), \\ f'(x_1)=\dfrac{1}{2h}[-f(x_0)+4f(x_2)]-\dfrac{h^2}{6}f'''(\xi_1), \\ f'(x_2)=\dfrac{1}{2h}[f(x_0)-4f(x_2)+3f(x_2)]+\dfrac{h^2}{3}f'''(\xi_2)。\end{cases} \tag{9.6.6}$$

公式(9.6.6)中的第二个公式是我们所熟悉的中点公式。在三点公式中，它由于少用了一个函数值 $f(x_1)$ 而引人注目。

用插值多项式 $P_n(x)$ 作为 $f(x)$ 的近似函数，还可以建立高阶数值微分公式

$$f^{(k)}(x)\approx P_n^{(k)}(x),\quad k=1,2,\cdots。$$

将(9.6.5)式再对 t 求导一次，有

$$P''_2(x_0+th)=\frac{1}{h^2}[f(x_0)-2f(x_1)+f(x_2)],$$

于是有

$$P''_2(x_1)=\frac{1}{h^2}[f(x_1-h)-2f(x_1)+f(x_1+h)]。$$

而带余项的二阶三点公式如下：

$$f''(x_1)=\frac{1}{h^2}[f(x_1-h)-2f(x_1)+f(x_1+h)]-\frac{h^2}{12}f^{(4)}(\xi)。 \tag{9.6.7}$$

3. 三次样条求导

三次样条函数 $S(x)$ 作为 $f(x)$ 的近似，不但函数值很接近，导数值也很接近，并有

$$\| f^{(k)}(x)-S^{(k)}(x)\|_\infty \leqslant C_k \| f^{(4)}\|_\infty h^{4-k},\quad k=0,1,2, \tag{9.6.8}$$

因此利用三次样条函数 $S(x)$ 直接得到

$$f^{(k)}(x)\approx S^{(k)}(x),\quad k=0,1,2,$$

则

$$f'(x_k)\approx S'(x_k)=-\frac{h_k}{3}M_k-\frac{h_k}{3}M_{k+1}+f[x_k,x_{k+1}],$$

$$f''(x_k)=M_k,$$

这里 $f[x_k,x_{k+1}]$为一阶均差。其误差由(9.6.8)式可得

$$\|f'-S'\|_\infty\leqslant\frac{1}{24}\|f^{(4)}\|_\infty h^3,\quad \|f''-S''\|_\infty\leqslant\frac{3}{8}\|f^{(4)}\|_\infty h^2。$$

9.6.3 数值微分的外推算法

利用中点公式计算导数值时

$$f'(x)\approx G(h)=\frac{1}{2h}[f(x+h)-f(x-h)]。$$

对 $f(x)$在点 x 做泰勒级数展开有

$$f'(x)=G(h)+\alpha_1h^2+\alpha_2h^4+\cdots,$$

其中 $\alpha_i(i=0,1,\cdots)$与 h 无关,利用理查森外推对 h 逐次分半,若记 $G_0(h)=G(h)$,则有

$$G_m(h)=\frac{4^mG_{m-1}\left(\frac{h}{2}\right)-G_{m-1}(h)}{4^m-1},\quad m=1,2,\cdots。\tag{9.6.9}$$

公式(9.6.9)的计算过程见表 9.6.2。

表 9.6.2 计算过程

$G(h)$				
$G\left(\frac{h}{2}\right)\downarrow\overset{1}{\rightarrow}$	$G_1(h)$			
$G\left(\frac{h}{2^2}\right)\downarrow\overset{2}{\rightarrow}$	$G_1\left(\frac{h}{2}\right)\downarrow\overset{3}{\rightarrow}$	$G_2(h)$		
$G\left(\frac{h}{2^3}\right)\downarrow\overset{4}{\rightarrow}$	$G_1\left(\frac{h}{2^2}\right)\downarrow\overset{5}{\rightarrow}$	$G_2\left(\frac{h}{2}\right)\downarrow\overset{6}{\rightarrow}$	$G_3(h)$	
$\vdots$	$\vdots$	$\vdots$	$\vdots$	$\ddots$

根据理查森外推方法,(9.6.9)式的误差为

$$f'(x)-G_m(h)=O(h^{2(m+1)})。$$

由此看出当 m 较大时,计算是很精确的。考虑到舍入误差,一般 m 不能取太大。

例 9.6.1 用外推法计算 $f(x)=x^2\mathrm{e}^{-x}$ 在 $x=0.5$ 的导数。

解 令 $G(h)=\frac{1}{2h}\left[\left(\frac{1}{2}+h\right)^2\mathrm{e}^{-\left(\frac{1}{2}+h\right)}-\left(\frac{1}{2}-h\right)^2\mathrm{e}^{-\left(\frac{1}{2}-h\right)}\right]$,当 $h=0.1,0.05,0.025$ 时,由外推法表 9.6.2 可算得

$G(0.1)=0.4516049081$,

$G(0.05)=0.4540761693\downarrow\rightarrow G_1(h)=0.4548999231$,

$G(0.025)=0.4546926288\downarrow\rightarrow G_1\left(\frac{1}{2}\right)=0.4548981152\downarrow\rightarrow G_2=0.454897994$。

$f'(0.5)$的精确值 0.454897994,可见当 $h=0.025$ 时用中点微分公式只有三位有效数字,外

推一次达到五位有效数字，外推两次达到九位有效数字。

9.7 小结

本章主要介绍了数值积分和数值微分的基本方法，它们的基础都是对函数做适当的近似，然后用近似函数的积分或微分建立数值计算公式。

梯形公式、辛普森公式和牛顿—柯特斯求积公式是低精度的插值型求积公式，主要用于等距节点插值，对于光滑性比较差的被积函数插值型求积公式有时效果比高精度的方法要好，而且由于公式简单，编程方便，特别是复化梯形公式和复化辛普森公式便于采用逐次对分的方法，因此实际计算中经常被采用。

龙贝格积分公式，其算法简单，程序也便于实现。当节点增加时，前面的计算结果可以直接参与后面的计算，因而减少了计算量。同时有比较简单的误差估计法，由于能同时得到多个积分序列，在做收敛控制时，对不同性态的函数可采用不同的收敛序列作为精度控制，以其中最快的收敛序列来逼近积分，此方法的一个最大缺点是节点的增加是成倍的。

高斯型求积公式的最大优点是精度高，数值计算稳定。但求积节点和求积系数都没有规则，当节点增加时，前面的计算结果不能被利用，只能重新计算，因此利用计算机计算时，需先输入节点数和各种高斯型求积公式的节点和系数数据。高斯型求积公式的另一优点是适用于某些区间上的广义积分计算。

本章中涉及的函数往往需要在闭区间上满足某种连续或可导条件，而实际问题中，函数在区间端点或某些点处可能是奇异的，因此相应的数值积分方法具有重要意义。有兴趣的读者可查看相关书籍或文献。

9.8 习题

1. 确定下列求积公式中的特定参数，使其代数精度尽量高，并指明所构造出的求积公式所具有的代数精度：

(1) $\int_{-h}^{h} f(x)\mathrm{d}x \approx A_{-1}f(-h)+A_0 f(0)+A_1 f(h)$；

(2) $\int_{-2h}^{2h} f(x)\mathrm{d}x \approx A_{-1}f(-h)+A_0 f(0)+A_1 f(h)$；

(3) $\int_{-1}^{1} f(x)\mathrm{d}x \approx [f(-1)+2f(x_1)+3f(x_2)]/3$；

(4) $\int_{0}^{h} f(x)\mathrm{d}x \approx [f(0)+f(h)]/2+ah^2[f'(0)+f'(h)]$。

2. 分别用复化梯形公式和复化辛普森公式计算下列积分：

(1) $\int_0^1 \frac{x}{4+x^2}\mathrm{d}x, n=8$；

(2) $\int_0^1 \frac{(1-\mathrm{e}^{-x})^{\frac{1}{2}}}{x}\mathrm{d}x, n=10$；

(3) $\int_1^9 \sqrt{x}\,\mathrm{d}x, n=4$；

(4) $\int_0^{\frac{\pi}{6}} \sqrt{4-\sin^2\varphi}\,\mathrm{d}\varphi, n=6$。

3. 用辛普森公式求积分$\int_0^1 e^{-x}\,dx$ 并估计误差。

4. 推导下列三种矩形求积公式：

$$\int_a^b f(x)dx=(b-a)f(a)+\frac{f'(\eta)}{2}(b-a)^2,$$

$$\int_a^b f(x)dx=(b-a)f(b)-\frac{f'(\eta)}{2}(b-a)^2,$$

$$\int_a^b f(x)dx=(b-a)f\left(\frac{a+b}{2}\right)+\frac{f''(\eta)}{24}(b-a)^3。$$

5. 若用复化梯形公式计算积分$I=\int_0^1 e^x\,dx$，问区间[0,1]应多少等分才能使截断误差不超过$\frac{1}{2}\times 10^{-5}$？若改用复化辛普森公式，要达到同样精度区间[0,1]应分多少等分？

6. 如果$f''(x)>0$，证明用梯形公式计算积分$I=\int_a^b f(x)dx$所得结果比准确值I大，并说明其几何意义。

9.9 数值实验题

1. 采用复化梯形公式和复化辛普森公式计算：

(1) $\int_0^1 \frac{x}{4+x^2}dx$； (2) $\int_0^{\frac{\pi}{6}} \sqrt{4-\sin^2(x)}\,dx$。

2. 用梯形公式和龙贝格公式计算题1中的问题。

第 10 章

常微分方程数值解法

微分方程起始于 17 世纪牛顿和莱布尼茨创立的微积分学，其获得蓬勃发展的一个重要原因是很多工程和科学问题都用微分方程来进行模拟。在“高等数学”课程中，主要涉及的是几类较为简单的常微分方程的精确解法，或者解的结构和解的存在性等。而实际上，许多微分方程是无法求得精确解的，只能求得数值解，即在一系列离散点上获得求解函数的近似解。在本章中，我们对微分方程解的理论性问题不作过多讨论，总是假设带有某种初值或边值条件的常微分方程存在唯一解，集中介绍常微分方程初值问题求解的几种典型的数值方法。

10.1 基 本 概 念

10.1.1 常微分方程初值问题的一般提法

常微分方程初值问题的一般提法是求函数 $y(x)$，$a\leqslant x\leqslant b$，满足

$$\begin{cases}\dfrac{\mathrm{d}y}{\mathrm{d}x}=f(x,y), \quad a<x<b, & (10.1.1)\\ y(a)=\alpha, & (10.1.2)\end{cases}$$

其中 $f(x,y)$是已知函数，α 是已知值。

假设 $f(x,y)$在区域 $D=\{(x,y)|a\leqslant x\leqslant b,|y|<+\infty\}$上满足条件：

(1) $f(x,y)$在 D 上连续；

(2) $f(x,y)$在 D 上关于变量 y 满足利普希茨(Lipschitz)条件：

$$|f(x,y_1)-f(x,y_2)|\leqslant L|y_1-y_2|, \quad a\leqslant x\leqslant b, \quad \forall y_1,y_2,$$

其中常数 L 称为利普希茨常数。我们称(1)、(2)为基本条件。

由常微分方程的基本理论，有下面的结论。

定理 10.1.1 当 $f(x,y)$在 D 上满足基本条件时，一阶常微分方程初值问题(10.1.1)、(10.1.2)存在唯一解 $y(x)$且解在区间$[a,b]$上连续。

定义 10.1.1 常微分方程初值问题(10.1.1)、(10.1.2)称为适定的，若存在常数 $\varepsilon>0$ 和 $K>0$，对任意满足条件$|\delta|\leqslant\varepsilon$ 及 $\|\eta(x)\|_\infty\leqslant\varepsilon$ 的 δ 和 $\eta(x)$，常微分方程初值问题

$$\begin{cases}\dfrac{\mathrm{d}z}{\mathrm{d}x}=f(x,z)+\eta(x), \quad a<x<b,\\ z(a)=a+\delta\end{cases} \tag{10.1.3}$$

存在唯一解 $z(x)$，且 $\|y(x)-z(x)\|_\infty\leqslant K\{\|\eta\|_\infty+|\delta|\}$。

适定问题的解 $y(x)$连续依赖于方程(10.1.1)右端的 $f(x,y)$和初值 α。由常微分方程的基本理论，还有下面的结论。

定理 10.1.2 当 $f(x,y)$在 D 上满足基本条件时,微分方程初值问题(10.1.1)、(10.1.2)是适定的。

我们在本章中假设 $f(x,y)$在 D 上满足基本条件,从而常微分方程初值问题(10.1.1)、(10.1.2)适定。

一阶常微分方程组初值问题求解的一般形式为

$$\begin{cases}\dfrac{\mathrm{d}}{\mathrm{d}x}y_i=f_i(x,y_1,\cdots,y_n), & a<x<b,\\ y_i(a)=\alpha_i, & i=1,2,\cdots,n。\end{cases}\tag{10.1.4}$$

方程组(10.1.4)的向量形式为

$$\begin{cases}\dfrac{\mathrm{d}}{\mathrm{d}x}\boldsymbol{y}=\boldsymbol{F}(x,\boldsymbol{y}), & a<x<b,\\ \boldsymbol{y}(a)=\boldsymbol{\alpha},\end{cases}$$

其中,$\boldsymbol{y}(x)=(y_1(x),y_2(x),\cdots,y_n(x))^{\mathrm{T}}$,$\boldsymbol{F}(x,\boldsymbol{y})=(f_1(x,\boldsymbol{y}),f_2(x,\boldsymbol{y}),\cdots,f_n(x,\boldsymbol{y}))^{\mathrm{T}}$,$\boldsymbol{\alpha}=(\alpha_1,\alpha_2,\cdots,\alpha_n)^{\mathrm{T}}$。

记 $D=\{(x,y_1,\cdots,y_n)\mid a\leqslant x\leqslant b,|y_i|<+\infty,i=1,2,\cdots,n\}$。类似于定理 10.1.1 和定理 10.1.2,我们有下面的结论。

定理 10.1.3 若映射 $F(x,\boldsymbol{y})$满足条件:

(1) $\boldsymbol{F}(x,\boldsymbol{y})$在 D 上是从$\mathbb{R}^{n+1}$到$\mathbb{R}^n$上的连续映射;

(2) $\boldsymbol{F}(x,\boldsymbol{y})$在 D 上关于 $\boldsymbol{y}$ 满足利普希茨条件

$$\|F(x,\boldsymbol{y}_1)-F(x,\boldsymbol{y}_2)\|_\infty\leqslant L\|\boldsymbol{y}_1-\boldsymbol{y}_2\|_\infty,\quad a<x<b,\boldsymbol{y}_1,\boldsymbol{y}_2\text{ 任意。}$$

则常微分方程组初值问题(10.1.4)存在唯一的连续可微解 $\boldsymbol{y}(x)$。

高阶常微分方程初值问题一般为

$$\begin{cases}\dfrac{\mathrm{d}^n}{\mathrm{d}x^n}\boldsymbol{y}=\boldsymbol{f}\left(x,\boldsymbol{y},\dfrac{\mathrm{d}\boldsymbol{y}}{\mathrm{d}x},\cdots,\dfrac{\mathrm{d}^{n-1}}{\mathrm{d}x^{n-1}}\boldsymbol{y}\right), & a<x<b。\\ \dfrac{\mathrm{d}^i}{\mathrm{d}x^i}\boldsymbol{y}(a)=a_{i+1}, & i=0,1,\cdots,n-1。\end{cases}\tag{10.1.5}$$

其中 $\boldsymbol{f}(x,\boldsymbol{y},u_1,\cdots,u_{n-1})$是给定多元函数,$\boldsymbol{a}_1,\cdots,\boldsymbol{a}_n$ 为给定值。引进新的变量函数

$$\boldsymbol{y}_k(x)=\frac{\mathrm{d}^{k-1}}{\mathrm{d}x_{k-1}}\boldsymbol{y}(x),\quad a\leqslant x\leqslant b,k=1,2,\cdots,n。\tag{10.1.6}$$

则初值问题(10.1.5)化成了一阶常微分方程组初值问题

$$\begin{cases}\dfrac{\mathrm{d}}{\mathrm{d}x}\boldsymbol{y}_1=\boldsymbol{y}_2,\\ \quad\vdots\\ \dfrac{\mathrm{d}}{\mathrm{d}x}\boldsymbol{y}_{n-1}=\boldsymbol{y}_n,\\ \dfrac{\mathrm{d}\boldsymbol{y}_n}{\mathrm{d}x}=\boldsymbol{f}(x,\boldsymbol{y}_1,\cdots,\boldsymbol{y}_n),\\ \boldsymbol{y}_i(a)=\boldsymbol{a}_i,\quad i=1,2,\cdots,n。\end{cases}\tag{10.1.7}$$

通过求解方程组(10.1.7)得到方程(10.1.5)的解 $\boldsymbol{y}(x)=\boldsymbol{y}_1(x)$。

10.1.2 初值问题数值解基本概念

初值问题的数值解法，是通过微分方程离散化而给出解在某些节点上的近似值。在 $[a,b]$ 上引入节点 $\{x_k\}_{k=0}^{n}$：$a=x_0<x_1<\cdots<x_n=b$，$h_k=x_k-x_{k-1}(k=1,2,\cdots,n)$ 称为步长。在多数情况下，采用等步长，即 $h=\dfrac{b-a}{n}$，$x_k=a+kh(k=0,1,\cdots,n)$。记初值问题(10.1.1)，(10.1.2)的准确解为 $y(x)$，记 $y(x_k)$ 的近似值为 y_k，记 $f(x_k,y_k)$ 为 f_k。

求初值问题数值解的方法是步进法，即在计算出 $y_i(i\leqslant k)$ 后计算 y_{k+1}。

数值解法步进法有单步法与多步法之分，计算 y_{k+1} 时只利用 y_k 的步进法称为单步法。计算 y_{k+1} 时不仅要利用 y_k，还要利用前面已算出的若干个 $y_{k-j}(j=1,2,\cdots,l-1)$，我们称要用到 $y_k,y_{k-1},\cdots,y_{k-l+1}$ 的步进法为多步法(l 步方法)。在稳定性上单步法比 $l>1$ 的多步法容易分析，并且单步法容易改变步长。

单步法和多步法又都有显式方法和隐式方法之分。

显式单步法的计算公式可写为

$$y_{k+1}=y_k+h\phi(x_k,y_k,h)。\tag{10.1.8}$$

隐式单步法的计算公式可写为

$$y_{k+1}=y_k+h\phi(x_k,y_k,y_{k+1},h)。\tag{10.1.9}$$

在(10.1.9)式中右端项 ϕ 中含 y_{k+1}，从而(10.1.9)式是含 y_{k+1} 的隐式方程，要通过解方程求出 y_{k+1}。

显式多步法计算公式可写为

$$y_{k+1}=y_k+h\phi(x_k,y_k,y_{k-1},\cdots,y_{k-l},h)。$$

隐式多步法计算公式可写为

$$y_{k+1}=y_k+h\phi(x_k,y_{k+1},y_k,\cdots,y_{k-l},h)，$$

右端项含 y_{k+1}。

多步法中常用的一类方法是线性多步法

$$y_{k+1}=\sum_{j=0}^{l-1}\alpha_j y_{k-j}+h\sum_{i=-1}^{l-1}\beta_i f_{k-i},\quad k\geqslant l-1,$$

其中 $\alpha_0,\alpha_1,\cdots,\alpha_{l-1},\beta_{-1},\beta_0,\cdots,\beta_{l-1}$ 是独立于 k 和 f 的常数。其中 $\beta_{-1}=0$ 时上式是显式的，$\beta_{-1}\neq0$ 时上式是隐式的。

显然，用数值方法计算微分方程是存在误差的，对一般显式单步法，我们可以给出如下定义。

定义 10.1.2 设 $y(x)$ 是初值问题(10.1.1)及(10.1.2)的准确解，称

$$T_{n+1}=y(x_{n+1})-y(x_n)-h\phi(x_n,y(x_n),h)\tag{10.1.10}$$

为显式单步法(10.1.8)的**局部截断误差**。

T_{n+1} 之所以称为局部的，是假设在 x_n 前各步没有误差。当 $y_n=y(x_n)$ 时，计算一步，则有

$$\begin{aligned}y(x_{n+1})-y_{n+1}&=y(x_{n+1})-[y_n+h\varphi(x_n,y_n,h)]\\&=y(x_{n+1})-y(x_n)-h\varphi(x_n,y(x_n),h)=T_{n+1}。\end{aligned}$$

所以，局部截断误差可以理解为用方法(10.1.8)计算一步的误差。

定义 10.1.3 设 $y(x)$ 是初值问题(10.1.1)及(10.1.2)的准确解,若存在最大整数 p 使显式单步法(10.1.8)的局部截断误差满足

$$T_{n+1}=y(x+h)-y(x)-h\phi(x,y,h)=o(h^{p+1}), \tag{10.1.11}$$

则称方法(10.1.8)具有 p **阶精度**。

若将(10.1.11)式展开写成

$$T_{n+1}=\psi(x_n,y(x_n))h^{p+1}+o(h^{p+2}),$$

则 $\psi(x_n,y(x_n))h^{p+1}$ 称为**局部截断误差主项**。

上述定义对隐式单步法(10.1.9)也是适用的。

数值解法涉及方法构造、误差分析、稳定性分析,相关概念和定义等内容将在后面的论述中逐步引入。

10.2 欧 拉 法

欧拉(Euler)法是常微分方程初值问题数值方法中最简单的方法,该方法推导比较简单,而且能说明一般数值计算公式的构造思想及一些技巧,但欧拉法精度较低,实用中较少直接使用。下面我们通过欧拉法介绍离散化途径、数值解法中的基本概念、术语和加速方法等。

10.2.1 欧拉法的一般形式

设节点为 $a=x_0<x_1<\cdots<x_n=b$,初值问题(10.1.1)、(10.1.2)的显式欧拉法法为

$$\begin{cases} y_0=a, \\ y_{k+1}=y_k+h_kf_k, \quad k=0,1,\cdots,n-1, \end{cases} \tag{10.2.1}$$

其中 $h_k=x_{k+1}-x_k$,$f_k=(x_k,y_k)$。显式的欧拉法可以用多种途径导出。

1. 泰勒展开法

将 $y(x_{k+1})$ 在 $x=x_k$ 点进行泰勒(Taylor)展开,得

$$y(x_{k+1})=y(x_k)+h_kf(x_k,y(x_k))+\frac{y''(\xi_k)}{2!}h_k^2, \quad \xi_k\in[x_k,x_{k+1}],$$

忽略 h_k^2 这一阶项,分别用 $y_k,y_{k+1},f_k=f(x_k,y_k)$ 近似 $y(x_k),y(x_{k+1})$ 和 $f(x_k,y(x_k))$,得 $y_{k+1}=y_k+h_kf_k$,结合初值条件 $y(0)=\alpha$ 即得(10.2.1)式。

2. 向前差分近似微分法

用向前差分 $\dfrac{y(x_{k+1})-y(x_k)}{h_k}$ 近似微分 $y'(x_k)$,得

$$\frac{y(x_{k+1})-y(x_k)}{h_k}\approx f(x_k,y(x_k))。 \tag{10.2.2}$$

将近似号改作等号,分别用 y_k,y_{k+1},f_k 近似 $y(x_k),y(x_{k+1})f(x_k,y(x_k))$,并结合初值条件即得(10.2.1)式。

3. 左矩数值积分法

将(10.1.1)式两边从 x_k 到 x_{k+1} 积分得

$$y(x_{k+1})-y(x_k)=\int_{x_k}^{x_{k+1}} f(x,y(x))\mathrm{d}x。\tag{10.2.3}$$

分别用 y_k,y_{k+1} 近似 $y(x_k),y(x_{k+1})$，数值积分采用左矩公式得

$$y_{k+1}-y_k=h_k f(x_k,y_k),$$

从而得(10.2.1)式。

根据截断误差的定义，由单步法(10.1.10)的局部截断误差为

$$\begin{aligned}T_{n+1}&=y(x_{n+1})-y(x_n)-hf(x_n,y(x_n))\\&=y(x_n+h)-y(x_n)-hy'(x_n)=\frac{h^2}{2}y''(x_n)+o(h^3)\end{aligned}$$

这里 $p=1$，是一阶方法，局部截断误差主项为 $\frac{h^2}{2}y''(x_n)$。

10.2.2 欧拉法的几何意义

欧拉法有几何意义，如图 10.2.1 所示，(10.2.2)式、(10.2.3)式的解曲线 $y(x)$ 过点 $P_0(x_0,y_0)$，且具斜率 f_0。从 P_0 出发以 f_0 为斜率作直线段，交 $x=x_1$ 于 $P_1(x_1,y_1)$，显然 $y_1=y_0+h_0f_0$。

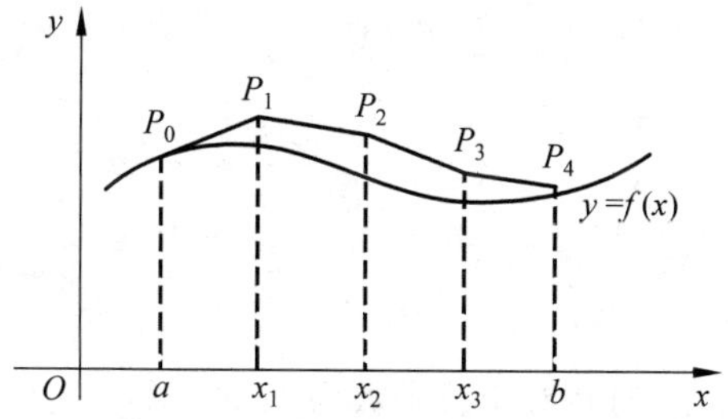

图 10.2.1

(10.2.1)式过 $P_1(x_1,y_1)$ 的解曲线具有斜率 f_1，从 P_1 出发以 f_1 为斜率作直线交 $x=x_2$ 于 $P_2(x_2,y_2)$，其余类推。这样我们得到了一条折线 $\overline{P_0P_1\cdots P_n}$，它在点 P_k 的右侧具有斜率 f_k，与(10.2.1)式过 P_k 的解曲线相切。我们取折线 $\overline{P_0P_1\cdots P_n}$，作为初值问题(10.1.1)、(10.1.2)解曲线 $y=y(x)$ 的近似曲线，所以欧拉法又称折线法。

10.2.3 欧拉法的改进

1. 隐式欧拉法

若将 $y(x_k)$ 在 x_{k+1} 展开，得

$$y(x_k)=y(x_{k+1})-h_kf(x_{k+1},y(x_{k+1}))+\frac{1}{2}y''(\eta_k)h_k^2,\quad x_k\leqslant\eta_k\leqslant x_{k+1}。$$

忽略 h^2 项，并用 y_k,y_{k+1} 和 $f_{k+1}=f(x_{k+1},y_{k+1})$ 分别近似 $y(x_k),y(x_{k+1})$ 及 $f(x_{k+1},y(x_{k+1}))$，可以得另一计算公式

$$y_{k+1}=y_k+h_kf(x_{k+1},y_{k+1}),\qquad k=0,1,\cdots,n-1。\tag{10.2.4}$$

(10.2.4)式称为隐式欧拉法。隐式欧拉法也可以利用向后差分近似微分或用右矩数值求积公式来建立.读者可自行推导。

隐式欧拉法(10.2.4)给出了 y_{k+1} 要满足的方程，要通过解方程才能得到 y_{k+1}。

2. 梯形方法

在显式和隐式欧拉法中，忽略的项都是 h^2 项，为了得到更高精确度的方法，我们可将

$$y(x_{k+1})=y(x_k)+h_k f(x_{k+1},y(x_k))+\frac{1}{2}y''(\xi_k)h_k^2,\quad x_k\leqslant\xi_k\leqslant x_{k+1},$$

$$y(x_{k+1})=y(x_k)+h_k f(x_{k+1},y(x_k))-\frac{1}{2}y''(\eta_k)h_k^2,\quad x_k\leqslant\eta_k\leqslant x_{k+1}$$

取平均,得

$$y(x_{k+1})=y(x_k)+\frac{h_k}{2}[f(x_k,y(x_k))+f(x_{k+1},y(x_{k+1}))]+\frac{h_k^2}{4}[y''(\xi_k)-y''(\eta_k)]。$$

当 $y(x)$ 三阶连续可微时,$y''(\xi_k)-y''(\eta_k)=O(h_k)$。忽略 $O(h_k^3)$ 项,用 y_k,y_{k+1} 分别近似 $y(x_k),y(x_{k+1})$,得

$$y_{k+1}=y_k+\frac{h_k}{2}[f(x_k,y_k)+f(x_{k+1},y_{k+1})]。\tag{10.2.5}$$

(10.2.5)式称为梯形法。取这个名称的原因是利用了梯形求积公式

$$\int_{x_k}^{x_{k+1}}f(x,y(x))\mathrm{d}x=\frac{h_k}{2}[f(x_k,y(x_k))+f(x_{k+1},y(x_{k+1}))]-\frac{h_k^3}{12}D_x^2 f(x,y(x))\mid_{x=\xi},$$

其中 D_x 表示关于 x 的全微分,忽略数值求积余项也可建立(10.2.5)式。

梯形方法也是隐式方法,要通过解方程(10.2.5)来得到 y_{k+1},与(10.1.9)式中单步法公式相对应。

显式欧拉法取 $\phi=\phi(x_k,y_k,h_k)=f(x_k,y_k)$;

隐式欧拉法取 $\phi=\phi(x_k,y_{k+1},h_k)=f(x_{k+1},y_{k+1})$;

梯形法取 $\phi=\phi(x_k,y_{k+1},h_k)=\frac{1}{2}f(x_k,y_k)+\frac{1}{2}f(x_{k+1},y_{k+1})$。

当 $f(x,y)$ 在 D 上满足基本条件,$f(x,y)$ 关于 y 的利普希茨常数为 L 时,只要 $h_kL<1$,(10.2.4)式确定了唯一的 y_{k+1};同样,只要 $Lh_k<2$,(10.2.5)式确定了唯一的 y_{k+1}。

以(10.2.5)式为例,当 $Lh_k<2$ 时,以 y 为变量的函数

$$y_k+\frac{h_k}{2}[f(x_k,y_k)+f(x_{k+1},y)]$$

在 $-\infty<y<\infty$ 上关于 y 满足利普希茨条件,且利普希茨常数为 $\frac{L}{2}h_k<1$,从而

$$y=y_k+\frac{h_k}{2}[f(x_k,y_k)+f(x_{k+1},y)]$$

有唯一不动点 y_{k+1},而且从任意 $y_{k+1}^{(0)}$ 出发,迭代

$$y_{k+1}^{(i+1)}=y_k+\frac{h_k}{2}[f(x_k,y_k)+f(x_{k+1},y_{k+1}^{(i)})],\quad i=0,1,\cdots,n-1$$

都收敛到 y_{k+1}。

在实际计算中总希望有较好的 $y_{k+1}^{(0)}$,用较少的迭代步,取得有足够精度的 y_{k+1}。

3. 欧拉预估—校正方法

在实际计算中,$f(x_{k+1},y_{k+1}^{(i)})$ 的计算量比较大,往往取 $y_{k+1}^{(m)}(m\geqslant1)$ 作为 y_{k+1} 来用。我们称 $y_{k+1}^{(m)}$ 为 $y_{k+1}^{(0)}$ 的 m 次迭代改进。最常用的方法之一是先用显式欧拉法所得的 $\bar{y}_{k+1}$ 为 $y_{k+1}^{(0)}$,再用梯形方法改进一次

$$\begin{cases}\bar{y}_{k+1}=y_k+h_k f(x_k,y_k),\\ y_{k+1}=y_k+\dfrac{h_k}{2}[f(x_k,y_k)+f(x_{k+1},\bar{y}_{k+1})],\quad k=0,1,\cdots,n-1。\end{cases}\tag{10.2.6}$$

把(10.2.6)式对应的方法称为预估—校正欧拉法,或改进欧拉法。

预估—校正欧拉法还可写成

$$y_{k+1}=y_k+\frac{h_k}{2}[f(x_k,y_k)+f(x_{k+1},y_k+h_kf(x_k,y_k))]$$

或

$$y_{k+1}=y_k+\frac{h_k}{2}k_1+\frac{h_k}{2}k_2,$$

其中 $k_1=f(x_k,y_k)$,$k_2=f(x_{k+1},y_k+h_kk_1)$。

改进的欧拉法算法的 MATLAB 程序如下:

```
function s=ImprovedEuler(fun,a,b,h,y0)
%ImprovedEuler.m
%[a,b]为求解区间,h为步长,s为返回向量,y0为初值
syms x y;
n=[(b-a)/h];s=zeros(1,n+1);s(1)=y0;
for k1=1:n
  fk=double(subs(fun,{x,y},{a+(k1-1)*h,s(k1)}));
  fk1=double(subs(fun,{x,y},{a+k1*h,s(k1)+h*fk}));
  s(k1+1)=s(k1)+h/2*(fk+fk1);
end
```

例 10.2.1 用预估—校正欧拉法解初值问题

$$\begin{cases}\dfrac{\mathrm{d}y}{\mathrm{d}x}=-y+x+1, & 0\leqslant x\leqslant 1,\\ y(0)=1。\end{cases}$$

解 MATLAB 程序实现

```
clear all; clc
syms x y;a=0; b=1; h=0.1;y0=1;
format long
fun=-y+x+1;Hfun=@ImprovedEuler;
Ivalue=feval(Hfun,fun,a,b,h,y0)
```

计算结果与准确解 $y(x)=\mathrm{e}^{-x}+x$ 比较,列在表 10.2.1 中。

表 10.2.1

x_k	预估—校正方法	
	y_k	$\|y_k-y(x_k)\|$
0.0	1.000000	0.0
0.1	1.005000	1.6×10^{-4}
0.2	1.019025	2.9×10^{-4}
0.3	1.041218	4.0×10^{-4}
0.4	1.070800	4.8×10^{-4}

续表

x_k	预估—校正方法	
	y_k	$\lvert y_k - y(x_k)\rvert$
0.5	1.107076	5.5×10^{-4}
0.6	1.149404	5.9×10^{-4}
0.7	1.197210	6.2×10^{-4}
0.8	1.249975	6.5×10^{-4}
0.9	1.307228	6.6×10^{-4}
1.0	1.368541	6.6×10^{-4}

数值算例表明,预估—校正欧拉法具有很好的计算精度。

10.3 龙格—库塔法

龙格—库塔(Runge-Kutta)法的基本思想是利用 $f(x,y)$在某些点上函数值的线性组合来计算 $y(x_{i+1})$处近似值 y_{i+1},根据截断误差所需要的误差阶数来构造相应公式,以提高计算精度。龙格—库塔法通常简记为 R-K 法。

10.3.1 龙格—库塔法的一般形式

用 R 个 f 值的龙格—库塔法,称为 R 级龙格—库塔法。一般显式 R 级龙格—库塔法为

$$y_{k+1}=y_k+h\phi(x_k,y_k,h),$$

其中

$$\phi(x_k,y_k,h)=\sum_{r=1}^{R}c_rk_r, \tag{10.3.1}$$

$$k_1=f(x_k,y_k),\quad k_r=f\Big(x_k+a_rh,y_k+h\sum_{s=1}^{r-1}b_{rs}k_s\Big),\quad r=1,2,\cdots,R。 \tag{10.3.2}$$

(10.3.1)式和(10.3.2)式中的 c_r,a_r,b_{rs}均为独立常数。若取

$$k_r=f\Big(x_r+a_rh,y_k+h\sum_{s=1}^{R}b_{rs}k_s\Big),\quad r=1,2,\cdots,R。 \tag{10.3.3}$$

而且 $s\geqslant r$ 的 b_{rs}不全零,对应的龙格—库塔法是隐式 R 级龙格—库塔法。

在显式龙格—库塔法中,$k_1,k_2,\cdots,k_R$ 可依序计算出来;而在隐式方法中 $k_1,k_2,\cdots,k_R$ 要解方程组(10.3.3)来得到。

R 级龙格—库塔法称为是 p 阶的,若把 $y_k+h\phi(x_k,y_k,y_{k+1},h)$展开成 h 的级数形式

$$y_{k+1}=y_k+\sum_{s=1}^{\infty}\frac{\beta_{ks}}{s!}h^s$$

成立 $\beta_{ks}=D^{s-1}f(x_k,y_k)$，$s=1,2,\cdots,p$，而 $\beta_{kp+1}\neq D^p f(x_k,y_k)$。

龙格—库塔法中的常数 c_r,a_r,b_{rs} 用下述原则来确定，选择 c_r,a_r,b_{rs}，$r\leqslant R$，使其阶 p 达到最高，即选择 c_r,a_r,b_{rs}，$r\leqslant R$，使

$$\beta_{ks}=y_k^{(s)}=D^{s-1}f(x_k,y_k),\quad s=1,2,\cdots,p。$$

10.3.2 常用的低阶龙格—库塔法

一级显式龙格—库塔法为 $y_{k+1}=y_k+hc_1k_1$，当 $c_1=1$ 时为一阶方法，就是显式欧拉法。一级显式龙格—库塔法是唯一的。

考虑二级显式龙格—库塔法，有

$$\begin{aligned}&y_{k+1}=y_k+h(c_1k_1+c_2k_2),\\&k_1=f(x_k,y_k),\\&k_2=f(x_k+a_2h,y_k+b_{21}k_1h)\end{aligned}$$

用 f,f_x,f_y 等分别表示它们在 (x_k,y_k) 的值，则有

$$\begin{aligned}k_1&=f,\\k_2&=f+a_2hf_x+b_{21}ff_yh+\frac{h^2}{2!}(a_2^2f_{xx}+2a_2b_{21}f_{xy}f+b_{21}^2f_{yy}f^2)+O(h^3)\\&=y_k+(c_1+c_2)fh+h^2(a_2c_1f_x+b_{21}c_2ff_y),\end{aligned}$$

其中

$$\begin{cases}c_1+c_2=1,\\a_2c_1=\dfrac{1}{2},\\b_{21}c_2=\dfrac{1}{2}。\end{cases}\tag{10.3.4}$$

而在 h^3 的系数中，偏导数出现的项数不一样多，从而不可能存在三阶的显式二级龙格—库塔法。二级显式龙格—库塔法最高是二阶的，即 $p(2)=2$。显式二级二阶龙格—库塔法不唯一，(10.3.4)式中 4 个参数满足 3 个方程，有无穷多个解。

若取 $c_1=c_2=\dfrac{1}{2}$，$a_2=b_{21}=1$，对应计算公式为

$$y_{k+1}=y_k+\frac{h}{2}[f(x_k,y_k)+f(x_k+h,y_k+hf(x_k,y_k))]$$

这就是预估一校正欧拉法。

若取 $c_1=0,c_2=1,a_2=b_{21}=\dfrac{1}{2}$，对应公式为

$$y_{k+1}=y_k+hf\left(x_k+\frac{1}{2}h,y_k+\frac{k}{2}f(x_k,y_k)\right)。\tag{10.3.5}$$

方法(10.3.5)称为中点方法。

若取 $c_1=\dfrac{1}{4},c_2=\dfrac{3}{4}$。$a_2=b_{21}=\dfrac{2}{3}$ 时，得豪恩(Heun)二阶方法：

$$y_{k+1}=y_k+\frac{h}{4}\left[f(x_k,y_k)+3f\left(x_k+\frac{2}{3}h,y_k+\frac{2}{3}hf(x_k,y_k)\right)\right]。$$

在显式三级龙格—库塔法中,待定参数共8个：$c_1,c_2,c_3,a_2,a_3,b_{21},b_{31},b_{32}$。若是三阶方法,它们应满足

$$\begin{cases} y_{k+1}=y_k+\dfrac{h}{6}(k_1+2k_2+2k_3+k_4), \\ k_1=f(x_k,y_k), \\ k_2=f\left(x_k+\dfrac{h}{2},y_k+\dfrac{h}{2}k_1\right), \\ k_3=f\left(x_k+\dfrac{h}{2},y_k+\dfrac{h}{2}k_2\right), \\ k_4=f(x_k+h,y_k+hk_3)。 \end{cases}$$

(10.3.6)式有解但解不唯一。无论如何选择这8个参数,不可能使三级显式龙格—库塔法成为四阶方法。

若取 $c_1=\dfrac{1}{4},c_2=0,c_3=\dfrac{3}{4},a_2=b_{21}=\dfrac{1}{3},b_{31}=0,a_3=b_{32}=\dfrac{2}{3}$,得三阶豪恩方法：

$$\begin{cases} y_{k+1}=y_k+\dfrac{h}{4}(k_1+3k_3), \\ k_1=f(x_k,y_k), \\ k_2=f\left(x_k+\dfrac{1}{3}h,y_k+\dfrac{h}{3}k_1\right), \\ k_3=f\left(x_k+\dfrac{2}{3}h,y_k+\dfrac{2}{3}hk_2\right), \end{cases} \quad k=0,1,\cdots,n-1。$$

另一个常用的显式三级三阶方法是库塔三阶方法：

$$\begin{cases} y_{k+1}=y_k+\dfrac{h}{6}(k_1+4k_2+k_3), \\ k_1=f(x_k,y_k), \\ k_2=f\left(x_k+\dfrac{h}{2},y_k+\dfrac{h}{2}k_1\right), \\ k_3=f(x_k+h,y_k-hk_1+2hk_2)。 \end{cases}$$

对于四级显式龙格—库塔法,类似的推导可以建立四阶方法。显式四阶龙格—库塔法不唯一,一个重要的代表是经典龙格—库塔法：

$$\begin{cases} y_{k+1}=y_k+\dfrac{h}{6}(k_1+2k_2+2k_3+k_4), \\ k_1=f(x_k,y_k), \\ k_2=f\left(x_k+\dfrac{h}{2},y_k+\dfrac{h}{2}k_1\right), \\ k_3=f\left(x_k+\dfrac{h}{2},y_k+\dfrac{h}{2}k_2\right), \\ k_4=f(x_k+h,y_k+hk_3)。 \end{cases}$$

下面以经典的四阶龙格—库塔法为例,给出相应的MATLAB程序如下：

```
function s=FourRungeKutta(fun,a,b,h,y0)
%FourRungeKutta.m
%[a,b]为求解区间,h为步长,s为返回向量,y0为初值
```

```
syms x y;
n=[(b-a)/h]+1; s=zeros(1,n+1);s(1)=y0;
x1=a:h:b;
for k=1:n
  k1=double(subs(fun,{x,y},{x1(k),s(k)}));
  k2=double(subs(fun,{x,y},{x1(k)+h/2,s(k)+h/2*k1}));
  k3=double(subs(fun,{x,y},{x1(k)+h/2,s(k)+h/2*k2}));
  k4=double(subs(fun,{x,y},{x1(k)+h,s(k)+h*k3}));
  s(k+1)=s(k)+h/6*(k1+2*k2+2*k3+k4);
end
s
```

例 10.3.1 用经典龙格—库塔法求解

$$y'=x^{-2}(xy-y^2),\quad x\in(1,3),$$

$y(1)=2$,取 $h=0.01$。已知其精确解为 $u(x)=\left(\frac{1}{2}+\ln t\right)^{-1}t$。

解 MATLAB 程序如下:

```
clc;clear all;format long
syms x y;
fun=x^(-2)*(x*y-y^2);
a=1;b=3;h=0.01; y0=2; n=[(b-a)/h]+1; x1=a:h:b;
uzhunque=zeros(1,n);                          %存储准确解
Uzhunque(1)=y0; E=zeros(1,n);                 %存储误差
Hfun=@FourRungeKutta;
Ivalue=feval(Hfun,fun,a,b,h,y0);
for nn=1:n
uzhunque(nn)=double(1/(0.5+log(x1(nn)))*x1(nn));
E(nn)=abs(Ivalue(nn)-uzhunque(nn));           %误差
end
E
```

部分计算结果及于精确解的比较列在表 10.3.1 中。

表 10.3.1

x_k	y_k	$\|y(x_k-y_k)\|$
1.00	2.000000	0.000000
1.01	1.980585	0.08956×10^{-9}
1.02	1.962283	0.165679×10^{-9}
⋮	⋮	⋮
2.98	1.871949	0.322506×10^{-9}
2.99	1.874287	0.322235×10^{-9}
3.00	1.876628	0.321969×10^{-9}

10.3.3 步长的选取

步长的选取在数值解法中非常重要，步长过大，每步计算产生的局部截断误差也较大。若步长取得较小，虽然每步计算的截断误差较小，但在一定的求解范围内需要完成的计算步骤就较多。这不仅增加了计算量，而且还会造成舍入误差的累积。应用中的一种有效措施是在计算的过程中自动调整步长，即变步长技巧。

现利用理查森外推法来构造变步长的技巧。设计算公式是 p 阶的，从 y_i 出发先取步长为 h，经过一步计算得出的数值解为 $y_{i+1}^{[h]}$，局部截断误差记为 $y_{i+1}^{[h]}-y(x_{i+1})=C_1h^{p+1}$，然后将步长折半，取步长为 $h/2$，经过两步计算，从 y_i 出发计算得出的数值解记为 $y_{i+1}^{\left[\frac{h}{2}\right]}$，其局部截断误差为

$$y_{i+1}^{\left[\frac{h}{2}\right]}-y(x_{i+1})=C_2\left(\frac{h}{2}\right)^{p+1}+C_3\left(\frac{h}{2}\right)^{p+1},$$

其中的渐近误差常数 C_1,C_2,C_3 与 $y^{(p+1)}(x)$ 在 $[x_i,x_{i+1}]$ 上的值有关，但我们可以近似认为 $C_1\approx C_2\approx C_3\approx C$，故有

$$\begin{cases} y_{i+1}^{[h]}-y(x_{i+1})=Ch^{p+1}, & (10.3.7)\\ y_{i+1}^{\left[\frac{h}{2}\right]}-y(x_{i+1})=2C\left(\dfrac{h}{2}\right)^{p+1}, & (10.3.8)\end{cases}$$

以 2^p 乘(10.3.8)式并减去(10.3.7)式有

$$\frac{2^p y_{i+1}^{\left[\frac{h}{2}\right]}-y_{i+1}^{[h]}}{2^p-1}=y(x_{i+1})。\tag{10.3.9}$$

显然以(10.3.9)式的左端值近似 y_{i+1} 比用 $y_{i+1}^{[h]}$ 或 $y_{i+1}^{\left[\frac{h}{2}\right]}$ 作为 y_{i+1} 的近似值，其精度要高得多。如取 $p=4$，有

$$y_{i+1}=\frac{16y_{i+1}^{\left[\frac{h}{2}\right]}-y_{i+1}^{[h]}}{15}。$$

这种技巧与龙贝格积分法的思想是一致的。从(10.3.7)式、(10.3.8)式又可得到近似值

$$\Delta=\left|y_{i+1}^{\left[\frac{h}{2}\right]}-y(x_{i+1})\right|\approx\left|\frac{y_{i+1}^{\left[\frac{h}{2}\right]}-y_{i+1}^{[h]}}{2^p-1}\right|。\tag{10.3.10}$$

从(10.3.10)式知，可从 Δ 的值来选择步长 h 的大小，若误差精度为 ε，其方法为

(1) 当 $\Delta<\varepsilon$ 时，反复加倍步长计算，直到 $\Delta>\varepsilon$，再以上一次步长计算所得值作为 y_{i+1}。

(2) 当时 $\Delta>\varepsilon$，反复折半步长计算，直到 $\Delta<\varepsilon$，再以最后一次计算所得值作为 y_{i+1}。

从表面上看，判别 Δ 的工作量是增加了，但当方程的解 $y(x)$ 变化较大的情况下，总的工作量还是减少了。

外推法也可用来进行误差估计，设方法是 p 阶的，则有

$$y^{[h]}(x)-y^{\left[\frac{h}{2}\right]}(x)=\left(1-\frac{1}{2^p}\right)C_ph^p+\left(1-\frac{1}{2^{p+1}}\right)C_{p+1}h^{p+1}+\cdots。$$

因此有估计式

$$C_ph^p\approx\frac{2^p}{2^p-1}\left[y^{[h]}(x)-y^{\left[\frac{h}{2}\right]}(x)\right]。\tag{10.3.11}$$

(10.3.10)式的右端常用作 $y^{[h]}(x)$的误差估计。

10.4 收敛性和稳定性

10.4.1 收敛性

定义 10.4.1 假设 y_{i+1}之前函数值是准确的,若用差分方程求出的解 y_{i+1}满足$\lim\limits_{h\to 0}y_{i+1}=y(x_{i+1})$,其中 $y(x_{i+1})$是 x_{i+1}处的准确值,则称差分方程是收敛的。

欧拉法、龙格—库塔法以及本章介绍的其他方法是收敛的。

10.4.2 稳定性

稳定性即数值稳定性,是指在数值计算过程中误差传播的情况。应用数值方法求解微分方程初值问题时,由于求解过程是按节点逐次递推进行。误差的传播是不可避免的。所以若计算公式不能有效地控制误差的传播,那么误差积累,将使最终的计算结果严重失真。

例 10.4.1 分别在 $h=0.1$,$h=0.2$ 用经典龙格—库塔法求解

$$\begin{cases} y'=-20y, \quad 0\leqslant x\leqslant 1, \\ y(0)=1。\end{cases}$$

解 计算结果如表 10.4.1 所示。

表 10.4.1

x_i	准确值 $y(x_i)$	$y_i(h=0.1)$	$y(x_i)-y_i$	$y_i(h=0.2)$	$y(x_i)-y_i$
0.2	0.0183156	0.1111111	−0.0927955	0.005	−0.00498
0.4	0.0003354	0.0123456	−0.0120102	0.025	−0.0025
0.6	0.0000061	0.0013717	−0.0013656	0.125	−0.125
0.8	0.0000001	0.0001542	−0.0001523	0.625	−0.625
1.0	0.0000000	0.0000017	−0.0000169	3.125	−3.125

从表 10.4.1 中的结果看出,当步长 $h=0.1$ 时,各数值解的误差较小,且逐渐减小。当步长 $h=0.2$ 时,数值解的误差较大,且逐步增大以至失去控制,我们称 $h=0.1$ 时的数值解是稳定的,$h=0.2$ 时的数值解不稳定。

定义 10.4.2 记差分方程准确解为 y_i,而其计算解为 $\bar{y}_i$,称 $\delta_i=y_i-\bar{y}_i$ 为节点 x_i 处数值解的扰动。又设 $\delta_i\neq 0$ 且以后的计算中没有引进舍入误差,若$|\delta_j|\leqslant|\delta_i|$,$j=i+1,i+2,\cdots,n$,则称差分方程的计算公式是绝对稳定的。

从定义 10.4.2 可以理解,所谓数值计算是稳定的,表示差分方程在某步计算中产生的计算误差,在以后的计算中不会扩散。绝对稳定性的概念依赖于初值问题右端函数 $f(x,y)$的具体形式,现针对实验方程

$$y'=\lambda y$$

来进行讨论

(1) 对欧拉法,数值解为

$$y_{i+1}=y_i+h\lambda y_i=(1+h\lambda)y_i。$$

计算解为

$$\bar{y}_{i+1}=\bar{y}_i+h\lambda\bar{y}_i=(1+h\lambda)\bar{y}_i,$$

所以扰动方程

$$\delta_{i+1}=(1+h\lambda)\delta_i。$$

由此可知,当$|1+h\lambda|\leqslant 1$,即 $h\lambda\in(-2,0)$时欧拉法绝对稳定,称$(-2,0)$为欧拉法的稳定区间。

(2) 欧拉梯形公式,数值解满足

$$y_{i+1}=y_i+\frac{h}{2}[\lambda y_i+\lambda y_{i+1}]。$$

计算解满足

$$\bar{y}_{i+1}=\bar{y}_i+\frac{h}{2}[\lambda\bar{y}_i+\lambda\bar{y}_{i+1}],$$

扰动方程为

$$\delta_{i+1}=\frac{2+h\lambda}{2-h\lambda}\delta_i。$$

故当$\left|\frac{2+h\lambda}{2-h\lambda}\right|\leqslant 1$时,即 $h\lambda\in(-\infty,0)$时,欧拉梯形公式是绝对稳定的。

对一般的方程$\frac{dy}{dx}=f(x,y)$,由泰勒公式

$$f(x,y)=f(x_i,y_i)+(x-x_i)f_x(x_i,y_i)+(y-y_i)f_y(x_i,y_i)+\cdots,$$

略去高阶项,则在(x_i,y_i)的附近,原方程近似为线性方程

$$y'=f_y(x_i,y_i)y+C,$$

其中

$$C=f(x_i,y_i)+(x-x_i)f_x(x_i,y_i)-y_if_y(x_i,y_i)。$$

因此可以在实验方程中取$\lambda=f_y(x_i,y_i)$进行稳定性判别,以确定由节点 x_i 到 x_{i+1} 这一步的绝对稳定区间。表10.4.2给出了一些方法的绝对稳定区间,其中"—"表示无绝对稳定区间。

表 10.4.2

方　法	方法的阶	稳定区间
欧拉方法	1	$(-2,0)$
欧拉中点法	2	—
欧拉梯形法	2	$(-\infty,0)$
欧拉预测—校正法	2	$(-2,0)$
二阶龙格—库塔法	2	$(-2,0)$
三阶龙格—库塔法	3	$(-2.51,0)$
四阶龙格—库塔法	4	$(-2.78,0)$

10.5 线性多步法

在逐步推进的求解过程中，计算 y_{n+1} 之前事实上已经计算出了一系列的近似值 y_0，y_1，…，y_n。如果充分利用前面多步的信息来预测 y_{n+1}，则可以期望会获得较高的精度，这就是构造线性多步法的基本思想。

构造多步法的主要途径是基于数值积分方法和基于泰勒展开方法，前者可直接由微分方程两端积分后利用插值求积公式得到，本节主要介绍基于泰勒展开的构造方法。

10.5.1 线性多步法的一般公式

如果计算 y_{n+k} 时，除用 y_{n+k-1} 的值，还用到 $y_{n+i}(i=0,1,\cdots,k-2)$ 的值，则称此方法为**线性多步法**。一般的线性多步法公式可表示为

$$y_{n+k}=\sum_{i=0}^{k-1}\alpha_i y_{n+i}+h\sum_{i=0}^{k}\beta_i f_{n+i}, \tag{10.5.1}$$

其中，y_{n+i} 为 $y(x_{n+i})$ 的近似，$f_{n+i}=f(x_{n+i},y_{n+i})$，$x_{n+i}=x_n+ih$，$\alpha_i$，$\beta_i$ 为常数，并且 α_0，β_0 不全为零，则称(10.5.1)式为线性 k 步法。计算时需先给出前面 k 个近似值 y_0，y_1，…，y_{k-1}，再由(10.5.1)式逐次求出 y_k，y_{k+1}，…。如果 $\beta_k=0$，则称(10.5.1)式为显式 k 步法，这时 y_{n+k} 可直接由(10.5.1)式算出；如果 $\beta_k\neq0$，则称(10.5.1)式为隐式 k 步法，求解时要用迭代法方可算出 y_{n+k}。(10.5.1)式中系数 α_i，β_i 可根据方法的局部截断误差及阶确定，其定义如下。

定义 10.5.1 设 $y(x)$ 是初值问题(10.1.1)、(10.1.2)的准确解，线性多步法(10.5.1)在 x_{n+k} 上的局部截断误差为

$$T_{n+k}=L[y(x_n);h]=y(x_{n+k})-\sum_{i=0}^{k-1}\alpha_i y(x_{n+i})-h\sum_{i=0}^{k}\beta_i y'(x_{n+i})。 \tag{10.5.2}$$

若 $T_{n+k}=O(h^{p+1})$，则称方法(10.5.1)是 p 阶的。如果 $p\geqslant1$，则称方法(10.5.1)与微分方程(10.1.1)是相容的。

由定义，对 T_{n+k} 在 x_n 处做泰勒展开。由于

$$y(x_n+ih)=y(x_n)+ihy'(x_n)+\frac{(ih)^2}{2!}y''(x_n)+\frac{(ih)^3}{3!}y(x_n)+\cdots,$$

$$y'(x_n+ih)=y'(x_n)+ihy''(x_n)+\frac{(ih)^2}{2!}y'''(x_n)+\cdots,$$

代入(10.5.2)式得

$$T_{n+k}=c_0y(x_n)+c_1hy'(x_n)+c_2h^2y''(x_n)+\cdots+c_ph^py^{(p)}(x_n)+\cdots, \tag{10.5.3}$$

其中

$$\begin{cases}c_0=1-(\alpha_1+\alpha_2+\cdots+\alpha_{k-1}),\\ c_1=k-[\alpha_1+2\alpha_2+\cdots+(k-1)\alpha_{k-1}]-(\beta_0+\beta_1+\cdots+\beta_k),\\ c_q=\dfrac{1}{q!}[k^q-(\alpha_1+2^q\alpha_2+\cdots+(k-1)^q\alpha_{k-1})]-\\ \qquad\dfrac{1}{(q-1)!}[\beta_1+2^{q-1}\beta_2+\cdots+k^{q-1}\beta_k],\quad q=2,3,\cdots。\end{cases} \tag{10.5.4}$$

若在公式(10.5.1)中选择系数 α_i,β_i,使它们满足

$$c_0=c_1=\cdots=c_p=0,\quad c_{p+1}\neq 0,$$

由定义可知此时所构造的多步法是 p 阶的,且

$$T_{n+k}=c_{p+1}h^{p+1}y^{(p+1)}(x_n)+O(h^{p+2})。\tag{10.5.5}$$

称右端第一项为**局部截断误差主项**,c_{p+1} 称为**误差常数**。

根据相容性定义,$p\geqslant 1$,即 $c_0=c_1=0$,由(10.5.4)式得

$$\begin{cases}\alpha_0+\alpha_1+\cdots+\alpha_{k-1}=1,\\ \sum\limits_{i=1}^{k-1}i\alpha_i+\sum\limits_{i=0}^{k}\beta_i=k。\end{cases}\tag{10.5.6}$$

故方法(10.5.1)与微分方程(10.1.1)相容的充分必要条件是(10.5.6)式成立。

显然,当 $k=1$ 时,若 $\beta_1=0$,则由(10.5.6)式可求得

$$\alpha_0=1,\qquad \beta_0=1。$$

此时,方法(10.5.1)为

$$y_{n+1}=y_n+hf_n,$$

即欧拉法,从(10.5.4)式可求得 $c_2=\dfrac{1}{2}\neq 0$,故该方法为一阶精度,且局部截断误差为

$$T_{n+1}=\frac{1}{2}h^2y''(x_n)+O(h^3)。$$

对 $k=1$,若 $\beta_1\neq 0$,此时方法为隐式公式,为了确定系数 α_0,β_0,β_1,可由 $c_0=c_1=c_2=0$ 解得 $\alpha_0=1,\beta_0=\beta_1=\dfrac{1}{2}$,于是得到公式

$$y_{n+1}=y_n+\frac{h}{2}(f_n+f_{n+1}),$$

即为梯形法。由(10.5.4)式可求得 $c_3=-\dfrac{1}{12}$,故 $p=2$,所以梯形法是二阶方法,其局部截断误差为

$$T_{n+1}=-\frac{1}{12}h^3y'''(x_n)+O(h^4)。$$

对于 $k\geqslant 2$ 的多步法公式都可利用(10.5.4)式确定系数 α_i,β_i,并由(10.5.5)式给出局部截断误差,下面只就常用的多步法导出具体公式。

10.5.2 亚当斯方法

线性多步法的典型代表是亚当斯(Adams)方法,它直接利用求解节点的斜率值来提高精度,其中,将 $y(x)$ 在 $x_n,x_{n-1},x_{n-2},\cdots$ 处斜率值的加权平均作为平均斜率值 K^* 的近似值,所得到的公式称为显式亚当斯公式;而将 $y(x)$ 在 $x_{n+1},x_n,x_{n-1},\cdots$ 处斜率值的加权平均作为平均斜率值 K^* 的近似值,所得到的公式称为隐式亚当斯公式。

定义 10.5.2 若差分公式

$$y_{n+1}=y_n+h(\alpha_1f_n+\alpha_2f_{n-1}+\cdots+\alpha_rf_{n-r+1})$$

为 r 阶公式,其中 $\alpha_1+\alpha_2+\cdots+\alpha_r=1$,则称为 r 阶**显式亚当斯公式**。又若差分公式

$$y_{n+1}=y_n+h(\alpha_1f_{n+1}+\alpha_2f_n+\cdots+\alpha_rf_{n-r+2})$$

为 r 阶公式,其中 $\alpha_1+\alpha_2+\cdots+\alpha_r=1$,则称为 r 阶**隐式亚当斯公式**。

下面用待定系数法导出四阶隐式和显式亚当斯公式。

隐式亚当斯公式,设

$$y_{n+1}=y_n+h(\alpha_1 f_{n+1}+\alpha_2 f_n+\alpha_3 f_{n-1}+\alpha_4 f_{n-2}),$$

则局部截断误差

$$\begin{aligned}T[y]&=y(x_{n+1})-y_{n+1}=y(x_n+h)-y_{n+1}\\&=y(x_n+h)-y(x_n)-h[\alpha_1 y'(x_n+h)+\alpha_2 y'(x_n)+\alpha_3 y'(x_n-h)+\alpha_4 y'(x_n-2h)]。\end{aligned}$$

令 $T[x^k]=0(k=1,2,3,4)$ 及 $x_n=0$,代入上式,得

$$\begin{cases}\alpha_1+\alpha_2+\alpha_3+\alpha_4-1=0,\\2\alpha_1-2\alpha_3-4\alpha_4-1=0,\\3\alpha_1+3\alpha_3+12\alpha_4-1=0,\\4\alpha_1-4\alpha_3-32\alpha_4-1=0。\end{cases}$$

解得

$$\alpha_1=\frac{9}{24},\quad \alpha_2=\frac{19}{24},\quad \alpha_3=-\frac{5}{24},\quad \alpha_4=\frac{1}{24}。$$

故得四阶隐式公式

$$y_{n+1}=y_n+\frac{h}{24}(9f_{n+1}+19f_n-5f_{n-1}+f_{n-2})。\tag{10.5.7}$$

(10.5.7)式称为**四阶亚当斯内插公式**,它是一个线性三步四阶隐式公式,应用十分广泛。

显式亚当斯公式,设

$$y_{n+1}=y_n+h(\alpha_1 f_n+\alpha_2 f_{n-1}+\alpha_3 f_{n-2}+\alpha_4 f_{n-3}),$$

则局部截断误差

$$\begin{aligned}T[y]&=y(x_n+h)-y_{n+1}\\&=y(x_n+h)-y(x_n)-h[\alpha_1 y'(x_n)+\alpha_2 y'(x_n-h)+\alpha_3 y'(x_n-2h)+\alpha_4 y'(x_n-3h)]。\end{aligned}$$

令 $T[x^k]=0(k=1,2,3,4)$ 及 $x_n=0$,代入上式,得

$$\begin{cases}\alpha_1+\alpha_2+\alpha_3+\alpha_4-1=0,\\2\alpha_2+4\alpha_3+6\alpha_4+1=0,\\3\alpha_2+12\alpha_3+27\alpha_4-1=0,\\4\alpha_2+32\alpha_3+108\alpha_4+1=0。\end{cases}$$

解得

$$\alpha_1=\frac{55}{24},\quad \alpha_2=-\frac{59}{24},\quad \alpha_3=\frac{37}{24},\quad \alpha_4=-\frac{9}{24}。$$

故得四阶显式公式

$$y_{n+1}=y_n+\frac{h}{24}(55f_n-59f_{n-1}+37f_{n-2}-9f_{n-3})。\tag{10.5.8}$$

(10.5.8)式称为**四阶亚当斯外推公式**,它是一个线性四步四阶显式公式,需要 4 个初值,通常需要借助于其他差分公式(如龙格—库塔公式)计算初值才能启动。

实际应用中,常将四阶亚当斯外推公式与内插公式配套使用,构成“**预估—校正**”公式,即

$$\begin{cases} p_{n+1} = y_n + \dfrac{h}{24}(55f_n - 59f_{n-1} + 37f_{n-2} - 9f_{n-3}), \\ y_{n+1} = y_n + \dfrac{h}{24}(9f(x_{n+1}, p_{n+1}) + 19f_n - 5f_{n-1} + f_{n-2})。 \end{cases}$$

下面给出四阶亚当斯"预估—校正"格式的 MATLAB 程序如下：

```
%m4adams.m
function [x,y] =m4adams(df,xspan,y0,h)
%用途：四阶亚当斯"预估—校正"格式解常微分方程 y'=f(x,y),y(x0)=y0.
%df 为函数 f(x,y)表达式,xspan 为求解区间[x0,xn]
%y0 为初值,h 为步长,x 为返回节点,y 为返回数值解。
x=xspan(1):h:xspan(2);a=x(1);b=x(4);
[x1,y]=m4rungekutta(df,x(1),x(4),y0,h);
for n=4:(length(x)-1)
  p=y(n)+h/24*(55*feval(df,x(n),y(n))-59*feval(df,x(n-1),y(n-1))+37*feval
(df,x(n-2),y(n-2))-9*feval(df,x(n-3),y(n-3)));
  y(n+1)=y(n)+h/24*(feval(df,x(n-2),y(n-2))-5*feval(df,x(n-1),y(n-1))+19*
feval(df,x(n),y(n))+9*feval(df,x(n+1),p));
end

function [x,y]=m4rungekutta(df,a,b,y0,h)
%用途：用于计算四阶显式格式的四个初值,启动"预估-校正"法。
%df 为函数 f(x,y)表达为求解区间[a,b]
%y0 为初值,h 为步长,x 为返回节点,y 为返回数值解。
x=a:h:b;y(1)=y0;
for n=1:(length(x)-1)
  k1=feval(df,x(n),y(n));
  k2=feval(df,x(n)+h/2,y(n)+h/2*k1);
  k3=feval(df,x(n)+h/2,y(n)+h/2*k2);
  k4=feval(df,x(n+1),y(n)+h*k3);
  y(n+1)=y(n)+h/6*(k1+2*k2+2*k3+k4);
end
```

例 10.5.1 取 $h=0.1$,用四阶亚当斯"预估—校正"格式程序 m4adams.m 求解下列初值问题

$$\begin{cases} y' = y - \dfrac{2x}{y}, \quad 0 \leqslant x \leqslant 1, \\ y(0) = 1。 \end{cases}$$

并与精确解 $y(x)=\sqrt{1+2x}$ 进行比较。

解 在 MATLAB 命令窗口执行

```
clc,clear all
df=@(x,y)y-2*x./y;
xspan=[0,1];h=0.1;y0=1;
[x,y]=m4adams(df,[0,1],1,0.1);
```

```
y1=sqrt(1+2*x);                    %解析解
s=[x',y',y1']
```

运行结果：

```
s =
  0         1.0000  1.0000
  0.1000    1.0954  1.0954
  0.2000    1.1832  1.1832
  0.3000    1.2649  1.2649
  0.4000    1.3416  1.3416
  0.5000    1.4142  1.4142
  0.6000    1.4832  1.4832
  0.7000    1.5492  1.5492
  0.8000    1.6125  1.6125
  0.9000    1.6733  1.6733
  1.0000    1.7321  1.7321
```

上面的结果中，第 1 列是节点，第 2 列是数值解，第 3 列是精确解。

10.6 一阶微分方程组和高阶微分方程

前面介绍了一阶常微分方程的多种数值方法，这些方法对常微分方程组和高阶常微分方程同样适用。为了避免书写与叙述上的繁琐，下面以两个未知函数的方程组和二阶常微分方程为例来叙述这些方法的计算公式，而其截断误差不作推导而直接给出计算格式。

10.6.1 一阶线性微分方程组

考虑方程组

$$\begin{cases} y' = f(x, y, z), y(x_0) = y_0, \\ z' = g(x, y, z), z(x_0) = z_0。\end{cases}$$

1. 欧拉公式

对 $n=0,1,2,\cdots$，计算

$$\begin{cases} y_{n+1} = y_n + hf(x_n, y_n, z_n), y(x_0) = y_0, \\ z_{n+1} = z_n + hg(x_n, y_n, z_n), z(x_0) = z_0。\end{cases}$$

2. 改进欧拉公式

对 $n=0,1,2,\cdots$，计算

$$\begin{cases} p_{n+1} = y_n + hf(x_n, y_n, z_n), \\ q_{n+1} = z_n + hg(x_n, y_n, z_n), \\ y_{n+1} = y_n + \dfrac{h}{2}[f(x_n, y_n, z_n) + f(x_{n+1}, p_{n+1}, q_{n+1})], \\ z_{n+1} = z_n + \dfrac{h}{2}[g(x_n, y_n, z_n) + g(x_{n+1}, p_{n+1}, q_{n+1})], \end{cases}$$

其中 $y(x_0)=y_0, z(x_0)=z_0$。

3. 经典四阶龙格—库塔公式

对 $n=0,1,2,\cdots$,计算

$$\begin{cases} y_{n+1}=y_n+\dfrac{h}{6}(K_1+2K_2+2K_3+K_4), \\ z_{n+1}=z_n+\dfrac{h}{6}(L_1+2L_2+2L_3+L_4), \end{cases}$$

其中

$$\begin{cases} K_1=f(x_n,y_n,z_n), L_1=g(x_n,y_n,z_n), \\ K_2=f\left(x_n+\dfrac{h}{2},y_n+\dfrac{hK_1}{2},z_n+\dfrac{hL_1}{2}\right), L_2=g\left(x_n+\dfrac{h}{2},y_n+\dfrac{hK_1}{2},z_n+\dfrac{hL_1}{2}\right), \\ K_3=f\left(x_n+\dfrac{h}{2},y_n+\dfrac{hK_2}{2},z_n+\dfrac{hL_2}{2}\right), L_3=g\left(x_n+\dfrac{h}{2},y_n+\dfrac{hK_2}{2},z_n+\dfrac{hL_2}{2}\right), \\ K_4=f(x_n+h,y_n+hK_3,z_n+hL_3), L_4=g(x_n+h,y_n+hK_3,z_n+hL_3)。 \end{cases}$$

4. 四阶亚当斯预估—校正公式

记 f_{n-k}, g_{n-k} 分别表示 $f(x_{n-k},y_{n-k},z_{n-k}), g(x_{n-k},y_{n-k},z_{n-k})(k=0,1,2,3)$。对 $n=0,1,2,\cdots$,计算

$$\begin{cases} p_{n+1}=y_n+\dfrac{h}{24}(55f_n-59f_{n-1}+37f_{n-2}-9f_{n-3}), \\ q_{n+1}=z_n+\dfrac{h}{24}(55g_n-59g_{n-1}+37g_{n-2}-9g_{n-3}), \\ y_{n+1}=y_n+\dfrac{h}{24}(f_{n-2}-5f_{n-1}+19f_n+9f(x_{n+1},p_{n+1},q_{n+1})), \\ z_{n+1}=z_n+\dfrac{h}{24}(g_{n-2}-5g_{n-1}+19g_n+9g(x_{n+1},p_{n+1},q_{n+1})), \end{cases}$$

其中 $y(x_0)=y_0, z(x_0)=z_0$。

下面给出用经典四阶龙格—库塔公式解微分方程组的 MATLAB 程序。

```
%程序 m4rkodes.m
function [x,y] =m4rkodes(df,xspan,y0,h)
%用途:四阶经典龙格—库塔公式解常微分方程组 y'=f(x,y),y(x0)=y0.
%df 为向量函数 f(x,y)表达式,xspan 为求解区间[x0,xn],
%y0 为初值向量,h 为步长,x 为返回节点,y 为返回数值解向量。
x=xspan(1):h:xspan(2);
y=zeros(length(y0),length(x));
y(:,1)=y0(:);
for n=1:(length(x)-1)
    k1=feval(df,x(n),y(:,n));
    k2=feval(df,x(n)+h/2,y(:,n)+h/2*k1);
    k3=feval(df,x(n)+h/2,y(:,n)+h/2*k2);
```

```
    k4=feval(df,x(n+1),y(:,n)+h*k3);
    y(:,n+1)=y(:,n)+h*(k1+2*k2+2*k3+k4)/6;
end
```

例 10.6.1 取 $h=0.005$,利用程序 m4rkodes.m 求解下面洛伦兹(Lornez)方程组

$$\begin{cases}\dfrac{dx}{dt}=-\sigma x+\sigma y,\\ \dfrac{dy}{dt}=\alpha x-y-xz,\\ \dfrac{dz}{dt}=xy-\beta z。\end{cases}$$

参数 α,β,σ 适当的取值会使系统趋于混沌状态。这里取 $\alpha=30,\beta=2.8,\sigma=12$,初值取 $x(0)=0,y(0)=1,z(0)=2$,在区间[0,500]上求其数值解,并绘制 z 随 x 变化的曲线。

解：编写下列程序,并运行。

```
clc,clear all;
xspan=[0 500];y0=[0,1,2];h=0.005;
a=30;b=2.8;sigma=12;
df=@(x,y)[-sigma*y(1)+sigma*y(2);a*y(1)-y(2)-y(1)*y(3);y(1)*y(2)-b*y(3)]
[x,y]=m4rkodes(df,xspan,y0,h);
plot(y(1,:),y(3,:),'r');
```

运行得到如图 10.6.1 所示的结果。

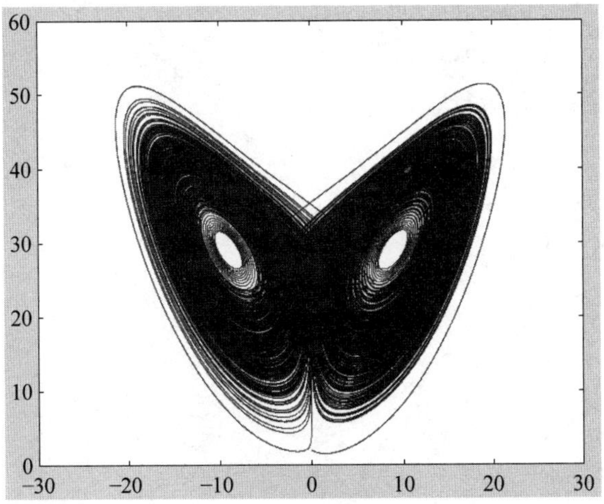

图 10.6.1

10.6.2 高阶微分方程

对于高阶微分方程,它总可以化成方程组的形式,例如,二阶方程

$$\begin{cases}y''=g(x,y,y'),\\ y(x_0)=y_0,\quad y'(x_0)=y'_0,\end{cases}$$

总可以化为一阶方程组

$$\begin{cases}y'=z=f(x,y,z),\\ z'=g(x,y,z),\\ y(x_0)=y_0,\quad z(x_0)=y'_0=z_0。\end{cases}$$

所以在本小节没有必要再对高阶方程给出计算公式。但应注意到，把高阶化为方程组时，其函数取特定的形式，因此，这时的计算公式可以化简。例如，对改进欧拉公式，因 $f(x,y,z)=z$，故改进欧拉公式可表示为如下格式。

对 $n=0,1,2,\cdots$，计算

$$\begin{cases}p_{n+1}=y_n+hz_n,\\ q_{n+1}=z_n+hg(x_n,y_n,z_n),\\ y_{n+1}=y_n+\dfrac{h}{2}[z_n+q_{n+1}],\\ z_{n+1}=z_n+\dfrac{h}{2}[g(x_n,y_n,z_n)+g(x_{n+1},p_{n+1},q_{n+1})],\end{cases}$$

其中 $y(x_0)=y_0,z(x_0)=y_0'=z_0$。

例 10.6.2 取 $h=0.1$，利用程序 m4rkodes.m 求解如下二阶方程

$$\begin{cases}y''=2y^3,\quad 1\leqslant x\leqslant 1.5,\\ y(1)=y'(1)=-1\end{cases}$$

的数值解，其解析解为 $y=\dfrac{1}{x-2}$。

解 先将二阶方程写成一阶方程组的形式

$$\begin{cases}y'=z,y(1)=-1,\\ z'=2y^3,z(1)=-1,\quad 1\leqslant x\leqslant 1.5。\end{cases}$$

然后编写 MATLAB 命令，并运行。

```
df=@(x,y)[y(2);2*y(1)^3];
[x,y]=m4rkodes(df,[1 1.5],[-1 -1],0.1);
y1=1./(x-2); %精确解。
[x',y(1,:)',y1']
ans =
  1.0000  -1.0000  -1.0000
  1.1000  -1.1111  -1.1111
  1.2000  -1.2500  -1.2500
  1.3000  -1.4285  -1.4286
  1.4000  -1.6666  -1.6667
  1.5000  -1.9998  -2.0000
```

上面的显示结果，第1列是节点，第2列是数值解，第3列是精确解。

10.7 小　　结

本章研究求解常微分方程初值问题的数值解法。1768年欧拉首先提出了解初值问题的欧拉法，为了提高阶数，由龙格(1895年)，豪恩(1900)和库塔(1901)提出了龙格—库塔

法，它是基于泰勒展开形成的单步方法。1883年由亚当斯基于数值积分得到的亚当斯外插与内插方法是一种多步法，这是构造数值方法的另一途径，但通常利用泰勒展开的构造法更具一般性，且它在构造多步法公式时可同时得到公式的局部截断误差，由于四阶显示龙格—库塔法精度高且是自开始的，易于调节步长，且计算稳定，因此是计算机中数学库常用的算法。它的不足之处是计算量较大，且当 $f(x,y)$ 的光滑性较差时，计算精度可能不如低阶方法。多步法和由它们形成的预估—校正公式，通常每步计算量较少，但它不是自开始的，需要借助四阶龙格—库塔法提供开始值。

对数值方法的分析涉及局部截断误差、整体误差、相容性、收敛性和稳定性等概念，特别是绝对稳定性等概念涉及计算中步长 h 的选取，本章主要针对单步法进行一点理论讨论，而对于多步法则只给出相应结论，不作理论讨论。关于数值方法稳定性理论是20世纪50年代由达尔基斯特(Dahlquist)研究得到的。本章有关的内容读者可参看吉尔(Gear)1971年的重要著作。

刚性方程是具有重要应用价值的问题，具体求解有一定困难，其理论和解法内容很多，可参见其他文献，本章在例10.6.1中给出了一个刚性方程组的求解实例。如果读者希望对常微分方程数值解法有更深入的了解和研究，可以自行查阅相关文献。

10.8 习　　题

1. 求解如下初值问题的精确解

$$\begin{cases} u' = 1 - 2tu, \\ u(0) = 0。\end{cases}$$

及在 $t=1$ 时的近似解$\left(取\ h=\dfrac{1}{4}\right)$。

2. 初值问题

$$\begin{cases} u' = u^{\frac{1}{3}}, \\ u(0) = 0。\end{cases}$$

有解 $u(t)=\left(\dfrac{2}{3}t\right)^{3/2}$。但若用欧拉法求解，对一切 T,N 和 $h=\dfrac{T}{H}$，都只能得到 $u_t=0,t=1,2,\cdots,N$，试解释此现象产生的原因。

3. 用欧拉法计算

$$\begin{cases} u' = u, \\ u(0) = 1 \end{cases}$$

在 $t=1$ 处的值，取 $h=\dfrac{1}{4}$ 和 $\dfrac{1}{16}$，将计算结果与精确值 $u(1)=\mathrm{e}$ 相比较。

4. 导出用改进欧拉法求解方程

$$\begin{cases} u' = u, \\ u(0) = 1 \end{cases}$$

的计算公式

$$U_m = \left(\frac{2+h}{2-h}\right)^m。$$

取 $h=\frac{1}{4}$ 计算 $u(1)$ 的近似值，并与习题3的结果相比较。

5. 就初值问题

$$\begin{cases} u'=at+b, \\ u(0)=0, \end{cases}$$

分别导出用欧拉法和改进欧拉法求近似解的表达式，并与真解 $u=\frac{a}{2}t^2+bt$ 相比较。

6. 龙格—库塔法并不是导出高阶单步方法的唯一途径，如令 $g(t,u)=f'(t,u)=f_t+ff_u$，则可将 $\varphi(t,u;h)$ 取为

$$\varphi(t,u;h)=f(t,u)+\frac{h}{2}g\left(t+\frac{h}{3},u+\frac{h}{3}f(t,u)\right)。$$

证明这是一个二阶的单步方法。

10.9 数值实验题

1. 用欧拉法求初值问题

$$\begin{cases} u'=-u^2, \\ u(0)=1, \end{cases}$$

并编程比较采用欧拉法和改进的欧拉法的计算结果与精确解的误差。

2. 采用欧拉法和改进的欧拉法计算下列常微分方程初值问题

$$\begin{cases} u'=-2xu^2, \quad x\in[0,2], \\ u(0)=1。 \end{cases}$$

3. 用经典的四阶龙格—库塔法计算题1中的初值问题，并和利用欧拉法和改进的欧拉法的计算结果相比较。

4. 考虑化学反应动力学模型，设有三种化学物质的浓度随时间变化的函数为 $y_1(t)$，$y_2(t)$，$y_3(t)$，则浓度由如下方程给出

$$\begin{cases} y_1'=-k_1y_1, \\ y_2'=k_1y_1-k_2y_2, \\ y_3'=-k_2y_2, \end{cases}$$

其中 k_1 和 k_2 是两个反应的速度常数，假定初始浓度为 $y_1(0)=y_2(0)=y_3(0)=1$。取 $k_1=1$，分别用 $k_2=10,100,1000$ 进行试验。对每个 k_2，分别用四阶龙格—库塔法和四阶亚当斯预估—校正法编程求解。针对不同步长，比较各种方法的精度和稳定性。

应用案例：放射性废物的处理

有一段时间，美国原子能委员会（现为核管理委员会）处理浓缩放射性废物时，把它们装入密封性很好的圆桶中，然后扔到水深300ft[①] 的大海中。这种做法是否会造成放射性污

① 1ft=0.3048m。

染，自然引起生物学家及社会各界的关注。原子能委员会一再保证，圆桶非常坚固，绝不会破漏，这种做法是绝对安全的。然而一些工程师们却对此表示怀疑，认为圆桶在和海底相撞时有可能发生破裂。于是双方展开了一场笔墨官司。

究竟谁的意见正确呢？原子能委员会使用的是55gal① 圆桶，装满放射性废物时圆桶的重量为527.436lbf②，在海水中受到的浮力为470.327lbf。此外，下沉时圆桶还要受到海水的阻力，阻力与下沉速度成正比，工程师们做了大量实验，测得其比例系数为0.08lbf·s/ft。同时，大量破坏性试验发现当圆桶速度超过40ft/s时，就会因与海底冲撞而发生破裂。

(1) 建立解决上述问题的微分方程模型；

(2) 用数值方法求解微分方程，并回答谁可能赢这场官司。

应图 10.1

分析 首先，假设圆桶下沉过程无障碍且做直线运动，圆桶质量为 m，装满放射性废物时的圆桶重量为 M，下沉速度为 v，极限速度为 u，加速度为 a，重力加速度为 g，海水深度为 H，圆桶下沉时距海面距离为 h，比例系数为 k。

受力分析：圆桶下落过程受重力 G、浮力 F、阻力 f 三个力的作用，受力情况如应图10.1所示。

圆桶下落过程分析：由于圆桶刚开始时所受重力和浮力均不变，而所受阻力与速度成正比关系，速度增加时，阻力也随之增加，因此圆桶在此过程做加速度减小的加速直线运动。当阻力 f 增加到 $G-F-f=0$，即加速度 $a=0$ 时，阻力和速度同时达到最大，此后速度不变，即圆桶做匀速直线运动。

碰撞过程分析：通过以上分析我们可以猜想圆桶与海底碰撞时的速度有两种可能。第一，圆桶在与海底发生碰撞前就已达到最大速度，也就是说，此时圆桶是以最大速度与海底发生碰撞的；第二，圆桶有可能未达到最大速度就已海底发生碰撞。

解答：由已知条件换算得：

$$M=527.436\text{lbf}=239.241\text{kg},\quad m=470.327\text{lbf}=213.337\text{kg},$$
$$g=9.800\text{m/s\^{}2},\quad k=0.08\text{lbf}\cdot\text{s/ft}=0.119\text{kg}\cdot\text{s/m},$$
$$u=40\text{ft/s}=12.192\text{m/s},\quad H=300\text{ft}=91.440\text{m}。$$

由题意知

$$G=Mg,\quad F=mg,\quad f=kgv,\quad v=\mathrm{d}h/\mathrm{d}t,\quad a=\mathrm{d}v/\mathrm{d}t,$$

且通过受力分析有 $G-F-f=Ma$。

综合上式可得

$$\begin{cases}\dfrac{\mathrm{d}v}{\mathrm{d}t}=\dfrac{(M-m-kv)g}{M},\\[2ex] v=\dfrac{\mathrm{d}h}{\mathrm{d}t}。\end{cases}\qquad (\#)$$

通过以上方程，我们可以计算出圆桶到达海底时的速度 v，然后与极限速度 u 作比较，当 $v>u$ 时，圆桶与海底发生碰撞后破裂，当 $v<u$ 时，圆桶与海底发生碰撞后不会破裂。

---

① 1gal=3.785412L。

② 1lbf=4.45N。

构建函数：

```
function dv=fun1(t,v)                    %构造"时间—速度"函数
M=239.241;m=213.337;g=9.8;k=0.119;       %根据题意选取模型参数
dv=(M-m-k*v)*g/M;                        %表示微分方程(#)
```

MATLAB程序：

```
clf ;
ts=linspace(0,1500,15000);        %考察圆桶下落25分钟内速度变化情况
v0=0;                             %假设初速度为0
[t,v]=ode45(@fun1,ts,v0);         %解微分方程(#)
[t,v];                            %输出结果
plot(t,v,'b');                    %作出"时间—速度"图像
grid on;                          %加网格线
xlabel('t-时间');                 %横坐标表示时间
ylabel('v-速度');                 %纵坐标表示速度
title('圆桶下落速度随时间变化情况');
```

运行结果：如应图10.2所示。

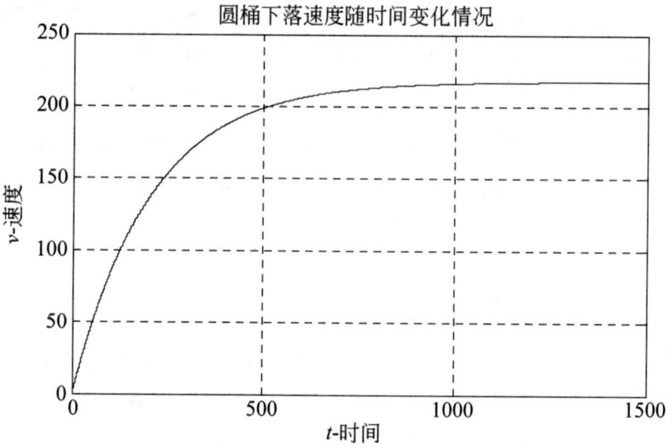

应图 10.2

结果分析：图像显示结果与前面分析大致相同，即圆桶在此过程做加速度减小的加速运动，直到当 $a=0$ 时，v 达到最大。

利用微分方程(#)有

$$a=\frac{\mathrm{d}v}{\mathrm{d}t}=\frac{(M-m-kv)g}{M}=0,$$

即 $M-m-kv=0$，此时

$$v_{\max}=217.68\mathrm{m/s}\gg 12.192\mathrm{m/s}=u。$$

这就是前面对圆桶与海底碰撞过程分析猜想的第一种可能情况，即圆桶有可能以最大速度与海底发生碰撞，此时圆桶的速度远远大于极限速度，圆桶与海底发生碰撞后会发生破裂。但由于该计算过程并未考虑海底深度，也就是说圆桶有可能并未达到最大速度就与海底发生碰撞，那么在这种情况下圆桶是否能够达到极限速度还无法判断，因此还必须分析速

度与圆桶下沉距离的关系，求出圆桶下落到海底时的速度，然后与极限速度作比较，进而得出结论。

应用案例：重装空投问题

现代战争中，部队装备、物资的快速转运和投送部署是决定战争胜负的关键因素之一。其中，以中大型运输机为运送平台的"重装空投"，常用于海岛夺控、前线运补等战争行动，也可用于抢险救灾等非战争军事行动。重装空投核心要求是：将装备或物资安全、准确、快速地投放至指定位置。而影响空投安全性和准确性的主要因素包括当地的气象条件、飞机投放位置、货台舱内带动距离（由伞带动货台在机舱内移动的距离），货台损失高度、货台稳降速率、货物离机到落地时间。本题只考虑一架飞机投放一个货台的情况，请以应表 10.1 给出的数据，建立描述环境条件下货台舱内带动距离机这段时间的数学模型，并求解。

应表 10.1　空投任务数据

目标点海拔高度/m	飞机相对目标点高度/m	飞机飞行速度/(km/h)	按下投放按钮到货台出舱离机时间/s	货台总重/t	牵引伞的面积/m^3
70	590	315	5	3.8	8

牵引伞阻力系数 0.75，货台导轨的摩擦系数取 0.5。

分析　从条件可知，目标点海拔高度与飞机相对目标点高度之和得到飞机海拔高度为 660m，可推知空气密度为 1.1498kg/m^3；而货台离机前舱内带动，受到牵引伞的拉力及导轨滑动摩擦力，货台成加速运动；根据货台受力关系，由牛顿第二定律可建立微分方程。

解答　设货台舱内移动的距离为 $s(t)$，按下投放按钮时 $t=0$，则有

$$\frac{1}{2}c\rho\left(v_p-\frac{\mathrm{d}s}{\mathrm{d}t}\right)^2 A-\mu m g=m\frac{\mathrm{d}^2 s}{\mathrm{d}t^2},$$

其中，c 为伞的阻力系数，ρ 为空气的密度，v_p 为飞机的速度，$\frac{\mathrm{d}s}{\mathrm{d}t}$为货台在舱内的速度，$A$ 为牵引伞的面积，μ 为货台导轨的摩擦系数，m 为货台质量，g 为重力加速度。

把上面二阶微分方程转化为一阶微分方程组，得

$$\begin{cases} s'=v, \\ v'=\dfrac{1}{2m}c\rho(v_p-v)^2A-\mu g, \\ s(0)=0, \quad v(0)=0, \quad t\in[0,5]。\end{cases}$$

然后编写 MATLAB 命令，并运行。

```
clc; clear all;
c=0.75; rou=1.1498; vp=87.5; A=8; mu=0.5; m=3800; g=9.8;
xspan=[0 5];y0=[0 0]; h=0.2;
df=@(x,y)[y(2);1/(2*m)*c*rou*(vp-y(2))^2*A-mu*g];
[x,y]=m4rkodes(df, xspan, y0,h);
[x',y(1,:)',y(2,:)']
```

运行结果：

```
ans =
     0         0         0
  0.2000    0.0406    0.4035
  0.4000    0.1606    0.7945
  0.6000    0.3576    1.1734
  0.8000    0.6291    1.5405
  1.0000    0.9730    1.8964
  1.2000    1.3870    2.2414
  1.4000    1.8689    2.5759
  1.6000    2.4167    2.9002
  1.8000    3.0283    3.2147
  2.0000    3.7019    3.5197
  2.2000    4.4356    3.8156
  2.4000    5.2276    4.1026
  2.6000    6.0761    4.3811
  2.8000    6.9795    4.6513
  3.0000    7.9361    4.9134
  3.2000    8.9443    5.1678
  3.4000   10.0027    5.4148
  3.6000   11.1097    5.6544
  3.8000   12.2640    5.8871
  4.0000   13.4641    6.1130
  4.2000   14.7088    6.3323
  4.4000   15.9966    6.5452
  4.6000   17.3264    6.7519
  4.8000   18.6970    6.9527
  5.0000   20.1071    7.1477
```

结果分析 第1列为时间变化序列，第2列为货台在舱内移动距离，第3列为货台在牵引伞的拉动下的速度变化。计算结果可以看出，第5s末货台共移动了20m左右，货台相对舱的移动速度为7m/s左右。

参 考 文 献

[1] 王开荣,杨大地. 应用数值分析[M]. 北京：高等教育出版社,2010.

[2] 戴嘉尊,邱建贤. 微分方程数值解法[M]. 南京：东南大学出版社,2002.

[3] 欧阳洁,聂玉峰,车刚明,等. 数值分析[M]. 北京：高等教育出版社,2011.

[4] 孙志忠,吴宏伟,曹婉容. 数值分析全真试题解析[M]. 南京：东南大学出版社,2014.

[5] 邢丽君,张杰. 数值分析[M]. 南京：中国电力出版社,2009.

[6] 周品. MATLAB数值方法应用教程[M]. 北京：电子工业出版社,2014.

[7] 张德丰. MATLAB实用数值分析[M]. 北京：清华大学出版社,2012.

[8] 黎健玲,简金宝,李群宏,等. 数值分析与实验[M]. 北京:科学出版社,2012.

[9] 李岳生,黄友谦. 数值逼近[M]. 北京：人民教育出版社,1978.

[10] 史万民,杨骅飞,等. 数值分析[M]. 北京：北京理工大学出版社,2002.

[11] 李庆扬,王能超,易大义.数值分析[M].北京：清华大学出版社,2020.

[12] MATHEWS J H, FINK K D. Numerical Methods Using MATLAB[M]. 4th Edition. Publishing House of Electronics Industry, 2005.